全国水利行业“十三五”规划教材(职业技术教育)
中国水利教育协会策划组织

水利水电工程施工组织与管理

(修订版)

主　编　刘宏丽
副主编　芈书贞　王立松　王中雅
主　审　毕守一　李文富

黄河水利出版社
·郑　州·

内 容 提 要

本书是全国水利行业"十三五"规划教材，是根据中国水利教育协会职业技术教育分会高等职业教育教学研究会制定的水利工程施工组织与管理课程教学大纲编写完成的。本书从水利工程施工组织与管理方面较全面地阐述了常见的水利工程项目施工组织与管理的原则、方法和要求。全书共分 13 个项目，包括施工组织管理概论、施工组织方式、网络计划方法、施工准备工作、施工方案编制、施工进度及资源配置计划编制、施工总体布置、施工质量管理、施工进度管理、施工成本管理、施工合同管理、施工安全与环境管理、施工项目信息管理。

本书是为适应国家高等职业技术教育的发展而编写的，可作为高等职业技术学院、高等专科学校等水利水电工程建筑、农田水利工程、水利工程施工、工程造价、工程监理等专业的教材，也可供土木建筑类其他专业、中等专业学校相应专业的师生及工程技术人员参考。

图书在版编目(CIP)数据

水利水电工程施工组织与管理/刘宏丽主编.—郑州：黄河水利出版社，2019.1 （2022.1 修订版重印）
全国水利行业"十三五"规划教材．职业技术教育
ISBN 978-7-5509-2188-7

Ⅰ.①水… Ⅱ.①刘… Ⅲ.①水利水电工程-施工组织-高等职业教育-教材 ②水利水电工程-施工管理-高等职业教育-教材 Ⅳ.①TV512

中国版本图书馆 CIP 数据核字(2018)第 244638 号

组稿编辑：王路平　电话：0371-66022212　E-mail：hhslwlp@ 163.com
田丽萍　66025553　912810592@ qq.com

出 版 社：黄河水利出版社　网址：www.yrcp.com
地址：河南省郑州市顺河路黄委会综合楼 14 层　邮政编码：450003
发行单位：黄河水利出版社
发行部电话：0371-66026940、66020550、66028024、66022620(传真)
E-mail：hhslcbs@ 126.com
承印单位：河南育翼鑫印务有限公司
开本：787 mm×1 092 mm　1/16
印张：16.75
字数：390 千字　印数：4 101—6 000
版次：2019 年 1 月第 1 版　印次：2022 年 1 月第 2 次印刷
2022 年 1 月修订版

定价：42.00 元

前　言

本书是贯彻落实《国家中长期教育改革和发展规划纲要(2010~2020年)》、《国务院关于加快发展现代职业教育的决定》(国发〔2014〕19号)、《现代职业教育体系建设规划(2014~2020年)》和《水利部 教育部关于进一步推进水利职业教育改革发展的意见》(水人事〔2013〕121号)等文件精神,依据中国水利教育协会水教协〔2016〕16号文《关于公布全国水利行业"十三五"规划教材名单的通知》,在中国水利教育协会精心组织和指导下,由中国水利教育协会职业技术教育分会组织编写的全国水利行业"十三五"规划教材。教材以学生能力培养为主线,具有鲜明的时代特点,体现了实用性、实践性、创新性的特色,是一套水利高职教育精品规划教材。

为了不断提高教材质量,编者于2022年1月,根据近年来在教学实践中发现的问题和错误,对全书进行了系统修订完善。

在编写中,考虑到高等职业技术教育的特点和教学要求,并借鉴高等院校现有《水利工程施工组织与管理》教科书的体系,本着既要贯彻"少而精",又力求突出科学性、先进性、针对性、实用性和注重技能培养的原则,将本书分为13个项目,包括施工组织管理概论、施工组织方式、网络计划方法、施工准备工作、施工方案编制、施工进度及资源配置计划编制、施工总体布置、施工质量管理、施工进度管理、施工成本管理、施工合同管理、施工安全与环境管理、施工项目信息管理。

本书尽量采用新标准、新规范,各专业可根据自身的教学目标及教学时数,对教材内容进行取舍。

本书编写人员及编写分工如下:辽宁水利职业学院刘宏丽编写项目1、3、4、5;安徽水利水电职业技术学院王中雅编写项目2、12、13;河南水利与环境职业学院芈书贞编写项目6、8、9;辽宁水利职业学院王立松编写项目7、10、11。本书由刘宏丽担任主编并负责全书统稿,由芈书贞、王立松、王中雅担任副主编,由安徽水利水电职业技术学院毕守一、辽宁西北供水有限责任公司李文富担任主审。

本书编写中引用了大量的专业有关资料和文献,未在书中一一注明出处,在此对有关文献作者表示感谢!

由于编者水平有限,书中难免出现不妥之处,诚恳希望读者批评指正。

编　者

2022年1月

目　录

第3部分 施工管理

第1部分　施工组织管理基础知识

项目1　施工组织管理概论

【学习目标】

1.知识目标:①了解施工组织与管理的含义和任务;②了解基本建设程序及项目划分;③了解施工项目组织与管理模式的内容。

2.技能目标:①能进行中、小型工程的项目划分;②能判断施工项目管理组织形式。

3.素质目标:①认真细致的工作态度;②严谨的工作作风。

任务1.1　施工组织与管理的含义和任务

水利水电枢纽建设是复杂的系统工程,其兴建不仅关系到千百万人民生命和财产的安全,而且涉及社会、经济、生态,甚至气候等复杂因素。就水利水电工程施工而言,施工组织与管理所要面对的也是一个十分复杂的系统。

1.1.1　施工组织与管理的含义

在整个水利施工项目中,从广义来讲,施工组织与管理是指施工项目的参与者(投资方、业主、承包商、咨询单位等)就项目形成管理组织,并对其参与的过程及任务进行的组织管理活动。

从狭义来讲,施工组织与管理是指业主委托或指定的负责水利工程施工的承包商的施工项目管理组织,就项目以项目经理部为核心,以施工项目为对象,进行质量、进度、成本、合同、安全等管理工作。

施工组织是施工管理的重要组成部分,有效的施工组织对提高工程质量、合理安排工期、降低工程成本、实现安全文明施工起到核心作用,能够体现企业施工管理水平,提高施工企业市场竞争力。

1.1.2　施工组织与管理的任务

从承包商角度来看,施工组织与管理的任务主要有以下几项:

(1)研究施工合同,明确施工任务,确定工程项目质量、进度、成本等管理目标。

(2)分析施工条件,研究施工方案,确定施工布置、施工程序和施工安排。

(3)分析影响施工质量的因素,确保工程质量达到合同及国家规范要求。

(4)分析质量、进度、成本间的制约关系,在完成合同目标的前提下获取企业利润。

(5)解决安全技术问题,制订有效的安全保障措施。

(6)解决文明施工问题,创造良好的施工现场环境。

任务1.2 水利水电工程建设程序与项目划分

1.2.1 水利水电工程建设程序

水利水电工程建设程序是指建设项目从决策、设计、施工到竣工验收整个建设过程中各阶段、各环节、各工程之间存在的先后顺序。

水利工程建设要严格按建设程序进行。根据水利部《水利工程建设程序管理暂行规定》(2017年修订),水利工程建设程序一般分为项目建议书、可行性研究报告、施工准备、初步设计、建设实施、生产准备、竣工验收、后评价等阶段。具体工作包括以下内容。

1.2.1.1 项目建议书阶段

(1)项目建议书应根据国民经济和社会发展长远规划、流域综合规划、区域综合规划、专业规划,按照国家产业政策和国家有关投资建设方针进行编制,是对拟进行建设项目的初步说明。

(2)项目建议书应按照《水利水电工程项目建议书编制规程》(SL 617—2013)编制。

(3)项目建议书编制一般由政府委托有相应资格的设计单位承担,并按国家现行规定权限向主管部门申报审批。项目建议书被批准后,由政府向社会公布,若有投资建设意向,应及时组建项目法人筹备机构,开展下一建设程序工作。

1.2.1.2 可行性研究报告阶段

(1)可行性研究应对项目进行方案比较,在技术上是否可行和经济上是否合理进行科学的分析和论证。经过批准的可行性研究报告,是项目决策和进行初步设计的依据。可行性研究报告由项目法人(或筹备机构)组织编制。

(2)可行性研究报告应按照《水利水电工程可行性研究报告编制规程》(SL 618—2013)编制。

(3)可行性研究报告按国家现行规定的审批权限报批。申报项目可行性研究报告,必须同时提出项目法人组建方案及运行机制、资金筹措方案、资金结构及回收资金的办法,并依照有关规定附具有管辖权的水行政主管部门或流域机构签署的规划同意书、对取水许可预申请的书面审查意见。审批部门要委托有项目相应资格的工程咨询机构对可行性报告进行评估,并综合行业归口主管部门、投资机构(公司)、项目法人(或项目法人筹备机构)等方面的意见进行审批。

(4)可行性研究报告经批准后,不得随意修改和变更,在主要内容上有重要变动的,应经原批准机关复审同意。项目可行性研究报告批准后,应正式成立项目法人,并按项目法人责任制实行项目管理。

1.2.1.3 **施工准备阶段**

(1)项目可行性研究报告已经批准,年度水利投资计划下达后,项目法人即可开展施工准备工作,其主要内容包括:

①施工现场的征地、拆迁;

②完成施工用水、电、通信、路和场地平整等工程;

③必需的生产、生活临时建筑工程;

④实施经批准的应急工程、试验工程等专项工程;

⑤组织招标设计、咨询、设备和物资采购等服务;

⑥组织相关监理招标,组织主体工程招标准备工作。

(2)工程建设项目施工,除某些不适应招标的特殊工程项目外(须经水行政主管部门批准),均须实行招标投标。水利工程建设项目的招标投标按有关法律、行政法规和《水利工程建设项目招标投标管理规定》等规章规定执行。

1.2.1.4 **初步设计阶段**

(1)初步设计是根据批准的可行性研究报告和必要而准确的设计资料,对设计对象进行通盘研究,阐明拟建工程在技术上的可行性和经济上的合理性,规定项目的各项基本技术参数,编制项目的总概算。初步设计任务应择优选定有项目相应资格的设计单位承担,依照有关初步设计编制规定进行编制。

(2)初步设计报告应按照《水利水电工程初步设计报告编制规程》(SL 619—2013)编制。

(3)初步设计文件报批前,一般须由项目法人委托有相应资格的工程咨询机构或组织行业各方面(包括管理、设计、施工、咨询等方面)的专家,对初步设计中的重大问题进行咨询论证。设计单位根据咨询论证意见,对初步设计文件进行补充、修改、优化。初步设计由项目法人组织审查后,按国家现行规定权限向主管部门申报审批。

(4)设计单位必须严格保证设计质量,承担初步设计的合同责任。初步设计文件经批准后,主要内容不得随意修改、变更,并作为项目建设实施的技术文件基础。如有重要修改、变更,须经原审批机关复审同意。

1.2.1.5 **建设实施阶段**

(1)建设实施阶段是指主体工程的建设实施,项目法人按照批准的建设文件组织工程建设,保证项目建设目标的实现。

(2)水利工程具备《水利工程建设项目管理规定(试行)》规定的开工条件后,主体工程方可开工建设。项目法人或者建设单位应当自工程开工之日起15个工作日内,将开工情况的书面报告报项目主管单位和上一级主管单位备案。

(3)项目法人要充分发挥建设管理的主导作用,为施工创造良好的建设条件。项目法人要充分授权工程监理,使其能独立负责项目的建设工期、质量、投资的控制和现场施工的组织协调。监理单位选择必须符合《水利工程建设监理规定》的要求。

(4)要按照“政府监督、项目法人负责、社会监理、企业保证”的要求,建立健全质量管理体系,重要建设项目须设立质量监督项目站,行使政府对项目建设的监督职能。

1.2.1.6 生产准备阶段

(1)生产准备是项目投产前所要进行的一项重要工作,是建设阶段转入生产运营的必要条件。项目法人应按照建管结合和项目法人责任制的要求,适时做好有关生产准备工作。

(2)生产准备应根据不同类型的工程要求确定,一般应包括如下主要内容:

①生产组织准备。建立生产运营的管理机构及相应管理制度。

②招收和培训人员。按照生产运营的要求配备生产管理人员,并通过多种形式的培训提高人员素质,使其能满足运营要求。生产管理人员要尽早介入工程的施工建设,参加设备的安装调试,熟悉情况,掌握好生产技术和工艺流程,为顺利衔接基本建设和生产运营阶段做好准备。

③生产技术准备。主要包括技术资料的汇总、运行技术方案的制订、岗位操作规程制定和新技术准备。

④生产的物资准备。主要是落实生产运营所需要的原材料、协作产品、工器具、备品备件和其他协作配合条件的准备。

⑤正常的生活福利设施准备。

(3)及时具体落实产品销售合同协议的签订,提高生产运营效益,为偿还债务和资产的保值增值创造条件。

1.2.1.7 竣工验收阶段

(1)竣工验收是工程完成建设目标的标志,是全面考核基本建设成果、检验设计和工程质量的重要步骤。竣工验收合格的项目即从基本建设转入生产或使用。

(2)当建设项目的建设内容全部完成,并经过单位工程验收(包括工程档案资料的验收),符合设计要求并按《水利基本建设项目(工程)档案资料管理规定》的要求完成了档案资料的整理工作;完成竣工报告、竣工决算等必需文件的编制后,项目法人按《水利工程建设项目管理规定》,向验收主管部门提出申请,根据国家和部颁验收规程组织验收。

(3)竣工决算编制完成后,须由审计机关组织竣工审计,其审计报告作为竣工验收的基本资料。

(4)工程规模较大、技术较复杂的建设项目可先进行初步验收。不合格的工程不予验收;有遗留问题的项目,对遗留问题必须有具体的处理意见,且有限期处理的明确要求并落实责任人。

1.2.1.8 后评价阶段

(1)建设项目竣工投产后,一般经过1~2年生产运营后,要进行一次系统的项目后评价,主要内容包括:

①影响评价——项目投产后对各方面的影响进行评价;

②经济效益评价——对项目投资、国民经济效益、财务效益、技术进步和规模效益、可行性研究深度等进行评价;

③过程评价——对项目的立项、设计施工、建设管理、竣工投产、生产运营等全过程进行评价。

(2)项目后评价一般按三个层次组织实施,即项目法人的自我评价、项目行业的评价、计划部门(或主要投资方)的评价。

(3)建设项目后评价工作必须遵循客观、公正、科学的原则,做到分析合理、评价公正。通过建设项目的后评价以达到肯定成绩、总结经验、研究问题、吸取教训、提出建议、改进工作、不断提高项目决策水平和投资效果的目的。

1.2.2 水利水电工程项目划分

水利水电工程往往规模大、建设周期长、影响因素复杂,为便于编制工程项目建设计划和工程造价,组织工程招标投标与施工,进行工程质量、工期和投资控制,拨付工程款,实行经济核算和考核工程成本,需要将整个工程项目逐级划分为各级项目。水利水电工程建设项目按级划分为单位工程、分部工程、单元工程等三级,见图1-1。

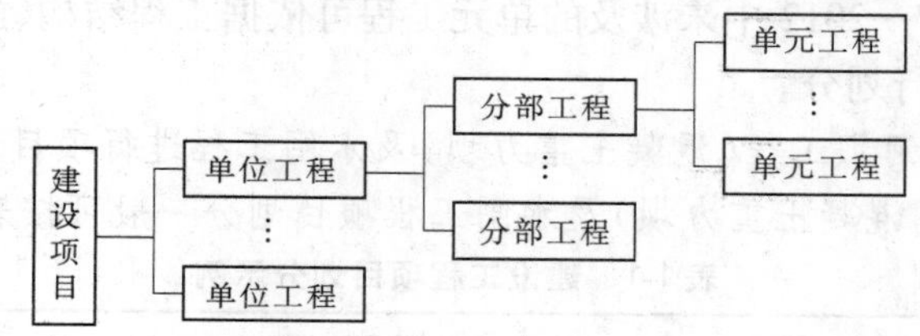

图1-1 水利水电工程建设项目划分示意图

1.2.2.1 单位工程

单位工程是指能独立发挥作用或具有独立的施工条件的工程。通常是若干分部工程完成后才能运行或发挥一种功能的工程。单位工程通常是一个独立建(构)筑物,特殊情况下也可以是独立建(构)筑物中的一部分或一个构成部分。单位工程项目的划分应按下列原则确定:

(1)枢纽工程一般以每个独立的建筑物为一个单位工程。当工程规模大时,可将一个建筑物中具有独立施工条件的一部分划为一个单位工程。

(2)堤防工程按招标标段或工程结构划分为单位工程。规模较大的交叉连接建筑物及管理设施以每个独立的建筑物为一个单位工程。

(3)引水(渠道)工程按招标标段或工程结构划分单位工程。大、中型引水(渠道)建筑物以每个独立的建筑物为一个单位工程。

(4)除险加固工程按招标标段或加固内容,并结合工程量划分单位工程。

1.2.2.2 分部工程

分部工程是组成单位工程的各个部分。分部工程往往是建(构)筑物中的一个结构部位,或不能单独发挥一种功能的安装工程。分部工程项目的划分应按下列原则确定:

(1)枢纽工程:土建工程按设计的主要组成部分划分。金属结构及启闭机安装工程和机电设备安装工程按组合功能划分。

(2)堤防工程按长度或功能划分。

(3)引水(渠道)工程中的河(渠)道按施工部署或长度划分。大、中型建筑物按工程结构主要组成部分划分。

(4)除险加固工程按加固内容或部位划分。

(5)同一单位工程中,各个分部工程的工程量(或投资)不宜相差太大,每个单位工程中的分部工程数目不宜少于5个。

1.2.2.3 **单元工程**

单元工程是指组成分部工程的、由一个或几个工种施工完成的最小综合体,是日常质量考核的基本单位。它可依据设计结构、施工部署或质量考核要求划分为层、块、区、段等,是形成工程实物量或安装就位的工程。单元工程项目的划分应按下列原则确定:

(1)按《水利水电工程单元工程施工质量验收评定标准》(SL 631 ~637—2012)的规定进行划分。

(2)河(渠)道开挖、填筑及衬砌单元工程划分界限宜设在变形缝或结构缝处,长度一般不大于100 m。同一分部工程中各单元工程的工程量(或投资)不宜相差太大。

(3)SL 631 ~637—2012 中未涉及的单元工程可依据工程结构、施工部署或质量考核要求,按层、块、段进行划分。

【例1-1】 对拦河坝工程(混凝土重力坝)及水闸工程进行项目划分。

解:拦河坝工程(混凝土重力坝)及水闸工程项目划分一般可按表1-1进行。

表1-1 建设工程项目划分示例

工程类别	单位工程	分部工程		单元工程
		划分方法	说明	
拦河坝工程	混凝土重力坝	1.坝基开挖与处理		(略)
		2.坝基及坝肩防渗排水	视工程量可划分为数个分部工程	
		3.非溢流坝段	视工程量可划分为数个分部工程	
		4.溢流坝段		
		5.引水坝段		
		6.厂坝连接段	视工程量可划分为数个分部工程	
		7.底孔(中孔)坝段	视工程量可划分为数个分部工程	
		8.坝体接缝灌浆		
		9.廊道及坝内道通	含灯饰、路面、排水沟等。若为无灌浆(排水)廊道,则本分部应为主要分部工程	
		10.坝顶	含路面、灯饰、栏杆等	
		11.消能防冲工程	视工程量可划分为数个分部工程	
		12.高边坡处理	视工程量可划分为数个分部工程,工程量很大时,可单列为单位工程	
		13.金属结构及启闭机安装	视工程量可划分为数个分部工程	
		14.观测设施	含监测仪器埋设、管理房等,则单独招标,可单列为单位工程	

续表 1-1

<table>
<tr><th rowspan="2">工程类别</th><th rowspan="2">单位工程</th><th colspan="2">分部工程</th><th rowspan="2">单元工程</th></tr>
<tr><th>划分方法</th><th>说明</th></tr>
<tr><td rowspan="8">水闸工程</td><td rowspan="8">泄洪闸、冲砂闸、进水闸</td><td>1. 上游连接段</td><td></td><td rowspan="8">（略）</td></tr>
<tr><td>2. 地基防渗及排水</td><td></td></tr>
<tr><td>3. 闸室段（土建）</td><td></td></tr>
<tr><td>4. 消能防冲段</td><td></td></tr>
<tr><td>5. 下游连接段</td><td></td></tr>
<tr><td>6. 交通桥（工作桥）</td><td>含栏杆、灯饰等</td></tr>
<tr><td>7. 金属结构及启闭机安装</td><td>视工程量可划分为数个分部工程</td></tr>
<tr><td>8. 闸房</td><td>按《建筑工程施工质量验收统一标准》（GB 50300—2013）附录B划分分项工程</td></tr>
</table>

任务 1.3　施工项目组织与管理模式

1.3.1　施工项目组织

1.3.1.1　施工项目组织的概念

组织是为了实现一定的共同目标而按照一定的规则、程序所构成的一种权责结构安排和人事安排，其目的是通过有效地配置内部的有限资源，确保以最高的效率实现目标。

施工项目管理组织是指为实施施工项目管理建立的组织机构，以及该机构为实现施工项目目标所进行的各项组织工作的简称。

施工项目管理组织作为施工现场管理的组织机构，是根据项目管理目标通过科学设计而建立的组织实体。该机构是由有一定的领导体制、部门设置、层次划分、职责分工、规章制度、信息管理系统等构成的有机整体。一个以合理有效的组织机构为框架所形成的权力系统、责任系统、利益系统、信息系统，是实施施工项目管理及实现最终目标的组织保证。作为组织工作，它是通过该机构所赋予的权力，所具有的组织力、影响力，在施工项目管理中合理配置生产要素，协调内外部及人员之间关系，发挥各项业务职能的能动作用，确保信息畅通，推进施工项目目标的优化实现等全部管理活动。施工项目管理组织机构及其所进行的管理活动的有机结合才能充分发挥施工项目管理的职能。

1.3.1.2　施工项目管理组织的内容

施工项目管理组织的内容包括组织设计、组织运行、组织调整三个环节。

1. 组织设计

组织设计是指选择确定一个合理的组织系统，划分各部门的权限和职责，确立基本的规章制度。其内容包括：

(1)设计、选定合理的组织系统(含生产指挥系统、职能部门等)。

(2)科学确定管理跨度、管理层次,合理设置部门、岗位。

(3)明确各层次、各单位、各部门、各岗位的职责和权限。

(4)规定组织机构中各部门之间的相互联系、协调原则和方法。

(5)建立必要的规章制度。

(6)建立各种信息流通、反馈的渠道,形成信息网络。

2. 组织运行

组织运行是指按分担的责任完成各自的工作,规定各组织体的工作顺序和业务管理活动的运行过程。

组织运行要落实好三个关键问题:一是人员配备,二是业务范围,三是信息反馈。

组织运行的内容包括:

(1)做好人员配置、业务衔接,职责、权利、利益明确。

(2)各部门、各层次、各岗位人员各司其职、各负其责、协同工作。

(3)保证信息沟通的准确性、及时性,达到信息共享。

(4)经常对在岗人员进行培训、考核和激励,以提高其素质和士气。

3. 组织调整

组织调整是指根据工作的需要、环境的变化,分析原有的组织系统的缺陷、适应性和效率性,对原组织系统进行调整和重新组合。

组织调整包括组织形式的变化、人员的变动、规章制度的修订、责任系统的调整以及信息系统的调整等。

1.3.1.3 施工项目管理组织机构设置

1. 施工项目管理组织机构设置的原则

施工项目管理的首要问题是建立一个完善的施工项目管理组织机构。在设置施工项目管理组织机构时,应遵循以下6种原则。

1)目的性原则

(1)明确施工项目管理总目标,并以此为基本出发点和依据,将其分解为各项分目标、各级子目标,建立一套完整的目标体系。

(2)各部门、层次、岗位的设置,上下左右关系的安排,各项责任制和规章制度的建立,信息交流系统的设计,都必须服从各自的目标和总目标,做到与目标相一致、与任务相统一。

2)效率性原则

(1)尽量减少机构层次、简化机构,各部门、层次、岗位的职责分明,分工协作。

(2)要避免业务量不足,人浮于事或相互推诿,效率低下。

(3)通过考核选聘素质高、能力强、称职敬业的人员。

(4)领导班子要有团队精神,减少内耗,力求工作人员精干、一专多能、一人多职、工作效率高。

3)管理跨度与管理层次的统一原则

管理跨度又称管理幅度,就是一个上级直接指挥的下级数目。

管理层次就是在职权等级链上所设置的管理职位的级数。

管理跨度与管理层次具有如下关系：在最低层操作人员一定的情况下，管理跨度越大，管理层次越少；反之，管理跨度越小，管理层次越多。

管理幅度在很大程度上决定着组织要设置多少层次、配备多少管理人员。在其他条件相同时，管理跨度越大，组织效率越高。

一个组织的各级管理者究竟选择多大的管理跨度应视实际情况而定，影响管理跨度的因素有：①管理者的能力；②下属的成熟程度；③工作的标准化程度；④工作条件；⑤工作环境。

确定管理跨度与管理层次时应注意：

(1)根据施工项目的规模确定合理的管理跨度和管理层次，设计切实可行的组织机构系统。

(2)使整个组织机构的管理层次适中，减少设施、节约经费、加快信息传递速度和效率。

(3)使各级管理者都拥有适当的管理幅度，能在职责范围内集中精力、有效领导，同时还能调动下级人员的积极性、主动性。

4)业务系统化管理原则

(1)依据项目施工活动中各不同单位工程，不同组织、工种、作业活动，不同职能部门、作业班组，以及和外部单位、环境之间的纵横交错、相互衔接、相互制约的业务关系，设计施工项目管理组织机构。

(2)应使管理组织机构的层次、部门划分、岗位设置、职责权限、人员配备、信息沟通等方面，适应项目施工活动的特点，有利于各项业务的进行，充分体现责、权、利的统一。

(3)使管理组织机构与工程项目施工活动，与生产业务、经营管理相匹配，形成一个上下一致、分工协作的严密完整的组织系统。

5)弹性和流动性原则

(1)施工项目管理组织机构应能适应施工项目生产活动单件性、阶段性、流动性的特点，具有弹性和流动性。

(2)在施工的不同阶段，当生产对象数量、要求、地点等条件发生改变时，在资源配置的品种、数量发生变化时，施工项目管理组织机构都能及时做出相应调整和变动。

(3)施工项目管理组织机构要适应工程任务的变化对部门设置增减、人员安排合理流动，始终保持在精干、高效、合理的水平上。

6)与企业组织一体化的原则

(1)施工项目组织机构是企业组织的有机组成部分，企业是施工项目组织机构的上级领导。

(2)企业组织是项目组织机构的母体，项目组织形式、结构应与企业母体相协调、相适应，体现一体化的原则，以便企业对其进行领导和管理。

(3)在组建施工项目组织机构，以及调整、解散项目组织时，项目经理由企业任免，人员一般都是来自企业内部的职能部门等，并根据需要在企业组织与项目组织之间流动。

(4)在管理业务上，施工项目组织机构接受企业有关部门的指导。

2. 施工项目管理组织机构设置的程序

(1)确定项目管理目标。项目目标是项目组织设立的前提,应根据确定的项目目标明确划分分解目标,列出所要进行的工作内容。项目管理目标取决于项目目标,主要是工期、质量、成本三大目标。这些目标应分阶段根据项目特点进行划分和分解。

(2)确定工作内容。根据项目目标和规定任务,明确列出项目工作内容,并进行分类归并及组合是一项重要的组织工作。对各项工作进行归并及组合,并考虑项目的规模、性质、工程复杂程度以及单位自身技术业务水平、人员数量、组织管理水平等因素。

(3)选择组织机构形式,确定岗位职责、职权。根据项目的性质、规模、建设阶段的不同,可以选择不同的组织结构形式以适应项目管理的需要。组织结构形式的选择应考虑有利于项目目标的实现、有利于决策的执行、有利于信息的沟通。根据组织结构形式和例行性工作,确定部门和岗位及其职责,并根据职权一致的原则确定其职权。

(4)设计组织运行的工作程序和信息沟通的方式。以规范化程序的要求确定各部门工作程序,规定它们之间的协作关系和信息沟通方式。

(5)人员配备。按岗位职务的要求和组织原则,选配合适的管理人员,关键是各部门的主管人员。人员配备是否合理直接关系到组织能否有效运行、组织目标能否实现。根据授权原理,将职权授予相应的人员。

一般来说,进行项目组织结构设计时,应考虑的主要因素有项目的规模、紧迫性、重要性和复杂性。

施工项目管理组织机构设置程序如图1-2所示。

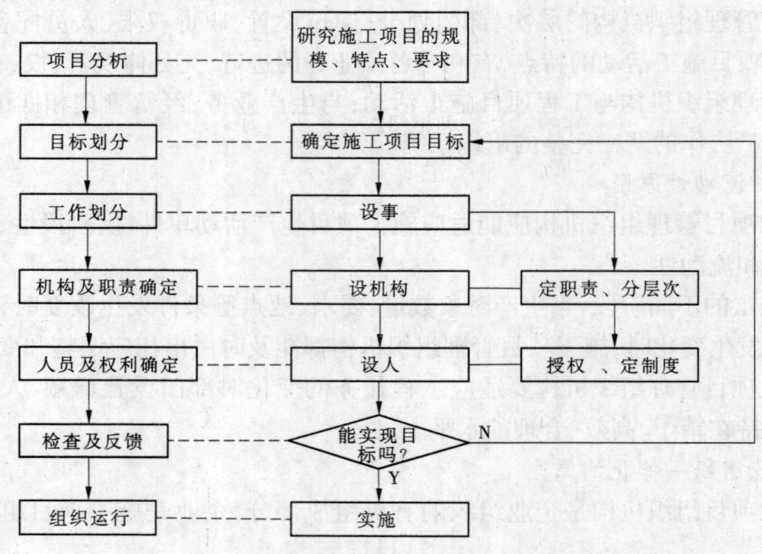

图1-2　施工项目管理组织机构设置程序

某水利枢纽施工组织机构设置如图1-3所示。

1.3.2　施工项目管理基本模式

施工项目管理组织形式是指在施工项目管理组织中处理管理层次、管理跨度、部门设

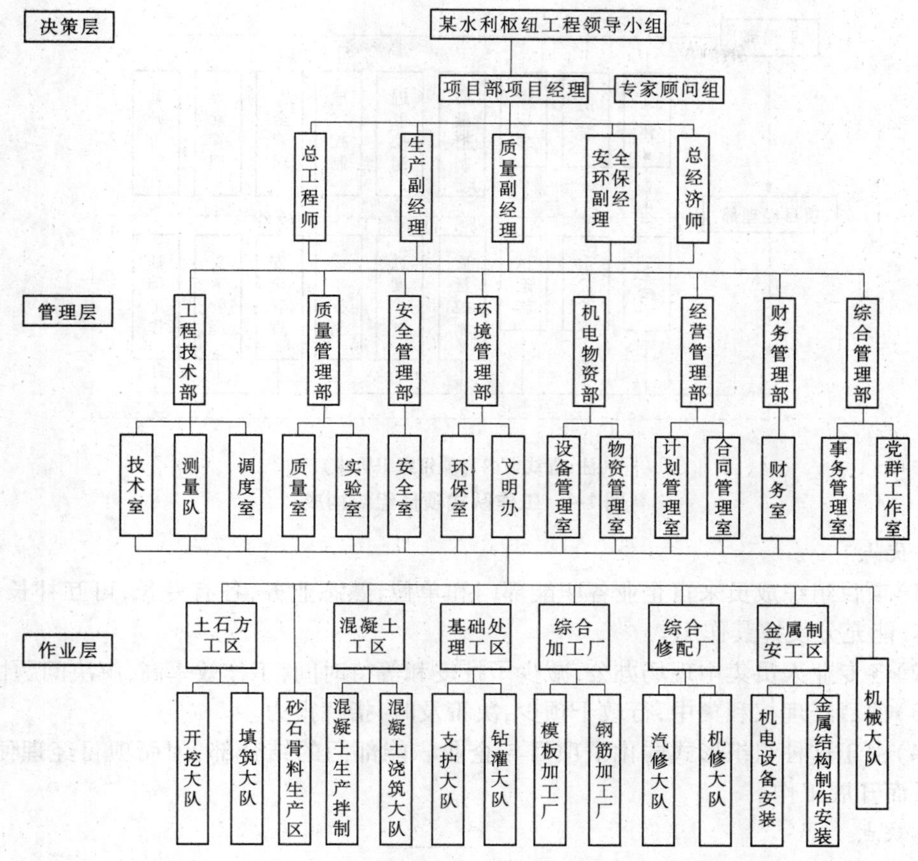

图1-3 某水利枢纽施工组织机构设置

置和上下级关系的组织结构的类型。其主要管理组织形式有工作队式、部门控制式、矩阵制式、事业部制式等。

1.3.2.1 工作队式项目组织

1. 工作队式项目组织构成

工作队式项目组织构成如图1-4所示。

2. 特征

(1)按照特定对象原则,由企业各职能部门抽调人员组建项目管理组织机构(工作队),不打乱企业原建制。

(2)项目管理组织机构由项目经理领导,有较大的独立性。在工程施工期间,项目组织成员与原单位中断领导与被领导关系,不受其干扰,但企业各职能部门可为其提供业务指导。

(3)项目管理组织与项目施工同寿命。项目中标或确定项目承包后,即组建项目管理组织机构;企业任命项目经理;项目经理在企业内部选聘职能人员组成管理机构;竣工交付使用后,机构撤销,人员返回原单位。

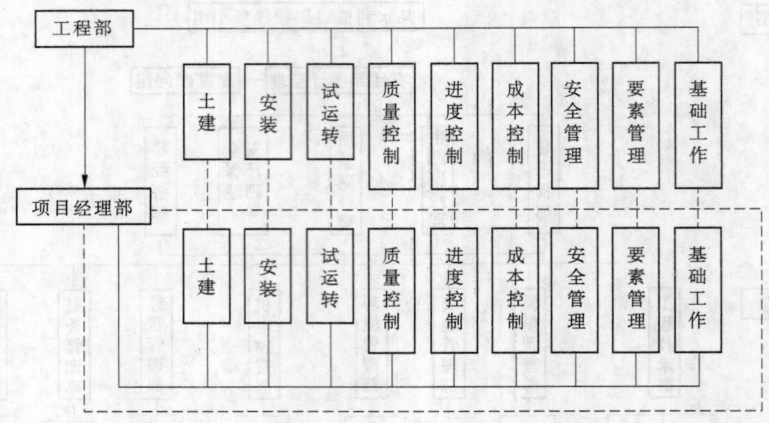

（注：虚线框内为项目组织机构）

图 1-4　工作队式项目组织构成

3. 优点

(1) 项目组织成员来自企业各职能部门和单位，熟悉业务，各有专长，可互补长短，协同工作，能充分发挥其作用。

(2) 各专业人员集中现场办公，减少了扯皮和等待时间，工作效率高，解决问题快。

(3) 项目经理权利集中，行政干预少，决策及时，指挥得力。

(4) 由于这种组织形式弱化了项目与企业职能部门的结合部，因而项目经理便于协调关系而开展工作。

4. 缺点

(1) 组建之初来自不同部门的人员彼此之间不够熟悉，可能配合不力。

(2) 由于项目施工一次性特点，有些人员可能存在临时观点。

(3) 当人员配置不当时，专业人员不能在更大范围内调剂余缺，往往造成忙闲不均，人才浪费。

(4) 对于企业来讲，专业人员分散在不同的项目上，相互交流困难，职能部门的优势难以发挥。

5. 适用范围

(1) 大型施工项目。

(2) 工期要求紧迫的施工项目。

(3) 要求多工种、多部门密切配合的施工项目。

1.3.2.2　部门控制式项目组织

1. 部门控制式项目组织构成

部门控制式项目组织构成如图 1-5 所示。

2. 特征

(1) 按照职能原则建立项目管理组织。

(2) 不打乱企业现行建制，即由企业将项目委托其下属某一专业部门或某一施工队。被委托的专业部门或施工队领导在本单位组织人员，并负责实施项目管理。

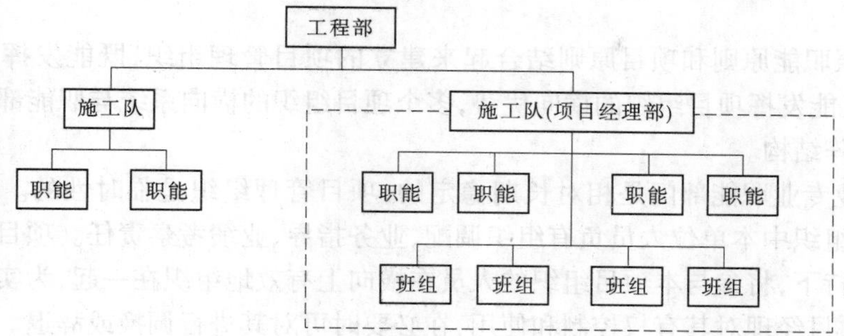

图1-5　部门控制式项目组织构成

(3)项目竣工交付使用后,恢复原部门或施工队建制。

3. 优点

(1)利用企业下属的原有专业队伍承建项目,可迅速组建施工项目管理组织机构。

(2)人员熟悉,职责明确,业务熟练,关系容易协调,工作效率高。

4. 缺点

(1)不适应大型项目管理的需要。

(2)不利于精简机构。

5. 适用范围

(1)小型施工项目。

(2)专业性较强,不涉及众多部门的施工项目。

1.3.2.3　矩阵制式项目组织

1. 矩阵制式项目组织构成

矩阵制式项目组织构成如图1-6所示。

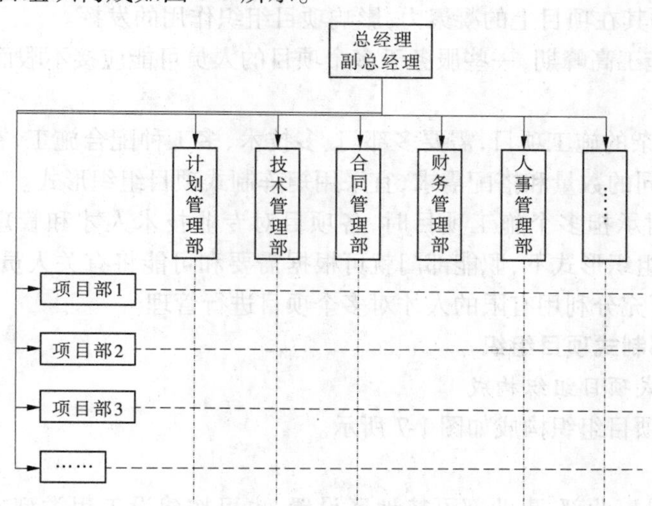

图1-6　矩阵制式项目组织构成

2. 特征

(1)按照职能原则和项目原则结合起来建立的项目管理组织,既能发挥职能部门的纵向优势,又能发挥项目组织的横向优势,多个项目组织的横向系统与职能部门的纵向系统形成了矩阵结构。

(2)企业专业职能部门是相对长期稳定的,项目管理组织是临时性的。职能部门负责人对项目组织中本单位人员负有组织调配、业务指导、业绩考察责任。项目经理在各职能部门的支持下,将参与本项目组织的人员在横向上有效地组织在一起,为实现项目目标协同工作,项目经理对其有权控制和使用,在必要时可对其进行调换或辞退。

(3)矩阵中的成员接受原单位负责人和项目经理的双重领导,可根据需要和可能为一个或多个项目服务,并可在项目之间调配,充分发挥专业人员的作用。

3. 优点

(1)该项目组织兼有部门控制式和工作队式两种项目组织形式的优点,将职能原则和项目原则结合融为一体,从而实现企业长期例行性管理和项目一次性管理的一致。

(2)能通过对人员的及时调配,以尽可能少的人力实现多个项目管理的高效率。

(3)项目组织具有弹性和应变能力。

4. 缺点

(1)矩阵制式项目组织的结合部多,组织内部的人际关系、业务关系、沟通渠道等都较复杂,容易造成信息量膨胀,引起信息流不畅或失真,需要依靠有力的组织措施和规章制度规范管理。若项目经理和职能部门负责人双方产生重大分歧难以统一,则需企业领导出面协调。

(2)项目组织成员接受原单位负责人和项目经理的双重领导,当领导之间发生矛盾,意见不一致时,当事人将无所适从,影响工作。在双重领导下,若组织成员过多受控于职能部门,则将削弱其在项目上的凝聚力,影响项目组织作用的发挥。

(3)在项目施工高峰期,一些服务于多个项目的人员可能应接不暇而顾此失彼。

5. 适用范围

(1)大型、复杂的施工项目,需要多部门、多技术、多工种配合施工,在不同施工阶段,对不同人员有不同的数量和搭配需求,宜采用矩阵制式项目组织形式。

(2)企业同时承担多个施工项目时,各项目对专业技术人才和管理人员都有需求。在矩阵制式项目组织形式下,职能部门就可根据需要和可能将有关人员派到一个或多个项目上去工作,可充分利用有限的人才对多个项目进行管理。

1.3.2.4 事业部制式项目组织

1. 事业部制式项目组织构成

事业部制式项目组织构成如图1-7所示。

2. 特征

(1)企业下设事业部,事业部可按地区设置,也可按建设工程类型或经营内容设置。相对于企业,事业部是一个职能部门,但对外享有相对独立经营权,可以是一个独立单位。

(2)事业部中的工程部或开发部,或对外工程公司的海外部下设项目经理部。项目经理由事业部委派,一般对事业部负责,经特殊授权时,也可直接对业主负责。

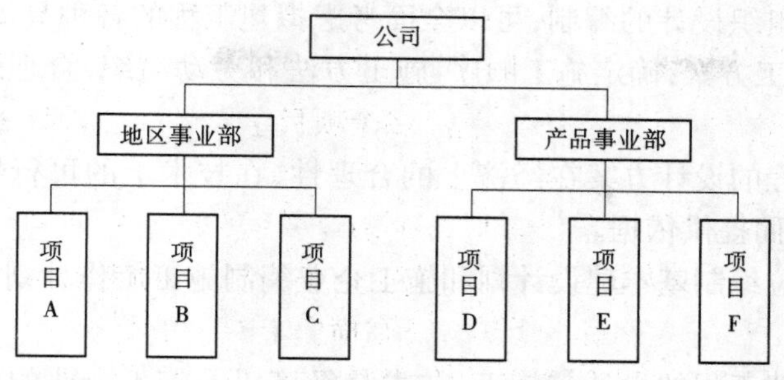

图1-7　事业部制式项目组织构成

3. 优点

(1)事业部制式项目组织能充分调动并发挥事业部的积极性和独立经营作用,便于延伸企业的经营职能,有利于开拓企业的经营业务领域。

(2)事业部制式项目组织形式能迅速适应环境变化,提高公司的应变能力,既可以加强公司的经营战略管理,又可以加强项目管理。

4. 缺点

(1)企业对项目经理部的约束力减弱,协调指导机会减少,以致有时会造成企业结构松散。

(2)事业部的独立性强,企业的综合协调难度大,必须加强制度约束和规范化管理。

5. 适用范围

(1)大型经营型企业承包施工项目。

(2)远离企业本部的施工项目、海外工程项目。

(3)在一个地区有长期市场或有多种专业化施工力量的企业。

任务1.4　施工组织设计概述

1.4.1　施工组织设计的概念和作用

1.4.1.1　施工组织设计的概念

一方面,施工组织设计是针对工程施工过程的复杂性,用系统的思想并遵循技术经济规律,对拟建工程的各阶段、各环节以及所需要的各种资源进行统筹安排的计划管理行为。它努力使复杂的生产过程,通过科学、经济、合理的规划安排,以达到建设项目能够连续、均衡、协调地进行施工,满足建设项目对工期、质量及投资方面的各项要求。

另一方面,施工组织设计是指导拟建工程项目进行施工准备和正常施工的基本技术经济文件,是对拟建工程在人力和物力、时间和空间、技术和组织等方面所做的全面、合理的要求安排。

1.4.1.2　施工组织设计的作用

施工组织设计在每项工程中都具有重要的规划作用、组织作用、指导作用,具体表现如下:

(1)通过施工组织设计的编制,可以全面考虑拟建工程的各种具体施工条件,扬长避短地拟订合理的施工方案,确定施工顺序、施工方法和劳动组织,合理地统筹安排拟订施工进度计划。

(2)为拟建工程的设计方案在经济上的合理性、在技术上的可行性和在实施工程上的可能性进行论证而提供依据。

(3)为建设单位编制基本建设计划和施工企业编制施工工作计划及实施施工准备工作计划提供依据。

(4)可以把拟建工程的设计与施工、技术与经济以及施工企业的全部施工安排与具体工程的施工组织工作更紧密地结合起来。

(5)可以把直接参加的施工单位与协作单位、部门与部门、阶段与阶段、过程与过程之间的关系更好地协调起来。

1.4.2 施工组织设计的分类

施工组织设计是一个总的概念,根据工程项目的编制阶段、编制对象或范围的不同,它在编制的深度和广度上也有所不同。

1.4.2.1 按工程项目编制阶段分类

根据工程项目建设设计阶段和作用的不同,施工组织设计可以分为设计阶段的施工组织设计、施工招标投标阶段的施工组织设计、施工阶段的施工组织设计。

1. 设计阶段的施工组织设计

这里所说的设计阶段主要是指设计阶段中的初步设计。在做初步设计时,采用的设计方案必然联系到施工方法和施工组织,不同的施工组织所涉及的施工方案是不一样的,所需投资也就不一样。

设计阶段的施工组织设计是整个项目的全面施工安排和组织,涉及范围是整个项目,内容要重点突出,施工方法拟定要经济可行。

这一阶段的施工组织设计,是初步设计的重要组成部分,也是编制总概算的依据之一,由设计部门编写。

2. 施工招标投标阶段的施工组织设计

水利水电工程施工投标文件一般由技术标和商务标组成,其中的技术标就是施工组织设计部分。

这一阶段的施工组织设计是投标者以招标文件为主要依据,是投标文件的重要组成部分,它也是投标报价的基础,以在投标竞争中取胜为主要目的。施工招标投标阶段的施工组织设计主要由施工企业技术部门负责编写。

3. 施工阶段的施工组织设计

施工企业通过竞争,取得对工程项目的施工建设权,从而也就承担了对工程项目建设的责任。这个建设责任,主要是在规定的时间内,按照双方合同规定的质量、进度、投资、安全等要求完成建设任务。这一阶段的施工组织设计主要以分部工程为编制对象,以指导施工、控制质量、控制进度、控制投资,从而顺利完成施工任务为主要目的。

施工阶段的施工组织设计是对前一阶段施工组织设计的补充和细化,主要由施工企业项目经理部技术人员负责编写，以项目经理为批准人，并监督执行。

1.4.2.2　按工程项目编制对象分类

按工程项目编制对象不同，施工组织设计可分为施工组织总设计、单位工程施工组织设计及分部工程施工组织设计。

1. 施工组织总设计

施工组织总设计是以整个建设项目为对象编制的，用以指导整个工程项目施工全过程的各项施工活动的全局性、控制性文件。它是对整个建设项目施工的全面规划，涉及范围较广，内容比较全面。

施工组织总设计用于确定建设总工期、各单位工程项目开展的顺序及工期、主要工程的施工方案、各种物资的供需设计、全工地临时工程及准备工作的总体布置、施工现场的布置等工作，同时是施工单位编制年度施工计划和单位工程项目施工组织设计的依据。

2. 单位工程施工组织设计

单位工程施工组织设计是以一个单位工程（一个建筑物或构筑物）为编制对象，用以指导其施工全过程的各项施工活动的指导性文件，是施工单位年度施工设计和施工组织总设计的具体化，也是施工单位编制作业计划和制订季、月、旬施工计划的依据。

单位工程施工组织设计一般在施工图设计完成后，根据工程规模、技术复杂程度的不同，其编制内容深度和广度亦有所不同。对于简单单位工程，施工组织设计一般只编制施工方案并附以施工进度和施工平面图，即"一案、一图、一表"。在拟建工程开工之前，由工程项目的技术负责人负责编制。

3. 分部工程施工组织设计

分部工程施工组织设计也叫分部工程施工作业设计。它是以分部工程为编制对象，用以具体实施其分部工程施工全过程的各项施工活动的技术、经济和组织的实施性文件。一般在单位工程施工组织设计确定了施工方案后，由施工队（组）技术人员负责编制，其内容具体、详细、可操作性强，是直接指导分部工程施工的依据。

施工组织总设计、单位工程施工组织设计和分部工程施工组织设计是同一工程项目，不同广度、深度和作用的3个层次。

1.4.3　施工组织设计的编制原则、依据

1.4.3.1　施工组织设计的编制原则

(1)认真贯彻国家工程建设的法律、法规、规程、方针和政策。

(2)严格执行工程建设程序，坚持合理的施工程序、施工顺序和施工工艺。

(3)采用现代工程建设管理原理、流水施工方法和网络计划技术，组织有节奏、均衡和连续地施工。

(4)优先选用先进施工技术，科学确定施工方案；认真编制各项实施计划，严格控制工程质量、工程进度、工程成本和安全施工。

(5)充分利用施工机械和设备，提高施工机械化、自动化程度，改善劳动条件，提高生产率。

(6)扩大预制装配范围，提高建筑工业化程度；科学安排冬季和雨季施工，保证全年

施工均衡性和连续性。

(7)坚持“安全第一,预防为主”的原则,确保安全生产和文明施工;认真做好生态环境和历史文物保护,严防建筑振动、噪声、粉尘和垃圾污染。

(8)尽可能利用永久性设施和组装式施工设施,努力减少施工设施建造量;科学地规划施工平面,减少施工用地。

(9)优化现场物资储存量,合理确定物资储存方式,尽量减少库存量和物资损耗。

1.4.3.2 施工组织设计的编制依据

(1)有关法律、法规、规章和技术标准。

(2)可行性研究报告及审批意见、上级单位对本工程建设的要求或批件。

(3)工程所在地区有关基本建设的法规或条例,地方政府、业主对本工程建设的要求。

(4)国民经济各有关部门对本工程建设期间有关要求及协议。

(5)当前水利水电工程建设的施工装备、管理水平和技术特点。

(6)工程所在地和河流的自然条件(地形、地质、水文、气象特征和当地建材情况等)、施工电源、水源及水质、交通、环保、旅游、防洪、灌溉、航运、过木、供水等现状和近期发展规划。

(7)当地城镇现有修配、加工能力,生活、生产物资和劳动力供应条件,居民生活、卫生习惯等。

(8)施工导流及通航等水工模型试验、各种原材料试验、混凝土配合比试验、重要结构模型试验、岩土物理力学试验等成果。

(9)工程有关工艺试验或生产性试验成果。

(10)勘测、设计各专业有关成果。

(11)设计、施工合同中与施工组织设计编制相关的条款。

1.4.4 施工组织设计的编制程序及内容

1.4.4.1 施工组织设计的编制程序

(1)分析原始资料(拟建工程地的地形、地质、水文、气象、当地材料、交通运输等)及工地临时给水、动力供应等施工条件。

(2)确定施工场地和道路、堆场、附属企业、仓库以及其他临时建筑物可能的布置情况。

(3)考虑自然条件对施工可能带来的影响和必须采取的技术措施。

(4)确定各工种每月可以施工的有效工日和冬、夏季及雨季施工技术措施的各项参数。

(5)确定各种主要建材的供应方式和运输方式、可供应的施工机具设备数量与性能、临时给水和动力供应设施的条件等。

(6)根据工程规模和等级,以及对工程所在地地形、地质、水文等条件的分析研究,初步拟订施工导流方案。

(7)研究主体工程施工方案,确定施工顺序,初步编制整个工程的进度计划。

(8)当大致地确定了工程总的进度计划以后,即可对主要工程的施工方案做出详细的规划计算,进行施工方案的优化,最后确定选用的施工方案及有关的技术经济指标,并用来平衡调整修正进度计划。

(9)根据修正后的进度计划,即可确定各种材料、物件、劳动力及机具的需要量,以此来编制技术与生活供应计划,确定仓库和附属企业的数量、规模及工地临时房屋需要量,以及工地临时供水、供电、供风(压缩空气)设施的规模与布置。

(10)确定施工现场的总平面布置,设计施工总平面布置图。

1.4.4.2 施工组织设计的编制内容

根据《水利水电工程初步设计报告编制规程》(SL 619—2013)和《水利水电工程施工组织设计规范》(SL 303—2017),初步设计的施工组织设计应包括施工条件、施工导流、料场的选择与开采、主体工程施工、施工交通运输、施工工厂设施、施工总布置、施工总进度、主要技术供应及施工组织设计附图等内容。这里仅对几项内容做简单介绍。

1.施工导流

施工导流是水利水电枢纽总体设计的重要组成部分,是选定枢纽布置、永久建筑物形式、施工程序和施工总进度的重要因素。设计中应依据工程设计标准充分掌握基本资料,全面分析各种因素,做好方案比较,从中选择符合临时工程标准的最优方案,使工程建设达到缩短工期、节省投资的目的。施工导流贯穿施工全过程,导流设计要妥善解决从初期导流到后期导流施工全过程的挡水、泄水问题。各期导流特点和相互关系宜进行系统分析、全面规划、统筹安排,运用风险度分析的方法处理洪水和施工的矛盾,务求导流方案经济合理、安全可靠。

导流泄水建筑物的泄水能力要通过水力计算,以确定断面尺寸的围堰高度,有关的技术问题通常还要通过水工模型试验分析验证。导流建筑物能与永久建筑物结合的应尽可能结合。导流底孔布置与水工建筑物关系密切,有时为了考虑导流需要,选择永久泄水建筑物的断面尺寸、布置高程时,需结合研究导流要求,以获得经济合理的方案。

大、中型水利水电枢纽工程一般均优先研究分期导流的可能性和合理性。因枢纽工程量大,工期较长,分期导流有利于提前受益,且对施工期通航影响较小。对于山区性河流,洪枯水位变幅大,可采用过水围堰配合其他泄水建筑物的导流方式。

围堰形式的选择要安全可靠、结构简单,并能充分利用当地材料。

截流是大、中型水利水电工程施工中的重要环节。设计方案必须稳妥可靠,保证截流成功。选择截流方式应充分分析水力参数、施工条件和施工难度、抛投物数量和类型,并经过技术经济比较。

2.主体工程施工

研究主体工程施工是为了正确选择水工枢纽布置和建筑物形式,保证工程质量与施工安全,论证施工总进度的合理性和可行性,并为编制工程概算提供资料。其主要内容有:

(1)确定主要单项工程施工方案及其施工程序、方法、布置和工艺。

(2)根据总进度要求,安排主要单项工程进度及相应的施工强度。

(3)计算所需的主要材料、劳动力数量、编制资源需要量计划。

(4)确定所需的大型施工辅助企业规模、布置和形式。

(5)协同施工总布置和总进度,平衡整个工程的土石方、施工强度、材料、设备和劳动力。

3. 施工交通运输

施工交通包括对外交通和场内交通两部分。

对外交通是指联系施工工地与国家或地方公路、铁路车站、水运港口之间的交通,担负着施工期间外来物资的运输任务。主要工作有:

(1)计算外来物资、设备运输总量、分年度运输量与年平均日运输强度。

(2)选择对外交通方式及线路。提出选定方案的线路标准,重大部件运输措施,桥涵、码头、仓库、运转站等主要建筑物的规划与布置,水陆联运及与国家干线的连接方案,对外交通工程进度安排等。

场内交通是指联系施工工地内部各工区、当地材料产地、堆渣场、各生产区、生活区之间的交通。场内交通需选定场内主要道路及各种设施布置、标准和规模。需与对外交通衔接。

原则上,对外交通和场内交通干线、码头、转运站等由建设单位组织建设。至各作业场或工作面的支线,由辖区承包商自行建设。场内外施工道路、专用铁路及航运码头的建设,一般应按照合同提前组织施工,以保证后续工程尽早具备开工条件。

4. 施工工厂设施

为施工服务的施工工厂设施主要有砂石加工、混凝土生产、压气、供水、供电、通信、机械修配及加工等。其任务是制备施工所需的建筑材料,供水、供电和压气,建立工地内外通信联系,维修和保养施工设备,加工制造少量的非标准件和金属结构,使工程施工能顺利进行。

5. 施工总布置

施工总布置方案应遵循因地制宜、因时制宜、有利生产、方便生活、易于管理、安全可靠、经济合理的原则,经全面系统比较分析论证后选定。

施工总布置各分区方案选定后布置在1:2 000地形图上,并提出各类房屋建筑面积、施工征地面积等指标。

6. 施工总进度

编制施工总进度时,应根据国民经济发展需要采取积极有效的措施满足主管部门或业主对施工总工期提出的要求;应综合反映工程建设各阶段的主要施工项目及其进度安排,并充分体现总工期的目标要求。

施工总进度的表示形式可根据工程情况绘制横道图和网络图。横道图具有简单、直观等优点;网络图可从大量工程项目中标出控制总工期的关键路线,便于反馈、优化。

施工组织总设计的各个方面相互影响、相互制约,其施工总进度、施工总体布置、技术供应三部分关系如下:

(1)施工总进度主要研究合理的施工期限和在既定的条件下确定主体工程施工分期及施工程序,在施工安排上使各施工环节协调一致。

(2)施工总体布置根据选定的施工总进度,研究施工区的空间组织问题,是实施总进度的重要保证。施工总进度决定了施工总体布置的内容和规模,而施工总体布置的规模影响施工准备工程工期的长短以及主体工程施工进度。因此,施工总体布置在一定程度上又起到验证施工总进度合理性的作用。

(3)技术供应的总量及分年度供应量,由既定的总进度和总体布置所确定,而技术供应的现实性与可靠性是实现施工总进度、施工总体布置的物质保证,从而也验证了两者的合理性。

能力训练

一、填空题

1. 项目可行性研究报告已经批准,(　　　　)计划下达后,项目法人即可开展施工准备工作。

2. 水利水电工程建设项目按级划分为(　　　　)工程、(　　　　)工程、(　　　　)工程等三级。

3. 施工项目管理组织的内容包括组织(　　　　)、组织(　　　　)、组织(　　　　)三个环节。

4. 施工项目管理基本模式有(　　　　)式、(　　　　)式、矩阵制式、事业部制式等。

5. 根据工程项目建设设计阶段和作用的不同,将施工组织设计可以分为(　　　　)阶段的施工组织设计、(　　　　)阶段的施工组织设计、(　　　　)阶段的施工组织设计。

二、简答题

1. 水利工程建设程序一般分哪几个阶段?
2. 施工项目管理组织机构设置的一般程序是什么?
3. 施工组织设计的作用是什么?
4. 施工组织设计编制的依据有哪些?
5. 初步设计的施工组织设计应包含哪些内容?

项目 2　施工组织方式

【学习目标】

1. 知识目标：①了解施工组织方式的类别；②了解流水施工原理。

2. 技能目标：①能进行中、小型工程的横道计划编制；②能为中、小型工程选择施工组织方式；③能组织中、小型工程的流水施工。

3. 素质目标：①认真细致的工作态度；②严谨的工作作风。

任务 2.1　施工组织的基本方式

在组织同类项目或将一个项目分成若干个施工区段进行施工时，可以采用不同的施工组织方式，如依次施工、平行施工、流水施工等组织方式。

2.1.1　依次施工

依次施工组织方式是将拟建工程项目的整个建造过程分解成若干个施工段或施工过程，按照一定的施工顺序，各施工段或施工过程依次施工、依次完成的施工组织方式。它是一种最基本、最原始的施工组织方式。

【例 2-1】　拟兴建四个相同的建筑物，其编号分别为Ⅰ、Ⅱ、Ⅲ、Ⅳ。它们的基础工程量都相等，而且均由挖土方、做垫层、砌基础和回填土等四个施工过程组成，每个施工过程在每个建筑物中的施工天数均为 5 d。其中，挖土方时，工作队由 8 人组成；做垫层时，工作队由 6 人组成；砌基础时，工作队由 14 人组成；回填土时，工作队由 5 人组成。按照依次施工组织方式建造，其施工进度计划如图 2-1 中“依次施工”栏所示。

由图 2-1 可以看出，依次施工的特点是：

(1)不能充分利用工作面，工期长。

(2)不适合专业化施工，不利于改进施工工艺、提高工程质量、提高工人操作技术水平和劳动生产率。

(3)如采用专业施工队则不能连续施工，窝工严重或调动频繁。

(4)单位时间内投入的资源较少，有利于组织资源供应。

(5)施工现场组织、管理简单。

2.1.2　平行施工

在拟建工程任务十分紧迫、工作面允许以及资源保证供应的条件下，可以组织几个相同的工作队，在同一时间、不同的空间上进行施工，这样的施工组织方式称为平行施工组织方式。平行施工组织方式的施工进度计划如图 2-1 中“平行施工”栏所示。

由图 2-1 可以看出，平行施工的特点是：

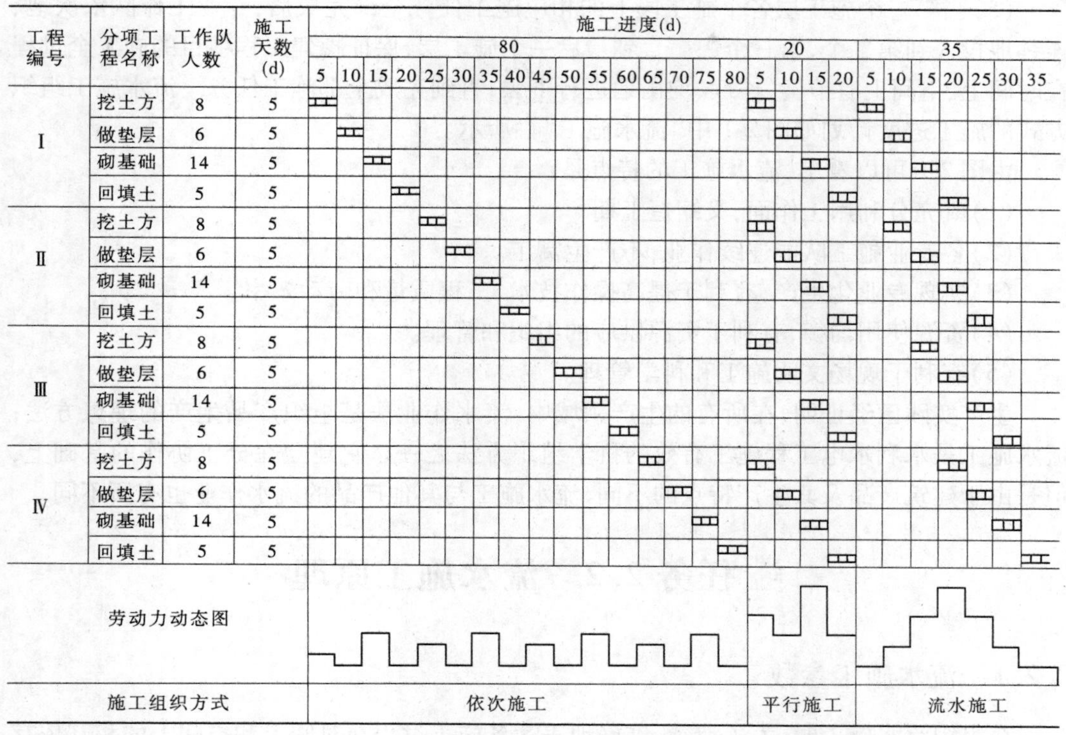

图 2-1　施工组织方式

(1)充分利用了工作面,缩短了工期。

(2)适用于综合施工队施工,不利于提高工程质量和劳动生产率。

(3)如采用专业施工队则不能连续施工。

(4)单位时间内投入的资源成倍增加,现场临时设施也相应增加。

(5)现场施工组织、管理、协调、调度复杂。

2.1.3　流水施工

流水施工是指所有的施工过程按一定的时间间隔依次投入,各施工过程陆续开工、陆续竣工,使同一施工过程的施工班组保持连续、均衡施工,不同的施工过程尽可能搭接施工的组织方式。具体施工步骤如下:

(1)将拟建工程项目的整个建造过程按施工和工艺要求分解成若干个施工过程,也就是划分成若干个工作性质相同的分部、分项工程或工序。

(2)将拟建工程项目在平面上划分成若干个劳动量大致相等的施工段,在竖向上划分成若干个施工层,按照施工过程分别建立相应的专业工作队。

(3)各专业工作队按照一定的施工顺序投入施工,完成第一个施工段上的施工任务后,在专业工作队人数、使用机具和材料不变的情况下,依次地、连续地投入到第二个、第三个……直到最后一个施工段的施工。

(4)不同的专业工作队在工作时间上最大限度地、合理地搭接起来。

(5)当第一个施工层各个施工段上的相应施工任务全部完成后,专业工作队依次地、连续地投入到第二个、第三个……直到最后一个施工层,保证拟建工程项目的施工全过程在时间上、空间上有节奏、连续、均衡地进行下去,直到完成全部施工任务。流水施工组织方式的施工进度计划如图2-1中"流水施工"栏所示。

由图2-1可以看出,流水施工的特点是:

(1)既充分利用工作面,又缩短工期。

(2)各专业施工队能连续作业,不产生窝工。

(3)实现专业化生产,有利于提高操作技术、工程质量和劳动效率。

(4)资源使用均衡,有利于资源供应的组织和管理。

(5)有利于现场文明施工和科学管理。

生产实践已经证明,在所有的生产领域中,流水作业法是组织产品生产的理想方法;流水施工是水利水电工程施工有效的科学组织方法之一。它建立在分工协作的基础上,但是由于建筑产品及其生产特点的不同,流水施工与其他产品的流水作业也有所不同。

任务2.2 流水施工原理

2.2.1 流水施工参数

在组织流水施工时,为了清楚、准确地表达各施工过程在时间上和空间上的相互依存关系,需引入一些描述施工进度计划图特征和各种数量关系的参数。这些参数称为流水施工参数。

流水施工参数按其性质的不同,一般可分为工艺参数、空间参数和时间参数三种。

2.2.1.1 工艺参数

工艺参数是指在组织流水施工时,用以表达流水施工在施工工艺上开展顺序及其特征的参数。具体地说,是指在组织流水施工时,将拟建工程项目的整个建造过程分解为施工过程的种类、性质和数目的总称。通常,工艺参数包括施工过程数和流水强度两种。

1. 施工过程数(n)

施工过程数是指一组流水施工的施工过程数目,一般用 n 表示,是流水施工的主要参数之一。施工过程可以是分项工程、分部工程、单位工程或单项工程的施工过程。施工过程划分的数目多少、粗细程度与下列因素有关:

(1)施工进度计划的对象范围和作用。

编制控制性流水施工的进度计划时,划分的施工过程较粗、数目要少,一般情况下,施工过程最多分解到分部工程;编制实施性进度计划时,划分的施工过程较细、数目要多,绝大多数施工过程要分解到单元工程。

(2)工程建筑和结构的复杂程度。

工程建筑和结构越复杂,相应的施工过程数目就越多。例如,砖混与框架的混合结构的施工过程数目多于同等规模的砖混结构。

(3)工程施工方案。

不同的施工方案，其施工顺序和施工方法也不相同。例如，隧洞开挖施工，采用开挖方法不同，施工过程数也不同。

(4)劳动组织及劳动量大小。

对于劳动量小的施工过程，当组织流水施工有困难时，可与其他施工过程合并。例如，垫层劳动量较小时可与挖土合并成一个施工过程，这样可以使各个施工过程的劳动量大致相等，便于组织流水施工。

在划分施工过程数目时要适量，分得过多、过细，会使施工班组多、进度计划很烦琐，指导施工时，抓不住重点；分得过少、过粗，与实际施工时相差过大，不利于指导施工。对单位工程而言，其流水进度计划中不一定包括全部施工过程数，因为有些过程并非都按流水方式组织施工，如制备类、运输类施工过程。

2. 流水强度(V)

流水强度也叫流水能力或生产能力，它是指流水施工的某一施工过程在单位时间内能够完成的工程量。可由以下两式求得：

(1)机械操作流水强度。

$$V_i = \sum_{i=1}^{n} R_i S_i \tag{2-1}$$

式中　V_i——某施工过程 i 的机械操作流水强度；

R_i——投入施工过程 i 的某种施工机械台数；

S_i——投入施工过程 i 的某种施工机械产量定额；

n——投入施工过程 i 的施工机械种类数。

(2)人工操作流水强度。

$$V_i = R_i S_i \tag{2-2}$$

式中　V_i——某施工过程 i 的人工操作流水强度；

R_i——投入施工过程 i 的专业工作队工人数；

S_i——投入施工过程 i 的专业工作队平均产量定额。

2.2.1.2　空间参数

空间参数是指在组织流水施工时，用以表达流水施工在空间布置上开展状态的参数。它通常包括工作面、施工段数和施工层数。

1. 工作面(a)

工作面是指供某专业工种的工人或某种施工机械进行施工的活动空间。工作面的大小表明能安排施工人数或机械台数的多少。每个作业的工人或每台施工机械所需工作面的大小，取决于单位时间内其完成的工程量和安全施工的要求。工作面过大或过小都会影响工人的工作效率，所以必须合理确定工作面。

2. 施工段数(m)

为了有效地组织流水施工，通常把拟建工程项目在平面上划分成若干个劳动量大致相等的施工段落，这些施工段落称为施工段。施工段的数目通常用 m 表示，它是流水施工的基本参数之一。

1)划分施工段的目的和原则

一般情况下,一个施工段内只安排一个施工过程的专业工作队进行施工。在一个施工段上,只有前一个施工过程的工作队提供了足够的工作面,后一个施工过程的工作队才能进入该段从事下一个施工过程的施工。

施工段数的划分要适当,过多,势必要减少工人数而延长工期;过少,又会造成资源供应过分集中,不利于组织流水施工。因此,为了使施工段划分得更科学、更合理,通常应遵循以下原则:

(1)专业工作队在各施工段上的劳动量大致相等,其相差幅度不宜超过10%～15%。

(2)对于多层建筑,施工段的数目要满足合理流水施工组织的要求,即$m \geqslant n$。

(3)为了充分发挥工人、主导机械的效率,每个施工段要有足够的工作面,使其所容纳的劳动力人数或机械台数能满足合理劳动组织的要求。

(4)为了保证拟建工程项目的结构整体完整性,施工段的分界线应尽可能与结构的自然界线(如沉降缝、伸缩缝等)相一致。

(5)对于多层的拟建工程项目,既要划分施工段又要划分施工层,以保证相应的专业工作队在施工段与施工层之间,组织有节奏、连续、均衡的流水施工。

2)施工段数(m)与施工过程数(n)的关系

根据以下例题说明施工段数与施工过程数的关系。

【例2-2】 某现浇钢筋混凝土结构的建筑物,按照划分施工段的原则,在平面上可将它分成m个施工段;在竖向上划分两个施工层,即结构层与施工层相一致;现浇结构的施工过程为支模板、绑扎钢筋和浇筑混凝土,即$n=3$;则划分施工段组织流水施工的开展状况如下:

(1)当$m>n$时。

若$m=4$,即当$m>n$时,各专业工作队能够连续作业,但施工段有空闲,各施工段在第一层浇完混凝土后,工作面均有空闲时间。这种空闲可用于弥补由于技术间歇、组织间歇和备料等要求所必需的时间。

(2)当$m=n$时。

若$m=3$,其余不变,即当$m=n$时,各专业工作队能连续施工,施工段没有空闲。这是理想化的流水施工方案。

(3)当$m<n$时。

若$m=2$,其余不变,即当$m<n$时,施工班组不能连续施工而窝工。

因此,每一层最少施工段数m应满足$m \geqslant n$。

3.施工层数

在组织流水施工时,为了满足专业工种对操作高度和施工工艺的要求,将拟建工程项目在竖向上划分为若干个操作层,这些操作层称为施工层。施工层一般用j表示。施工层的划分要按工程项目的具体情况,根据建筑物的高度、施工层高来确定。

2.2.1.3 时间参数

在组织流水施工时,用以表达流水施工在时间排列上所处状态的参数,称为时间参数。时间参数主要有流水节拍(t)、流水步距(K)、平行搭接时间(C)、技术间歇时间(Z)

与组织间歇时间(G)、流水施工工期(T)。

1. 流水节拍(t)

流水节拍是指某个专业队在一个施工段上工作的延续时间。流水节拍的大小可反映出流水施工速度的快慢、节奏感的强弱和资源消耗量的多少。按流水节拍的数值特征,可分为固定节拍(等节拍)专业流水、成倍节拍(异节拍)专业流水和分别(无节奏)流水三种。

1)确定流水节拍应考虑的因素

(1)工期:能有效保证或缩短计划工期。

(2)工作面:既能安置足够数量的操作工人或施工机械,又不降低劳动(机械)效率。

(3)资源供应能力:各施工段能投入的劳动力或施工机械台数、材料供应。

(4)劳动效率:能最大限度发挥工人或机械的劳动(机械)效率。

2)流水节拍的确定方法

(1)经验估算法:根据以往的施工经验先估算该流水节拍的最长、最短和正常三种时间,再按下式求出期望的流水节拍:

$$t = (a + 4c + b)/6 \tag{2-3}$$

式中　t——某施工过程在某施工段上的流水节拍;

a——某施工过程在某施工段上的最短估算时间;

b——某施工过程在某施工段上的最长估算时间;

c——某施工过程在某施工段上的正常估算时间。

(2)定额计算法:根据各施工段拟投入的资源能力确定流水节拍,按下式计算:

$$t_i = \frac{Q_i}{S_i R_i N_i} = \frac{P_i}{R_i N_i}$$

$$t_i = \frac{Q_i H_i}{R_i N_i} = \frac{P_i}{R_i N_i} \tag{2-4}$$

式中　t_i——某施工过程的流水节拍;

Q_i——某施工过程在某施工段上的工程量;

P_i——某施工过程在某施工段上的劳动量;

S_i——某施工过程每一工日或台班的产量定额;

H_i——某施工过程的时间定额;

R_i——某施工过程的施工班组人数;

N_i——某施工过程每天的工作班制。

(3)工期计算法:按工期的要求在规定期限内必须完成的工程项目往往采用倒排进度法,其步骤如下:

①倒排施工进度:根据工期倒排施工进度,确定主导施工过程的流水节拍,然后安排需要投入的相关资源。

②确定流水节拍:若同一施工过程的流水节拍不等,则用经验估算法;若流水节拍相等,则按下式确定:

$$t = T/m \tag{2-5}$$

式中　t——流水节拍;

T——某施工过程的工作持续时间；

m——某施工过程划分的施工段数。

③确定最小流水节拍：施工段数确定后，流水节拍太大，则工期较长；流水节拍太小，则在实际上又受工作面或工艺要求的限制。这时就需要根据工作面的大小、操作工人或施工机械的最佳配置、工艺要求和劳动效率来综合确定最小流水节拍。确定的流水节拍应取整数或半个工作日的整倍数。

2. 流水步距(K)

流水步距是指相邻两个专业队(组)在保证施工顺序和工程质量、满足连续施工的条件下，先后进入同一施工段开始工作的时间间隔，用 $K_{i,i+1}$ 来表示。在施工段不变的情况下，流水步距大则工期长，流水步距小则工期短。

流水步距的数目取决于参加流水施工的施工过程数或专业队数，流水步距的总数为 $n-1$。注意：此时流水步距不包括间歇时间和搭接时间。

1)确定流水步距要考虑的因素

(1)尽量保证各主要专业队(组)连续施工；

(2)保持相邻两个施工过程的先后顺序；

(3)使相邻两个专业队(组)在时间上最大限度、合理地搭接；

(4)K 取半天的整数倍；

(5)保持施工过程之间足够的技术间歇时间与组织间歇时间。

2)确定流水步距的方法

确定流水步距的方法很多，简捷、实用的方法主要有图上分析法、分析计算法(公式法)，累加数列错位相减取大差法(潘特考夫斯基法)。累加数列错位相减取大差法适用于各种形式的流水施工。

累加数列错位相减取大差：

第一步，将每个施工过程的流水节拍按施工段逐段累加，求出累加数列；

第二步，根据施工顺序，对所求相邻的两个累加数列错位相减；

第三步，错位相减中差数列数值最大者即为相邻两个施工班组之间的流水步距。

【例 2-3】 某项目由四个施工过程 A、B、C、D 组成，分别由相应的四个专业施工班组完成，在平面上划分成四个施工段进行流水施工，每个施工过程在各个施工段上的流水节拍见表 2-1，试确定流水步距。

表 2-1 各施工过程上的流水节拍 (单位：d)

施工过程	施工段			
	一	二	三	四
A	2	4	3	1
B	3	2	1	2
C	1	3	2	2
D	4	1	2	1

解：(1)求流水节拍的累加数列。

A:2,6,9,10

B:3,5,6,8

C:1,4,6,9

D:4,5,7,8

(2)错位相减,求得差数列。

A 与 B:

```
     2,6,9,10
-      3,5,6,8
--------------
     2,3,4,4,-8
```

B 与 C:

```
     3,5,6,8
-      1,4,6,9
--------------
     3,4,2,2,-9
```

C 与 D:

```
     1,4,6,9
-      4,5,7,8
--------------
     1,0,1,2,-8
```

(3)在差数列中取数值最大者确定流水步距。

$K_{A,B}=\max\{2,3,4,4,-8\}=4(d)$

$K_{B,C}=\max\{3,4,2,2,-9\}=4(d)$

$K_{C,D}=\max\{1,0,1,2,-8\}=2(d)$

3. 平行搭接时间(C)

平行搭接时间是指在同一施工段上,不等前一个施工过程进行完,后一个施工过程提前投入施工,相邻两个施工过程同时在同一施工段上的工作时间,通常用$C_{j,j+1}$表示。平行搭接可使工期缩短,要多合理采用。但应用条件是一个流水工作面上能同时容纳两个施工过程一起施工。

4. 技术间歇时间(Z)与组织间歇时间(G)

在组织流水施工时,除要考虑相邻专业工作队之间的流水步距外,有时根据建筑材料或现浇构件等的工艺性质,还要考虑合理的工艺等待时间,这个等待时间称技术间歇时间,用$Z_{j,j+1}$表示,如混凝土浇筑后的养护时间、砂浆抹面的干燥时间等。

由于施工组织方面,在相邻两个施工过程之间留有的时间间隔称为组织间歇时间,用$G_{j,j+1}$表示,主要是为对前道工序的检查验收和对下道工序的准备而考虑的,如施工人员、机械转移时间,回填土前地下管道检查验收时间等。

5. 流水施工工期(T)

流水施工工期是指从第一个施工过程进入施工,到最后一个施工过程退出施工所经过的总时间,用T来表示。

2.2.2 流水施工组织方法

流水施工方式根据流水施工节拍特征的不同,可分为等节拍流水、成倍节拍流水、异节拍流水和异步距异节拍流水四种方式。

2.2.2.1 等节拍流水施工

等节拍流水施工是指同一施工过程在各施工段上的流水节拍都相等,不同施工过程之间的流水节拍也相等,也称为固定节拍流水或全等节拍流水。

1. 等节拍流水施工的特征

(1)各施工过程在各施工段上的流水节拍(t)都相等。

(2)流水步距(K)彼此相等,而且等于流水节拍(t)。

(3)各专业工作队在各施工段上能够连续作业,施工段之间没有空闲。

(4)专业工作队数等于施工过程数(n)。

2. 等节拍流水施工组织步骤

(1)确定施工起点流向,分解施工过程数 n。

(2)确定施工顺序,划分施工段数 m,施工段数 m 的确定方法如下:

①无层间关系或无施工层时:$m = n$。

②有层间关系或无施工层时分两种情况:

a. 无技术和组织间歇时:$m = n$;

b. 有技术和组织间歇时:为了保证各专业队能连续施工,应取 $m > n$。此时,每层施工段空闲数为 $m - n$,一个空闲施工段的时间为 t,则每层的空闲时间为

$$(m - n) \times t = (m - n) \times K$$

若一个楼层内各施工过程间的技术间歇时间、组织间歇时间之和为 $\sum Z_1$,楼层间技术间歇时间、组织间歇时间为 $\sum Z_2$。如果每层的 $\sum Z_1$ 均相等,$\sum Z_2$ 也相等,而且为了保证连续施工,施工段上除 $\sum Z_1$ 和 $\sum Z_2$ 外无空闲,则 $(m - n) \times K = \sum Z_1 + \sum Z_2$。

所以,每层的施工段数 m 可按式(2-6)确定:

$$m = n + \frac{\sum Z_1}{K} + \frac{\sum Z_2}{K} \tag{2-6}$$

式中 m——施工段数;

n——施工过程数;

$\sum Z_1$——层内技术间歇时间与组织间歇时间之和;

$\sum Z_2$——层间技术间歇时间与组织间歇时间之和;

K——流水步距。

另外,如果每层的 $\sum Z_1$ 不完全相等,$\sum Z_2$ 也不完全相等,应取各层中最大的 $\sum Z_1$ 和 $\sum Z_2$,即

$$m = n + \frac{\max \sum Z_1}{K} + \frac{\max \sum Z_2}{K} \tag{2-7}$$

(3)计算流水节拍 t、流水步距 K。

(4)计算工期。

①无施工层时:

$$T = (m + n - 1)K + \sum Z_{j,j+1} + \sum G_{j,j+1} - \sum C_{j,j+1} \tag{2-8}$$

式中　T——流水施工总工期;

m——施工段数;

n——施工过程数;

K——流水步距;

j——施工过程编号,$1 \leqslant j \leqslant n$;

$Z_{j,j+1}$——j 与 $j+1$ 两个施工过程间的技术间歇时间;

$G_{j,j+1}$——j 与 $j+1$ 两个施工过程间的组织间歇时间;

$C_{j,j+1}$——j 与 $j+1$ 两个施工过程间的平行搭接时间。

②有施工层时:

$$T = (mr + n - 1)K + \sum Z_1 - \sum C_{j,j+1} \tag{2-9}$$

$$\sum Z_1 = \sum Z_{j,j+1} + \sum G_{j,j+1}$$

式中　r——施工层数;

$\sum Z_1$——第一个施工层中各施工过程之间的技术间歇时间与组织间歇时间之和;

$\sum Z_{j,j+1}$——第一个施工层的技术间歇时间;

$\sum G_{j,j+1}$——第一个施工层的组织间歇时间;

其他符号含义同前。

(5)绘制流水施工图。

【例 2-4】　某工程划分为 A、B、C、D 四个施工过程,每个施工过程分为 5 个施工段,流水节拍均为 3 d,试组织等节拍流水施工。

解:(1)计算工期。

$$T = (m + n - 1)K = (5 + 4 - 1) \times 3 = 24(\text{d})$$

(2)用横道图法绘制流水进度计划,如图 2-2 所示。

【例 2-5】　例 2-4 中,如 B、C 两个施工过程之间存在 2 d 技术间歇时间,C、D 两个施工过程之间存在 1 d 平行搭接时间,试组织流水施工。

解:(1)计算工期。

$$T = (mr + n - 1)K + \sum Z - \sum C = (5 \times 1 + 4 - 1) \times 3 + 2 - 1 = 25(\text{d})$$

(2)用横道图法绘制流水进度计划,如图 2-3 所示。

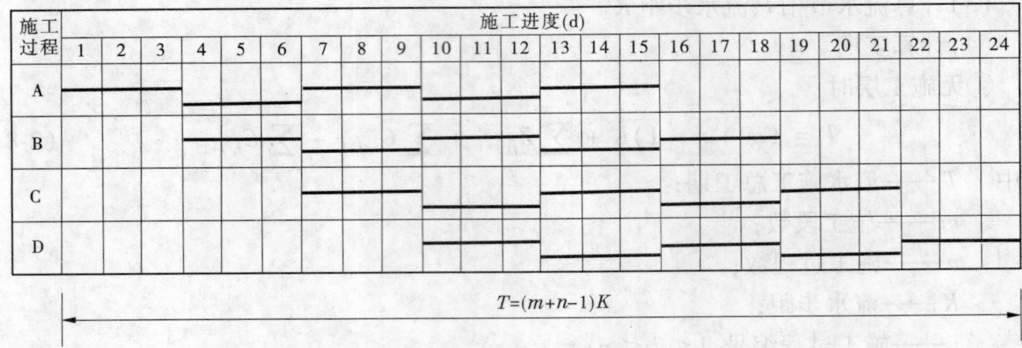

图 2-2 某工程等节拍流水施工进度计划

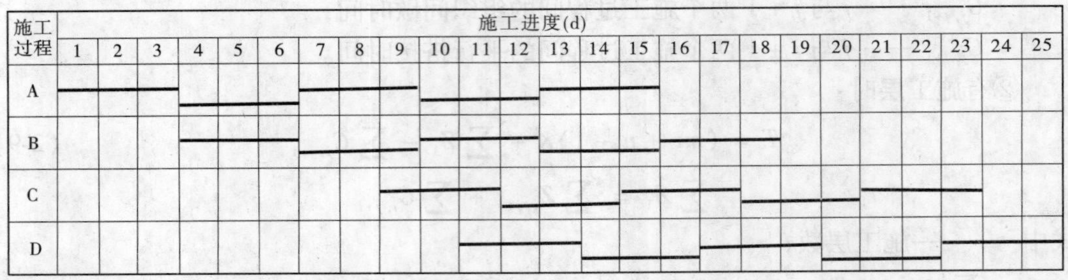

图 2-3 某工程有间歇流水施工进度计划

【例 2-6】 某项目由Ⅰ、Ⅱ、Ⅲ、Ⅳ四个施工过程组成，划分两个施工层组织流水施工，施工过程Ⅱ完成后，需养护 1 d，下一个施工过程才能施工，且层间技术间歇时间为 1 d，流水节拍均为 1 d。为了保证工作队连续作业，试确定施工段数，计算工期，绘制流水施工进度表。

解：(1) 确定流水步距。

由 $t_i = t = 1$ d，可得 $K = t = 1$ d。

(2) 确定施工段数。

因项目施工时分两个施工层，其施工段数可按式(2-6)确定：

$$m = n + \frac{\sum Z_1}{K} + \frac{\sum Z_2}{K} = 4 + 1 + 1 = 6$$

(3) 计算工期。

由式(2-9)得：

$$T = (mr + n - 1)K + \sum Z_1 - \sum C_{j,j+1} = (6 \times 2 + 4 - 1) \times 1 + 1 - 0 = 16(\text{d})$$

(4) 用横道图法绘制流水进度计划，如图 2-4 所示。

2.2.2.2 异节拍流水施工

异节拍流水施工是指同一施工过程在各施工段上的流水节拍彼此相等，不同施工过程之间的流水节拍不一定相等的流水施工方式。异节拍流水施工又可分为等步距异节拍流水施工（成倍节拍流水施工）和异步距异节拍流水施工（无节奏专业流水施工）。

施工层	施工过程编号	施工进度(d)															
		1	2	3	4	5	6	7	8	9	10	11	12	13	14	15	16
1	Ⅰ	①	②	③	④	⑤	⑥										
	Ⅱ		①	②	③	④	⑤	⑥									
	Ⅲ				①	②	③	④	⑤	⑥							
	Ⅳ					①	②	③	④	⑤	⑥						
2	Ⅰ							①	②	③	④	⑤	⑥				
	Ⅱ								①	②	③	④	⑤	⑥			
	Ⅲ										①	②	③	④	⑤	⑥	
	Ⅳ											①	②	③	④	⑤	⑥

图 2-4　分层并有技术间歇时间与组织间歇时间的等节拍流水施工进度计划

1. 等步距异节拍流水施工(成倍节拍流水施工)

等步距异节拍流水施工是指在组织流水施工时,同一个施工过程的流水节拍相等,不同施工过程之间的流水节拍不全相等,但各个施工过程的流水节拍均为其中最小流水节拍的整数倍的流水施工方式。

1)等步距异节拍流水施工的基本特点

(1)同一施工过程在各施工段上的流水节拍彼此相等,不同的施工过程在同一施工段上的流水节拍彼此不等,但均为某一常数的整数倍。

(2)流水步距彼此相等,且等于流水节拍的最大公约数。

(3)各专业工作队能够保证连续施工,施工段没有空闲。

(4)专业工作队数大于施工过程数,即 $n_1 > n$ 。

2)等步距异节拍流水施工组织步骤

(1)确定施工起点流向,分解施工过程(n)。

(2)确定施工顺序,划分施工段(m)。不分施工层时,可按划分施工段的原则确定施工段数,一般取 $m = n_1$;分施工层时,每层的段数可按式(2-10)确定:

$$m = n_1 + \frac{\max \sum Z_1}{K_b} + \frac{\max \sum Z_2}{K_b} \tag{2-10}$$

式中　n_1——专业工作队总数,计算见式(2-13);

K_b——等步距异节拍流水的流水步距;

其他符号含义同前。

(3)按异节拍专业流水确定流水节拍 t_i。

(4)按式(2-11)确定流水步距:

$$K_b = 最大公约数\{t_1, t_2, \cdots, t_n\} \tag{2-11}$$

(5)按式(2-12)和式(2-13)确定专业工作队数:

$$b_j = \frac{t_j}{K_b} \tag{2-12}$$

$$n_1 = \sum_{j=1}^{n} b_j \tag{2-13}$$

式中 t_j——施工过程 j 在各施工段上的流水节拍;

b_j——施工过程 j 所要组织的专业工作队数;

j——施工过程编号,$1 \leqslant j \leqslant n$。

(6)计算确定计划总工期。

$$T = (mr + n - 1)K_b + \sum Z_1 - \sum C_{j,j+1} \tag{2-14}$$

式中 r——施工层数,不分层时 $r=1$,分层时 r = 实际施工层数;

其他符号含义同前。

(7)绘制流水施工进度表。

【例 2-7】 某项目由Ⅰ、Ⅱ、Ⅲ三个施工过程组成,流水节拍分别为 2 d、6 d、4 d,试组织等步距异节拍流水施工,并绘制流水施工进度表。

解:(1)确定流水步距。

$$K_b = 最大公约数\{2,4,6\} = 2(\text{d})$$

(2)确定专业工作队数。

$$b_1 = \frac{t_1}{K_b} = \frac{2}{2} = 1(队)$$

$$b_2 = \frac{t_2}{K_b} = \frac{6}{2} = 3(队)$$

$$b_3 = \frac{t_3}{K_b} = \frac{4}{2} = 2(队)$$

$$n_1 = \sum_{j=1}^{3} b_j = 1 + 3 + 2 = 6(队)$$

(3)确定施工段数,为了使各专业工作队都能连续工作,取 $m = n_1 = 6$ 段。

(4)计算工期。

$$T = (mr + n - 1)K_b + \sum Z_1 - \sum C_{j,j+1} = (6 \times 1 + 6 - 1) \times 2 + 0 - 0 = 22(\text{d})$$

(5)绘制流水施工进度表,流水施工进度计划如图 2-5 所示。

【例 2-8】 某两层现浇钢筋混凝土工程,施工过程分为安装模板、绑扎钢筋和浇筑混凝土。已知每层每段各施工过程的流水节拍分别为 $t_{模} = 2$ d、$t_{扎} = 2$ d、$t_{混} = 1$ d。当安装模板工作队转移到第二层的第一段施工时,需待第一层第一段的混凝土养护 1 d 后才能进行。在保证各工作队连续施工的条件下,求该工程每层最少的施工段数,并绘出流水施工进度计划。

解:按要求,本工程宜采用等步距异节拍流水施工。

(1)确定流水步距。

$$K_b = 最大公约数\{2,2,1\} = 1(\text{d})$$

施工过程编号	工作队	施工进度(d)										
		2	4	6	8	10	12	14	16	18	20	22
Ⅰ	Ⅰ	①	②	③	④	⑤	⑥					
Ⅱ	$Ⅱ_a$			①			④					
	$Ⅱ_b$				②			⑤				
	$Ⅱ_c$					③			⑥			
Ⅲ	$Ⅲ_a$						①		③		⑤	
	$Ⅲ_b$							②		④		⑥

图 2-5　例 2-7 图

(2)确定专业工作队数。

$$b_1 = \frac{2}{1} = 2(\text{队})$$

$$b_2 = \frac{2}{1} = 2(\text{队})$$

$$b_3 = \frac{1}{1} = 1(\text{队})$$

$$n_1 = \sum_{j=1}^{3} b_j = 2 + 2 + 1 = 5(\text{队})$$

(3)确定每层的施工段数,为了使各专业工作队都能连续施工,其施工段数可按式(2-10)确定:

$$m = n_1 + \frac{\max \sum Z_2}{K_b} = 5 + \frac{1}{1} = 6(\text{段})$$

(4)计算工期。

$$T = (mr + n - 1)K_b + \sum Z_1 - \sum C_{j,\,j+1} = (6 \times 2 + 5 - 1) \times 1 = 16(\text{d})$$

(5)绘制流水施工进度表,流水施工进度计划如图 2-6 所示。

2. 异步距异节拍流水施工(无节奏专业流水施工)

实际施工中,大多数施工过程在各施工段上的工程量并不相等,各专业施工队的生产效率也相差很大,导致多数流水节拍彼此不相等,难以组织等节拍或异节拍流水施工。在这种情况下,往往利用流水施工的基本概念,在保证施工工艺、满足施工顺序的前提下,按照一定的计算方法,确定相邻专业工作队之间的流水步距,使其在开工时间上最大限度地、合理地搭接起来,形成每个专业工作队都能够连续作业的流水施工方式,称为异步距异节拍流水施工,它是流水施工的普遍形式。

1)异步距异节拍流水施工的基本特点

(1)每个施工过程在各施工段上的流水节拍不尽相等。

(2)在多数情况下,流水步距彼此不相等,而且流水步距与流水节拍两者之间存在着某种函数关系。

(3)各专业工作队都能连续施工,个别施工段可能有空闲。

施工层	施工过程名称	工作队	施工进度(d)															
			1	2	3	4	5	6	7	8	9	10	11	12	13	14	15	16
第一层	安装模板	Ⅰ$_a$	①			③		⑤										
		Ⅰ$_b$			②		④		⑥									
	绑扎钢筋	Ⅱ$_a$				①		③		⑤								
		Ⅱ$_b$					②		④		⑥							
	浇筑混凝土	Ⅲ					①	②	③	④	⑤	⑥						
第二层	安装模板	Ⅰ$_a$							①			③		⑤				
		Ⅰ$_b$									②		④		⑥			
	绑扎钢筋	Ⅱ$_a$										①		③		⑤		
		Ⅱ$_b$											②		④		⑥	
	浇筑混凝土	Ⅲ											①	②	③	④	⑤	⑥

图 2-6　例 2-8 图

(4)专业工作队数等于施工过程数,即 $n_1 = m$ 。

2)异步距异节拍流水施工组织步骤

(1)确定施工起点流向,分解施工过程。

(2)确定施工顺序,划分施工段。

(3)按相应的公式计算各施工过程在各施工段上的流水节拍。

(4)按潘特考夫斯基法(累加数列错位相减取大差法)确定相邻两个专业工作队之间的流水步距。

(5)计算流水施工的计划工期 T 。

$$T = \sum_{j=1}^{n-1} K_{j,\,j+1} + \sum_{i=1}^{m} t_i^{\mathrm{Zh}} + \sum Z + \sum G - \sum C_{j,\,j+1} \tag{2-15}$$

式中　T——流水施工计划工期;

$K_{j,\,j+1}$——相邻两专业工作队 j 与 $j+1$ 之间的技术间歇时间之和($1 \leqslant j \leqslant n-1$);

t_i^{Zh}——最后一个施工过程在第 i 个施工段上的流水节拍;

$\sum Z$——技术间歇时间总和,$\sum Z = \sum Z_{j,\,j+1} + \sum Z_{k,k+1}$,$\sum Z_{j,\,j+1}$ 为相邻两专业工作队 j 与 $j+1$ 之间的技术间歇时间之和($1 \leqslant j \leqslant n-1$),$\sum Z_{k,k+1}$ 为相邻两施工层间的技术间歇时间之和($1 \leqslant k \leqslant r-1$);

$\sum G$——组织间歇时间总和,$\sum G = \sum G_{j,\,j+1} + \sum G_{k,k+1}$,$\sum G_{j,\,j+1}$ 为相邻两专业工作队 j 与 $j+1$ 之间的组织间歇时间之和($1 \leqslant j \leqslant n-1$),$\sum G_{k,k+1}$ 为相邻两施工层间的组织间歇时间之和($1 \leqslant k \leqslant r-1$);

$\sum C_{j,\,j+1}$——相邻两专业工作队 j 与 $j+1$ 之间的平行搭接时间之和($1 \leqslant j \leqslant n-1$)。

【例 2-9】　某工程有Ⅰ、Ⅱ、Ⅲ、Ⅳ、Ⅴ五个施工过程,施工时在平面上划分成四个施工段,每个施工过程在各施工段上的流水节拍如表 2-2 所示。规定施工过程Ⅱ完成后,相应施工段至少养护2 d；施工过程Ⅳ完成后，其相应施工段要留有1 d的准备时间。为了尽早完工，允许施工过程Ⅰ与Ⅱ之间平行搭接施工1 d，试编制流水施工方案。

表2-2　各施工段上的流水节拍

施工段	施工过程				
	Ⅰ	Ⅱ	Ⅲ	Ⅳ	Ⅴ
①	3	1	2	4	3
②	2	3	1	2	4
③	2	5	3	3	2
④	4	3	5	3	1

解：根据题设条件，该工程只能组织无节奏专业流水施工。

(1)求流水节拍的累加数列。

Ⅰ：3,5,7,11

Ⅱ：1,4,9,12

Ⅲ：2,3,6,11

Ⅳ：4,6,9,12

Ⅴ：3,7,9,10

(2)确定流水步距。采用潘特考夫斯基法确定相邻专业工作队之间的流水步距为

$$K_{\mathrm{I,II}} = 4\ \mathrm{d} \qquad K_{\mathrm{II,III}} = 6\ \mathrm{d}$$
$$K_{\mathrm{III,IV}} = 2\ \mathrm{d} \qquad K_{\mathrm{IV,V}} = 4\ \mathrm{d}$$

(3)确定计划工期。由题给条件可知

$Z_{\mathrm{II,III}} = 2\ \mathrm{d}, G_{\mathrm{IV,V}} = 1\ \mathrm{d}, C_{\mathrm{I,II}} = 1\ \mathrm{d}$，代入式(2-15)得

$$T = (4+6+2+4)+(3+4+2+1)+2+1-1 = 28(\mathrm{d})$$

(4)绘制流水施工进度计划，如图2-7所示。

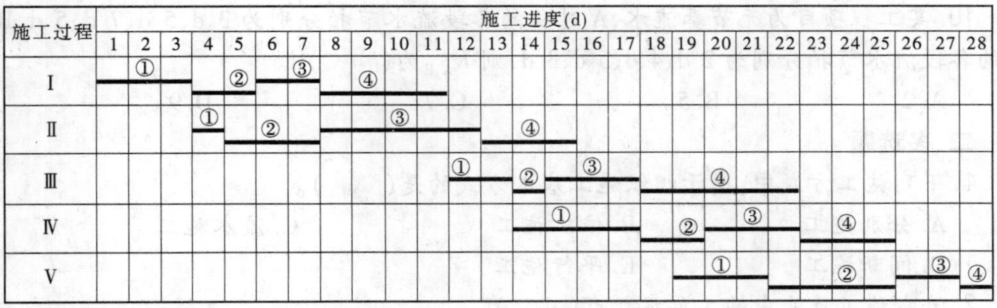

施工过程	施工进度(d)																											
	1	2	3	4	5	6	7	8	9	10	11	12	13	14	15	16	17	18	19	20	21	22	23	24	25	26	27	28
Ⅰ		①			②		③		④																			
Ⅱ				①		②				③				④														
Ⅲ												①		②		③				④								
Ⅳ															①				②		③			④				
Ⅴ																				①				②			③	④

图2-7　例2-9图

能力训练

一、单选题

1. 下述施工组织方式中日资源用量最少的是(　　)。

A. 依次施工　B. 平行施工　C. 流水施工　D. 搭接施工

2. 建设工程组织流水施工时,其特点之一是(　　)。

A. 由一个专业队在各施工段上依次施工

B. 同一时间段只能有一个专业队投入流水施工

C. 各专业队按施工顺序应连续、均衡地组织施工

D. 施工现场的组织管理简单,工期最短

3. 下列(　　)参数为工艺参数。

A. 施工过程数　B. 施工段数　C. 流水步距　D. 流水节拍

4. 多层建筑物组织流水施工,若为使各班组能连续施工,则流水段数 m 与施工过程数 n 的关系为(　　)。

A. $m<n$　B. $m=n$　C. $m>n$　D. $m \geqslant n$

5. 下列参数中,属于时间参数的是(　　)。

A. 施工过程数　B. 施工段数　C. 流水步距　D. 以上都不对

6. 选择每日作业班数,每班作业人数是在确定(　　)参数时需要考虑的。

A. 施工过程数　B. 施工段数　C. 流水步距　D. 流水节拍

7. 当某项工程参与流水的专业班组数为 5 个时,流水步距的总数为(　　)。

A. 5　B. 6　C. 3　D. 4

8. 某分布工程划分为 4 个施工过程、5 个施工段进行施工,流水节拍均为 4 d,组织全等节拍流水施工,则流水施工的工期为(　　)d。

A. 40　B. 30　C. 32　D. 36

9. 某分部工程有 A、B、C、D 四个施工过程,流水节拍分别为 2 d、6 d、4 d、2 d,当组织成倍流水节拍时,其施工班组数为(　　),工期为(　　)d。

A. 5　B. 7　C. 24　D. 26

10. 某工程项目为无节奏流水,A 过程的各段流水节拍分别为 3 d、5 d、7 d、5 d,B 过程的各段流水节拍分别为 2 d、4 d、5 d、3 d,则 $K_{A,B}$ 为(　　)d。

A. 2　B. 5　C. 7　D. 9

二、多选题

1. 下列施工方式中,属于组织施工基本方式的是(　　)。

A. 分别施工　B. 依次施工　C. 流水施工

D. 间断施工　E. 平行施工

2. 流水施工作业中的主要参数有(　　)。

A. 工艺参数　B. 时间参数　C. 流水参数

D. 空间参数　E. 技术参数

3. 下列参数中，属于时间参数的是(　　)。

A. 流水节拍　B. 技术间歇时间　C. 流水工期

D. 施工段数　E. 施工层

4. 下列描述中，属于成倍节拍流水的基本特点是(　　)。

A. 不同施工过程之间流水节拍存在最大公约数的关系

B. 专业施工队数多于施工过程数

C. 专业施工队能连续施工，施工段也没有空闲

D. 不同施工过程之间的流水步距均相等

E. 专业施工队数目与施工过程数相等

5. 建设工程组织流水施工时，相邻专业工作队之间的流水步距不尽相等，但专业工作队数等于施工过程数的流水施工方式有(　　)

A. 固定节拍流水施工　B. 成倍节拍流水施工　C. 异步距异节拍流水施工

D. 无节奏流水施工　E. 等节奏流水施工

三、计算题

1. 某分部工程由 A、B、C 三个施工过程组成，它在平面上划分为 6 个施工段。各施工过程在各施工段上的流水节拍均为 3 d。施工过程 B 完成后，应有 2 d 的技术间歇时间才能进行下一过程施工。试编制流水施工方案。

2. 某施工项目由 A、B、C、D 四个施工过程组成，它在平面上划分为 6 个施工段。各施工过程在各个施工段上的持续时间依次为 6 d、4 d、6 d 和 2 d。施工过程 B 完成后，其相应施工段至少应有组织间歇时间 1 d 才能进行下一个施工过程。试编制工期最短的流水施工方案。

3. 某施工项目由Ⅰ、Ⅱ、Ⅲ、Ⅳ四个施工过程组成，它在平面上划分为 6 个施工段。各施工过程在各施工段上的持续时间如表 2-3 所示。施工过程Ⅱ完成后，其相应施工段至少有技术间歇时间 2 d；施工过程Ⅲ完成后，其相应施工段至少应有组织间歇时间 1 d。试编制该工程流水施工方案。

表 2-3　某施工项目施工过程持续时间

施工过程名称	持续时间(d)					
	①	②	③	④	⑤	⑥
Ⅰ	3	2	3	3	2	3
Ⅱ	2	3	4	4	3	2
Ⅲ	4	2	3	2	4	2
Ⅳ	3	3	2	3	2	4

项目3 网络计划方法

【学习目标】

1. 知识目标:①了解网络图的主要类别;②了解网络计划的作用。

2. 技能目标:①能进行中、小型的网络计划编制;②能通过网络图计算工期、确定关键线路。

3. 素质目标:①认真细致的工作态度;②严谨的工作作风。

任务3.1 网络计划基础

3.1.1 网络计划原理

在水利水电工程编制的各种进度计划中,常常采用网络计划。网络计划技术是20世纪50年代后期发展起来的一种科学的计划管理和系统分析方法,在水利水电工程中应用网络计划,对于缩短工期、提高效益和工程质量都有着重要意义。

网络计划依托于网络图。网络图由箭线(用一端带有箭头的实线或虚线表示)和节点(用圆圈表示)组成,用来表示一项工程或任务进行顺序的有向、有序的网状图。

网络计划是用网络图表达任务构成、工作顺序,并加注工作时间参数的进度计划。网络计划的时间参数可以帮助找到工程中的关键工作和关键线路,方便在具体实施中对资源、费用等进行调整。

采用网络计划编制施工进度计划的大体步骤是:收集原始资料,绘制网络图;组织数据,计算网络参数;根据要求对网络计划进行优化控制;在实施过程中,定期检查、反馈信息、调整修订。它借助网络图的基本理论对项目的进展及内部逻辑关系进行综合描述和具体规划,有利于计划系统优化、调整和计算机的应用。

3.1.2 网络计划的基本类型

3.1.2.1 按工作性质分类

1. 肯定型网络计划

工作、工作之间的逻辑关系以及工作持续时间都是肯定的网络计划,称肯定型网络计划。肯定型网络计划包括关键线路法网络计划和搭接网络计划。

2. 非肯定型网络计划

工作、工作之间的逻辑关系和工作持续时间三者中任一项或多项不肯定的网络计划,称非肯定型网络计划。

在本书中,只涉及肯定型网络计划。

3.1.2.2　按工作或事件在网络图中的表示方法分类

1. 单代号网络计划

以单代号网络图表示的网络计划,称单代号网络计划。单代号网络图是以节点及其编号表示工作,以箭线表示工作之间的逻辑关系的网状图,也称节点式网络图。

2. 双代号网络计划

以双代号网络图表示的网络计划,称双代号网络计划。双代号网络图以箭线及其两端节点的编号表示工作,以节点衔接表示工作之间的逻辑关系的网状图,也称箭线式网络图。

3.1.2.3　按有无时间坐标分类

1. 时标网络计划

时标网络计划指以时间坐标为尺度绘制的网络计划。网络图中,工作箭线的水平投影长度与工作的持续时间长度成正比。

2. 非时标网络计划

非时标网络计划指不以时间坐标为尺度绘制的网络计划。网络图中,工作箭线长度与其持续时间长度无关,可按需要绘制。

3.1.2.4　按网络计划包含范围分类

1. 局部网络计划

局部网络计划指以一个建筑物或构筑物中的一部分,或以一个施工段为对象编制的网络计划。

2. 单位工程网络计划

单位工程网络计划指以一个单位工程为对象编制的网络计划。

3. 综合网络计划

综合网络计划指以一个单项工程或以一个建设项目为对象编制的网络计划。

3.1.2.5　按目标分类

1. 单目标网络计划

单目标网络计划指只有一个终点节点的网络计划,即网络计划只有一个最终目标。

2. 多目标网络计划

多目标网络计划指终点节点不只一个的网络计划,即网络计划有多个独立的最终目标。

这两种网络计划都只有一个起点节点,以及网络图的第一个节点。本书中只涉及单目标网络计划。

3.1.3　网络计划应用的优点

(1)利用网络图模型,各工作项目之间关系清楚,明确表达出各项工作的逻辑关系。

(2)通过网络图时间参数计算,能确定出关键工作和关键线路,可以显示出各个工作的机动时间,从而可以进行合理的资源分配,降低成本,缩短工期。

(3)通过对网络计划的优化,可以从多个方案中找出最优方案。

(4)运用计算机辅助手段,方便网络计划的优化调整与控制,等等。

任务 3.2　双代号网络计划

双代号网络图是应用较为普遍的一种网络计划形式。在双代号网络图中,用有向箭线表示工作,工作名称写在箭线的上方,持续时间写在箭线的下方,箭尾表示工作的开始,箭头表示工作的结束。箭头和箭尾衔接的地方画上圆圈并编上号码,用箭头与箭尾的号码 i、j 作为工作的代号,其基本模型见图 3-1。某项目双代号网络图见图 3-2。

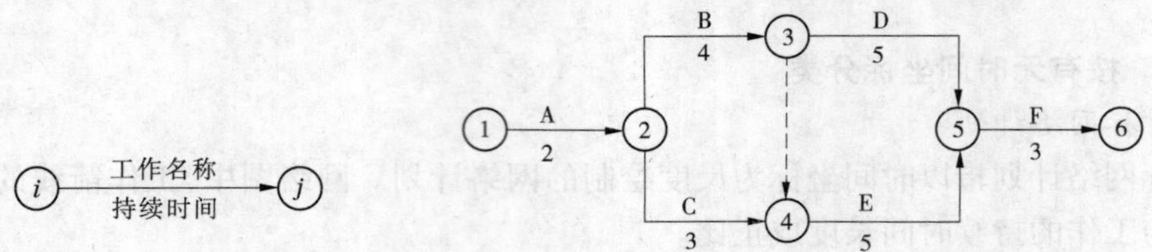

图 3-1　双代号网络图基本模型　　图 3-2　某项目双代号网络图

3.2.1　双代号网络计划的基本要素

双代号网络图由箭线、节点和线路三个基本要素组成。

3.2.1.1　箭线(工作)

(1)在双代号网络图中,一条箭线表示一项工作,工作也称活动,是指完成一项任务的过程。工作既可以是一个建设项目、一个单项工程,也可以是一个分项工程乃至一个工序。

(2)箭线有实箭线和虚箭线两种。

实箭线表示该工作需要消耗时间和资源(如支模板、浇筑混凝土等),或者该工作仅是消耗时间而不消耗资源(如混凝土养护、抹灰干燥等技术间歇)。

虚箭线表示该工作是既不消耗时间也不消耗资源的工作——虚工作,用以反映一些工作与另外一些工作之间的逻辑制约关系。虚工作一般起着工作之间的联系、区分和断路三个作用。联系作用是指应用虚箭线正确表达工作之间相互依存的关系;区分作用是指双代号网络图中每一项工作必须用一条箭线和两个代号表示,若两项工作的代号相同,则应使用虚工作加以区分;断路作用是用虚箭线断掉多余联系(在网络图中把无联系的工作联系上时,应加上虚工作将其断开)。

(3)在无时间坐标限制的网络图中,箭线长短不代表工作时间长短,可以任意画,箭线可以是直线、折线或斜线,但其行进方向均应从左向右;在有时间坐标限制的网络图中,箭线长度必须根据工作持续时间按照坐标比例绘制。

(4)双代号网络图中,工作之间的相互关系有以下几种:

①紧前工作:相对于某工作而言,紧排其前的工作称为该工作的紧前工作,工作与其紧前工作之间可能会有虚工作存在。

②紧后工作:相对于某工作而言,紧排其后的工作称为该工作的紧后工作,工作与其紧前工作之间也可能会有虚工作存在。

③平行工作:相对于某工作而言,可以与该工作同时进行的工作即为该工作的平行工作。

④先行工作:自起始工作至本工作之前各条线路上所有工作。

⑤后续工作:自本工作至结束工作之后各条线路上所有工作。

3.2.1.2　节点

节点也称事件或接点,是指表示工作的开始、结束或连接关系的圆圈。任何工作都可以用其箭线前、后的两个节点的编码来表示,起点节点编码在前,终点节点编码在后,如图 3-2中的 A 工作即可用 1—2 来表示。

(1)节点只是前后工作的交接点,表示一个瞬间,既不占用时间,也不消耗资源。

(2)箭线的箭尾节点表示该工作的开始,箭线的箭头节点表示该工作的结束。

(3)节点类型。

①起点节点:网络图的第一个节点为整个网络图的起点节点,意味着一项工程的开始,它只有外向箭线。例如,图 3-2 中的节点①。

②终点节点:网络图的最后一个节点叫终点节点,意味着一项工程的完成,它只有内向箭线。例如,图 3-2 中的节点⑥。

③中间节点:网络图其余的节点均称为中间节点,意味着前项工作的结束和后项工作的开始,它既有内向箭线,又有外向箭线。例如,图 3-2 中的节点②、③、④、⑤。

(4)节点编号的顺序:从起点节点开始,依次向终点节点进行。编号原则是每一条箭线的箭头节点编号必须大于箭尾节点编号,并且所有节点的编号不能重复出现。

3.2.1.3　线路

从起点节点出发,沿着箭头方向直至终点节点,中间经由一系列节点和箭线,所构成的若干条通路,即称为线路。完成某条线路的全部工作所需的总持续时间,即该条线路上全部工作的工作历时之和,称为线路时间或线路长度。根据线路时间的不同,线路又分为关键线路和非关键线路。

关键线路指在网络图中线路时间最长的线路(注:肯定型网络),或自始至终全部由关键工作组成的线路。关键线路至少有一条,也可能有多条。关键线路上的工作称为关键工作,关键工作的机动时间最少,它们完成的快慢直接影响整个工程的工期。

非关键线路指网络图中线路时间短于关键线路的任何线路。非关键线路上的工作,除关键工作外其余均为非关键工作,非关键工作有机动时间可利用。

如图 3-2 中,共有 3 条线路:1—2—3—5—6、1—2—4—5—6 和1—2—3—4—5—6,根据各工作持续时间可知,线路 1—2—3—5—6 和 1—2—3—4—5—6 持续时间最长,为关键线路,这条线路上的各项工作均为关键工作,而 2—4 为非关键工作。

3.2.2　双代号网络图的绘制方法

3.2.2.1　工作之间的逻辑关系

工程项目进行网络计划编制时,首先需明确项目工作任务之间的逻辑关系。工作之间的逻辑关系取决于工程项目的性质和轻重缓急、施工组织、施工技术等因素,逻辑关系确定之后用网络图将工作之间相互联系与制约的关系表达出来。工作之间的逻辑关系包括工艺关系和组织关系。

1. 工艺关系

工艺关系是由施工工艺决定的施工顺序关系。这种关系确定后是不能随意更改的。例如,土坝坝面作业的工艺顺序为铺土、平土、晾晒或洒水、压实、刨毛等。这些在施工工艺上都有必须遵循的逻辑关系,是不能违反的。

2. 组织关系

组织关系是由施工组织安排决定的施工顺序关系,是工艺没有明确规定先后顺序关系的工作,考虑到其他因素的影响而人为安排的施工顺序关系。例如,采用全段围堰明渠导流时,要求在截流以前完成明渠施工、截流备料、戗堤进占等工作。由组织关系所决定的衔接顺序一般是可以改变的。

在网络图中,各工序之间在逻辑上的关系是变化多端的。常见的一些逻辑关系及其在双代号网络图中的表达方法见表3-1。

表3-1 双代号网络图中常见的工序逻辑关系及表达方法

序号	工作间逻辑关系	表示方法
1	A、B、C无紧前工作,即A、B、C均为计划的第一项工作,且平行进行	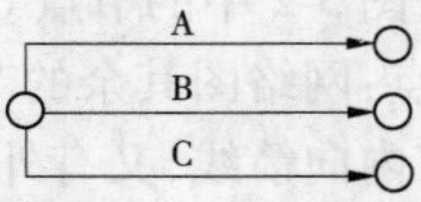 A B C
2	A完成后,B、C、D才能开始	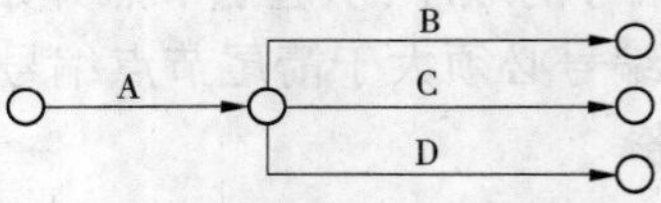 A B C D
3	A、B、C均完成后,D才能开始	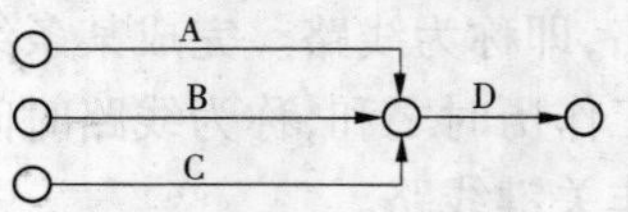 A B C D
4	A、B均完成后,C、D才能开始	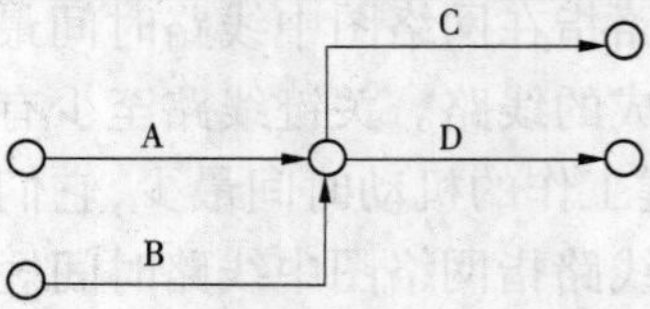 C A D B
5	A完成后,D才能开始;A、B均完成后,E才能开始;A、B、C均完成后,F才能开始	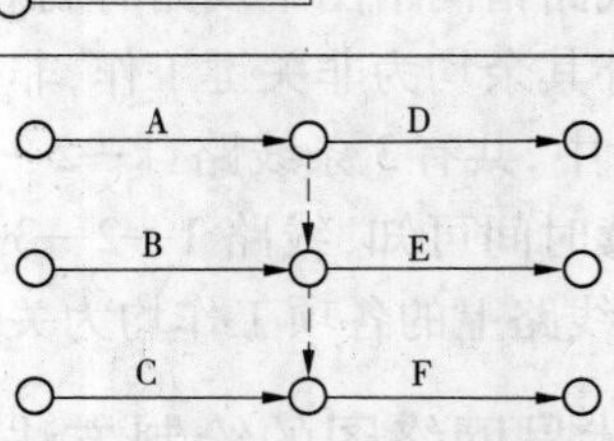 A D B E C F
6	A与D同时开始,B为A的紧后工作	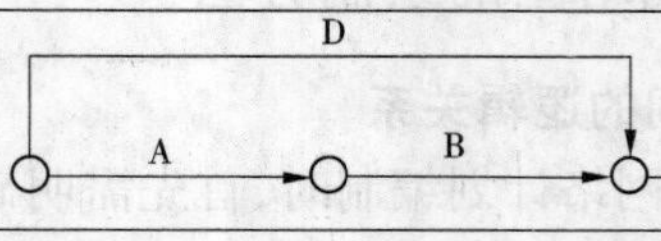 D A B C

续表 3-1

序号	工作间逻辑关系	表示方法
7	A、B均完成后，D才能开始；A、B、C均完成后，E才能开始；D、E完成后，F才能开始	A B C D E F
8	A结束后，B、C、D才能开始；B、C、D结束后，E才能开始	A B C D E
9	A、B完成后，D才能开始；B、C完成后，E才能开始	A B C D E
10	工作A、B分为三个施工阶段，分段流水施工，a_1完成后进行a_2、b_1；a_2完成后进行a_3；a_2、b_1完成后进行b_2；a_3、b_2完成后进行b_3	a_1 a_2 a_3 b_1 b_2 b_3
11	A、B均完成后，C才能开始；A、B分为a_1、a_2、a_3和b_1、b_2、b_3三个施工阶段，C分为c_1、c_2、c_3；A、B、C分三段作业交叉进行	a_1 a_2 a_3 c_1 c_2 c_3 b_1 b_2 b_3
12	A、B、C为最后三项工作，即A、B、C无紧后作业	A B C

3.2.2.2　双代号网络图绘制原则

(1)双代号网络图必须正确表达已定的逻辑关系。

(2)双代号网络图中，严禁出现循环回路。

所谓循环回路，是指从网络图中的某一节点出发，顺着箭线方向又回到了原来出发点的线路。绘制时尽量避免逆向箭线，逆向箭线容易造成循环回路，如图 3-3 所示。

(3)网络图中不允许出现双向箭线和无箭头箭线，如图 3-4 所示。进度计划是有向图，沿着方向进行施工，箭线的方向表示工作的进行方向，箭线箭尾表示工作的开始，箭头表示结束。双向箭头或无箭头的连线将使逻辑关系含糊不清。

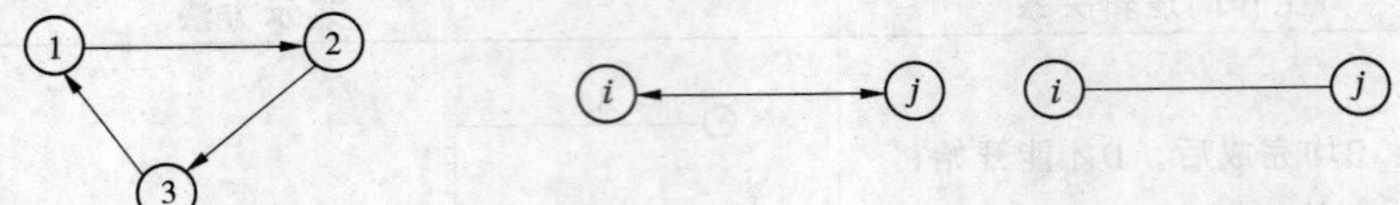

图 3-3　循环回路　　　图 3-4　双向箭线和无箭头箭线

(4)双代号网络图中,严禁出现没有箭头节点或没有箭尾节点的箭线。

没有箭尾节点的箭线,不能表示它所代表的工作在何时开始;没有箭头节点的箭线,不能表示它所代表的工作何时完成,如图 3-5 所示。

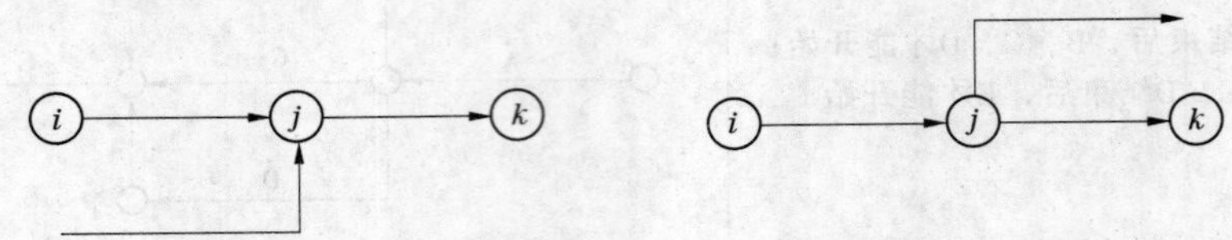

图 3-5　没有箭头节点或没有箭尾节点的箭线

(5)双代号网络图中,严禁出现节点代号相同的箭线,以免工作编号重复,如图 3-6 所示。

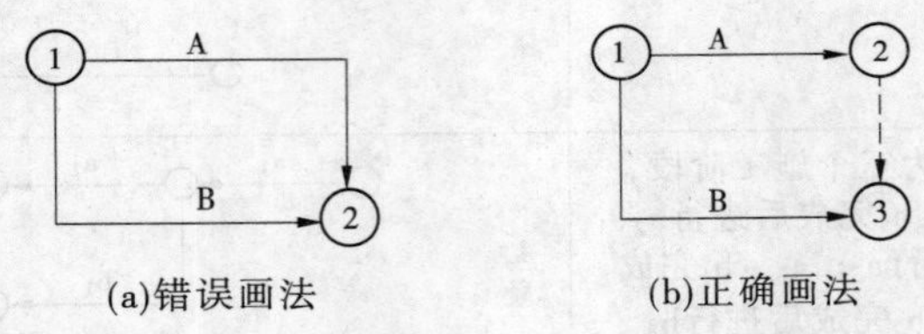

图 3-6　重复编号

(6)在绘制网络图中,应尽可能避免箭线交叉,当不可能避免时,应采用过桥法、断线法或指向法,如图 3-7 所示。

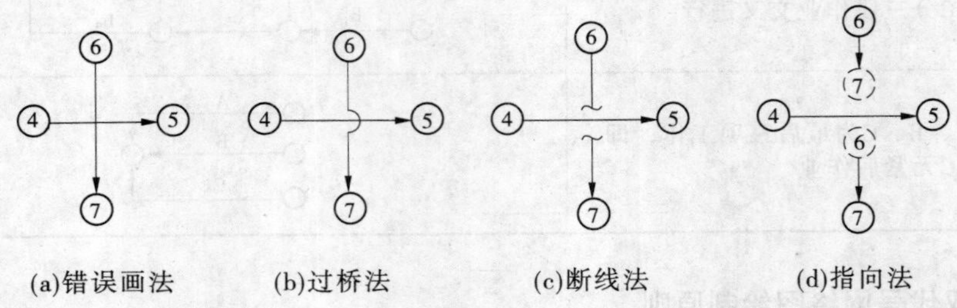

图 3-7　箭线交叉表示方法

(7)当网络图的起点节点有多条外向箭线或终点节点有多条内向箭线时,为使图形简洁,可采用母线法绘制,但应满足一项工作用一条箭线和相应的一对节点表示,如图 3-8所示。

(8)双代号网络图中应只有一个起点节点和一个终点节点,其他节点均应为中间节点。

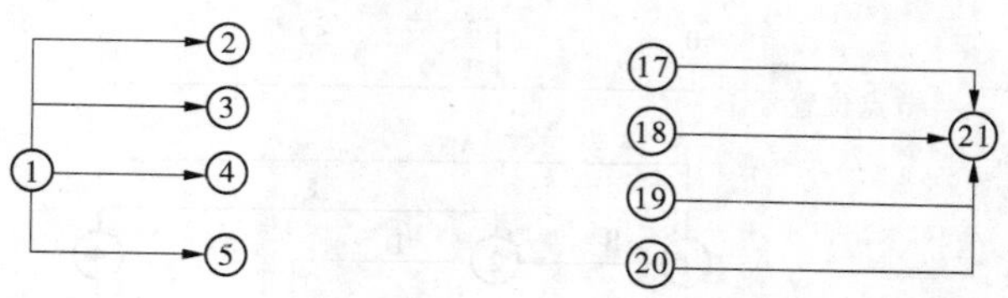

图3-8 母线画法

3.2.2.3 节点位置号法绘制双代号网络图

为使双代号网络图绘制简洁、美观,宜用水平箭线和垂直箭线表示。在绘制之前,先确定出各节点的位置号,再按照节点位置及逻辑关系绘制网络图。

节点位置号确定方法如下:

(1)无紧前工作的工作,起点节点位置号为0。

(2)有紧前工作的工作,起点节点位置号等于其紧前工作的起点节点位置号的最大值加1。

(3)有紧后工作的工作,终点节点位置号等于其紧后工作的起点节点位置号的最小值。

(4)无紧后工作的工作,终点节点位置号等于网络图中除无紧后工作的工作外,其他工作的终点节点位置号最大值加1。

应注意的是,在绘制双代号网络图时,若没有工作之间出现相同的紧后工作或者工作之间只有相同的紧后工作,则肯定没有虚箭线;若工作之间既有相同的紧后工作,又有不同的紧后工作,则肯定有虚箭线;到相同的紧后工作用虚箭线,到不同的紧后工作则无虚箭线。

【例3-1】 已知某工程项目的各工作之间的逻辑关系见表3-2,用节点位置号法画出双代号网络图。

表3-2 各工作之间的逻辑关系

工作	A	B	C	D	E	F
紧前工作	无	无	无	B	B	C、D

解:(1)列出工作之间的关系表,确定紧后工作和各工作的节点位置号,见表3-3。

表3-3 各工作之间的关系表

工作	A	B	C	D	E	F
紧前工作	无	无	无	B	B	C、D
紧后工作	无	D、E	F	F	无	无
起点节点位置号	0	0	0	1	1	2
终点节点位置号	3	1	2	2	3	3

(2)根据逻辑关系和节点位置号,绘出双代号网络图,如图3-9所示。

由表3-2可知,工作C、D只有相同的紧后工作F,工作B和工作C、D没有相同的紧

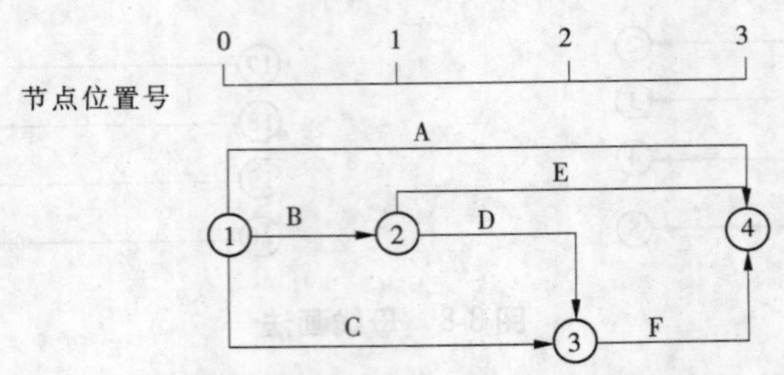

图 3-9　例 3-1 网络图

后工作，所以这个网络图中不存在虚箭线情况。

3.2.2.4　直接绘制法绘制双代号网络图

直接绘制法借助例 3-2 说明绘制步骤。

【例 3-2】　已知某工程项目的各工作之间的逻辑关系见表 3-4，绘出双代号网络图。

表 3-4　工作逻辑关系

工作	A	B	C	D	E	F	G	H	I
紧前工作	无	A	B	B	B	C、D	C、E	C	F、G、H

解：1. 分析工作间的逻辑关系，将各项工作的紧后工作填入表 3-5 中。

表 3-5　各工作之间的关系

工作	A	B	C	D	E	F	G	H	I
紧前工作	无	A	B	B	B	C、D	C、E	C	F、G、H
紧后工作	B	C、D、E	F、G、H	F	G	I	I	I	无

2. 绘制草图。

(1) 绘制无紧前工作的工作，如图 3-10 所示。

A

图 3-10　例 3-2 图一

(2) 根据逻辑关系，依次绘出各项工作所有的紧后工作，如图 3-11 所示。

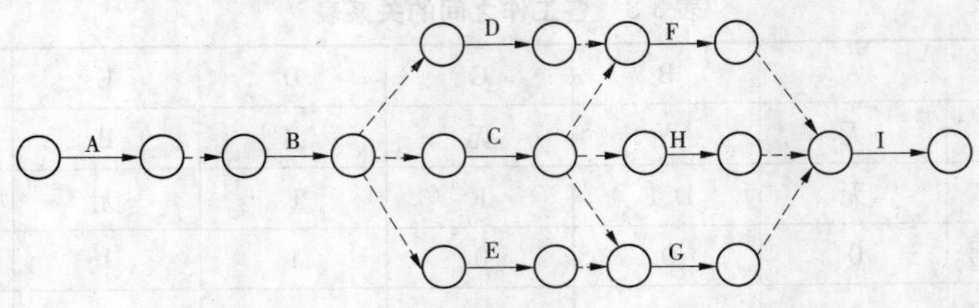

图 3-11　例 3-2 图二

3. 去掉多余的节点和虚箭线。

显然 C 和 D 有共同的紧后工作 F 和不同的紧后工作 G、H，所以有虚箭线；C 和 E 有共同的紧后工作G和不同的紧后工作F、H,所以也有虚箭线。其他均无虚箭线,如图3-12所示。

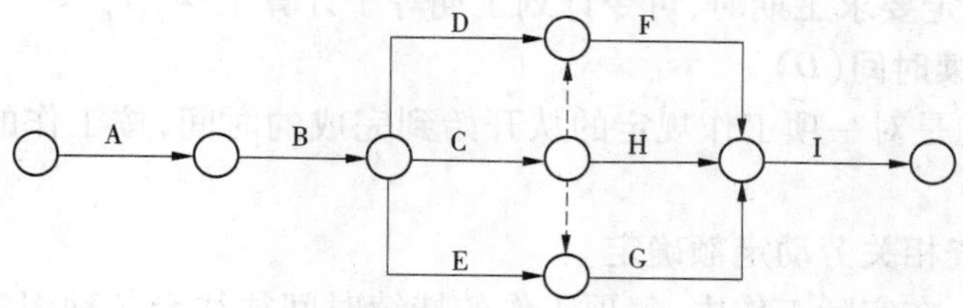

图3-12 例3-2图三

4. 进行节点编号,如图3-13所示。

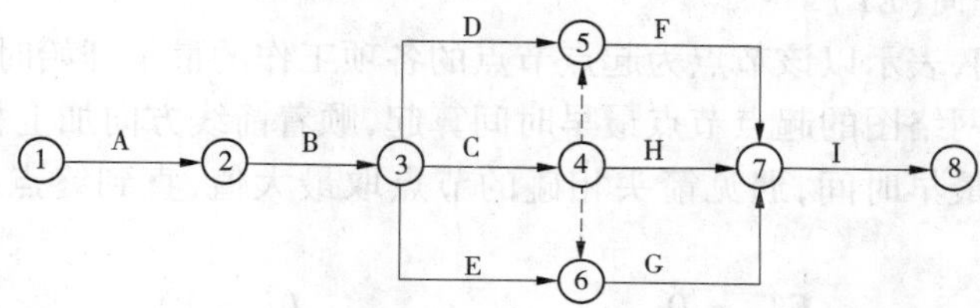

图3-13 例3-2图四

3.2.3 双代号网络图时间参数的计算

双代号网络图时间参数计算的目的是:①确定项目工期,明确工程计划进度;②确定网络图关键线路、关键工作、非关键工作,明确工作的主要矛盾;③通过时间参数计算确定非关键工作的机动时间(时差),明确工程可调配的资源。

3.2.3.1 常用的双代号网络图时间参数及其表示方法

(1) ET_i ——i 节点的最早时间;

(2) LT_i ——i 节点的最迟时间;

(3) ES_{i-j} ——工作 $i—j$ 的最早开始时间;

(4) EF_{i-j} ——工作 $i—j$ 的最早完成时间;

(5) LS_{i-j} ——工作 $i—j$ 的最迟开始时间;

(6) LF_{i-j} ——工作 $i—j$ 的最迟完成时间;

(7) TF_{i-j} ——工作 $i—j$ 的总时差;

(8) FF_{i-j} ——工作 $i—j$ 的自由时差;

(9) D_{i-j} ——工作 $i—j$ 的持续时间;

(10) T——项目工期。

3.2.3.2 工期(T)

工期泛指完成任务所需的时间,一般有以下三种:

(1)计算工期。根据网络计划时间参数计算出来的工期,用 T_c 表示。

(2)要求工期。任务委托人所要求的工期,用 T_r 表示。

(3)计划工期。在要求工期和计算工期的基础上综合考虑需要和可能确定的工期,

用 T_p 表示。

网络计划的计划工期 T_p 应按照下列情况分别确定：①当已规定了要求工期 T_r 时，$T_p \leqslant T_r$；②当未规定要求工期时，可令计划工期等于计算工期，$T_p = T_c$。

3.2.3.3　工作持续时间(D)

工作持续时间是对一项工作规定的从开始到完成的时间，按工作的性质可按下列方法确定：

(1)肯定型：查相关劳动定额确定。

(2)非肯定型：在实际工作中，每项工作的持续时间往往受各种因素影响，难以确定，按非肯定型考虑更为合理，通常采用三时估计法。

3.2.3.4　节点的时间参数

1. 节点最早时间(ET)

节点最早时间，表示以该节点为起点节点的各项工作的最早开始时间。

计算方法：从网络图的起点节点最早时间算起，顺着箭线方向加上相应工作的持续时间，得到各节点的最早时间，遇见箭头相碰的节点取最大值，直到终点节点，起点节点的 ET_i 假定为0。

计算公式：
$$\begin{cases} ET_i = 0 & (i = 1) \\ ET_j = \max(ET_i + D_{i-j}) & (j > 1) \end{cases} \tag{3-1}$$

2. 节点最迟时间(LT)

节点最迟时间，表示以该节点为完成节点的各项工作的最迟完成时间。

计算方法：从网络图的终点节点最迟时间算起，逆着箭头方向减去相应工作的持续时间，得到各节点的最迟时间，遇见箭尾相碰的节点取最小值，直至起点节点。当工期有规定时，终点节点的最迟时间就等于规定工期；当工期没有规定时，最迟时间就等于终点节点的最早时间。

计算公式：
$$\begin{cases} LT_n = ET_n(\text{或规定工期}) & (n\text{为终点节点}) \\ LT_i = \min(LT_j - D_{i-j}) \end{cases} \tag{3-2}$$

3.2.3.5　工作的时间参数

1. 工作的最早开始时间(ES)

工作的最早开始时间，指在紧前工作约束下，工作有可能开始的最早时刻，即该工作之前的所有紧前工作全部完成后，该工作有可能开始的最早时刻。

计算方法：各项工作的最早开始时间等于其起点节点的最早时间。

计算公式：
$$ES_{i-j} = ET_i \tag{3-3}$$

2. 工作的最早完成时间(EF)

工作的最早完成时间，指在紧前工作约束下，工作有可能完成的最早时刻，即该工作之前的所有紧前工作全部完成后，该工作有可能完成的最早时刻。

计算方法：各项工作的最早完成时间等于其起点节点的最早时间加上持续时间。

计算公式：
$$EF_{i-j} = ES_{i-j} + D_{i-j} = ET_i + D_{i-j} \tag{3-4}$$

3. 工作的最迟完成时间(LF)

工作的最迟完成时间，指在不影响整个任务按期完成的前提下，工作必须完成的最迟

时刻。

计算方法：各项工作的最迟完成时间等于其终点节点的最迟时间。

计算公式：
$$LF_{i-j} = LT_j \tag{3-5}$$

4. 工作的最迟开始时间（LS）

工作的最迟开始时间，指在不影响整个任务按期完成的前提下，工作必须开始的最迟时刻。

计算方法：各项工作的最迟开始时间等于其最迟完成时间减去工作持续时间。

计算公式：
$$LS_{i-j} = LF_{i-j} - D_{i-j} = LT_i - D_{i-j} \tag{3-6}$$

5. 工作的总时差（TF）

工作的总时差，指在不影响总工期的前提下，本工作可以利用的机动时间。

计算方法：工作的总时差等于其最迟开始时间减去最早开始时间，或等于工作最迟完成时间减去最早完成时间。

计算公式：
$$TF_{i-j} = LS_{i-j} - ES_{i-j}$$
或
$$TF_{i-j} = LF_{i-j} - EF_{i-j} \tag{3-7}$$

6. 工作的自由时差（FF）

工作的自由时差，指在不影响其紧后工作最早开始时间的前提下，本工作可以利用的机动时间。

计算方法：工作的自由时差应为该工作的紧后工作的最早开始时间减去该工作的最早完成时间的差值的最小值。

计算公式：
$$FF_{i-j} = \min(ES_{j-k} - EF_{i-j}) \tag{3-8}$$

双代号网络图时间参数计算方法有分析计算法、图上计算法、表上计算法、矩阵计算法、电算法等。在此仅介绍图上计算法，该法适用于工作较少的网络图。

【例3-3】　某项目网络计划如图3-14所示，已知各项工作的持续时间，用图上计算法计算其节点的时间参数 ET、LT，计算其工作的时间参数 ES、EF、LS、LF、TF、FF，并计算该项目工期 T。

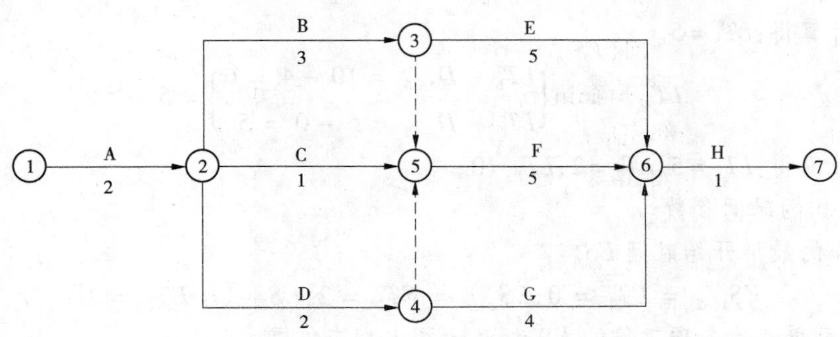

图3-14　某项目网络计划

解：1. 图上计算法时间参数标注图例如图3-15所示。

2. 图上计算法如图3-16所示。

3. 图上计算法说明。

ET_i	LT_i

ES_{i-j}	EF_{i-j}	TF_{i-j}
LS_{i-j}	LF_{i-j}	FF_{i-j}

图 3-15 时间参数标注图例

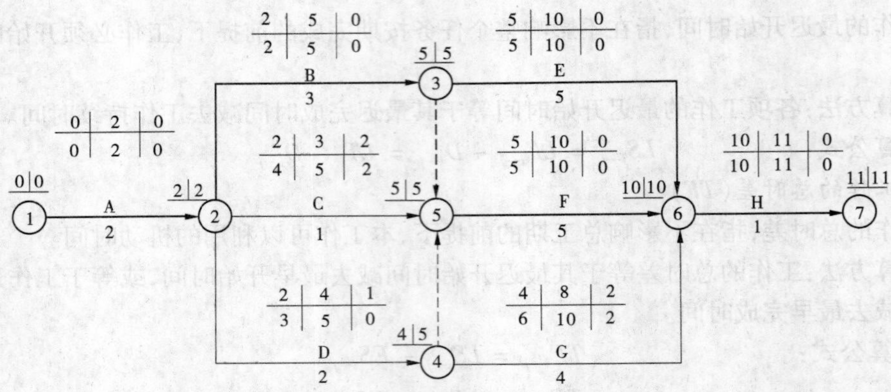

图 3-16 图上计算法

(1)计算节点的时间参数。

①计算节点最早时间 ET。

$$ET_1 = 0, ET_2 = ET_1 + D_{1-2} = 0 + 2 = 2$$

同理计算得:$ET_3 = 5, ET_4 = 4$。

$$ET_5 = \max\begin{Bmatrix} ET_2 + D_{2-5} = 2 + 1 = 3 \\ ET_3 + D_{3-5} = 5 + 0 = 5 \\ ET_4 + D_{4-5} = 4 + 0 = 4 \end{Bmatrix} = 5$$

同理计算得:$ET_6 = 10, ET_7 = 11$。

②计算节点最迟时间 LT。

$$LT_7 = ET_7 = 11, LT_6 = LT_7 - D_{6-7} = 11 - 1 = 10$$

同理计算得:$LT_5 = 5$。

$$LT_4 = \min\begin{Bmatrix} LT_6 - D_{4-6} = 10 - 4 = 6 \\ LT_5 - D_{4-5} = 5 - 0 = 5 \end{Bmatrix} = 5$$

同理计算得:$LT_3 = 5, LT_2 = 2, LT_1 = 0$。

(2)工作的时间参数。

①工作的最早开始时间 ES。

$$ES_{1-2} = ET_1 = 0, ES_{2-3} = ET_2 = 2, ES_{2-4} = ET_2 = 2$$

同理,可得其他各项工作的 ES,标注于图上相应位置。

②工作的最早完成时间 EF。

$$EF_{1-2} = ES_{1-2} + D_{1-2} = 0 + 2 = 2, EF_{2-3} = ES_{2-3} + D_{2-3} = 2 + 3 = 5$$

同理,可得其他各项工作的 EF,标注于图上相应位置。

③工作的最迟完成时间 LF。

$$LF_{1-2} = LT_2 = 2, LF_{2-4} = LT_4 = 5$$

同理,可得其他各项工作的 LF,标注于图上相应位置。

④工作的最迟开始时间 LS。

$$LS_{1-2} = LF_{1-2} - D_{1-2} = 2 - 2 = 0, LS_{2-4} = LF_{2-4} - D_{2-4} = 5 - 2 = 3$$

同理,可得其他各项工作的 LS,标注于图上相应位置。

⑤工作的总时差 TF。

$$TF_{1-2} = LS_{1-2} - ES_{1-2} = 0 - 0 = 0, TF_{2-5} = LS_{2-5} - ES_{2-5} = 4 - 2 = 2$$

同理,可得其他各项工作的 TF,标注于图上相应位置。

⑥工作的自由时差 FF。

$$FF_{1-2} = ET_2 - ET_1 - D_{1-2} = 2 - 0 - 2 = 0, FF_{2-5} = ET_5 - ET_2 - D_{2-5} = 5 - 2 - 1 = 2$$

同理,可得其他各项工作的 FF,标注于图上相应位置。

由上述例题可以看出,工作的自由时差不会影响其紧后工作的最早开始时间,属于工作本身的机动时间,与后续工作无关;而总时差是属于某条线路上工作所共有的机动时间,不仅为本工作所有,也为经过该工作的线路所有,动用某工作的总时差超过该工作的自由时差就会影响后续工作的总时差。

3.2.4 双代号网络图的关键线路

3.2.4.1 关键工作的确定

关键工作指的是网络计划中总时差最小的工作。当计划工期 T_p 等于计算工期 T_c 时,总时差为零的工作就是关键工作。在搭接网络计划中,关键工作是总时差最小的工作。工作总时差最小的工作,即其具有的机动时间最小,即

当 $T_p = T_c$ 时,关键工作的 $TF_{i-j} = 0$;

当 $T_p > T_c$ 时,关键工作的 $TF_{i-j} > 0$;

当 $T_p < T_c$ 时,即计算工期不能满足计划工期时,可设法通过压缩关键工作的持续时间,以满足计划工期要求。在选择缩短持续时间的关键工作时,宜考虑下述因素:

(1)缩短持续时间而不影响质量和安全的工作;

(2)有充足备用资源的工作;

(3)缩短持续时间所需增加的费用相对较少的工作等。

3.2.4.2 关键线路的确定

在双代号网络图中,自始至终全部由关键工作组成的线路为关键线路,或线路上,总的工作持续时间最长的线路为关键线路。关键线路是工程施工重点解决的主要矛盾,要合理配置人力、物力,确保关键工作按时完工,以防延误工程进度。网络图上的关键线路可用双箭线或粗黑箭线标注。这里介绍几种确定关键线路的方法。

1. 总持续时间法

从网络的起点节点至终点节点之间所经过的各条线路中,总持续时间最长的一条线路即为关键线路。关键线路上的工作是关键工作,这种直接观察判别法适用于路线较少、不太复杂的网络,否则容易出错,或漏掉个别线路。

2. 总时差值法

总时差值最小的工作为关键工作,关键工作从起点节点到终点节点的连线是关键线路。当网络的计划工期等于计算工期时,总时差等于零的工作是关键工作,关键工作连线为关键线路,如例 3-3,其中工作 1—2、2—3、3—6、5—6、6—7 的总时差均为零,为关键工作。关键工作的连线为关键线路:1—2—3—6—7 及 1—2—3—5—6—7。

3. 标号法

标号法是一种快速确定双代号网络计划的计算工期和关键线路的方法。其具体运用步骤如下:

(1)设双代号网络计划的起点节点标号值为零,即 $b_1 = 0$。

(2)其他节点的标号值等于以该节点为终点节点的各工作的起点节点标号值加其持续时间之和的最大值,即 $b_j = \max(b_i + D_{i-j})$。

需注意的是,虚工作的持续时间为零。网络计划的起点节点从左向右顺着箭线方向,按节点编号从小到大的顺序逐次算出标号值,标注在节点上方,并用双标号法进行标注。所谓双标号法,是指用源节点(得出标号值的节点)作为第一标号,用标号值作为第二标号。需特别注意的是,如果源节点有多个,应将所有源节点标出。

(3)网络计划终点节点的标号值即为计算工期。

(4)将节点都标号后,从网络计划终点节点开始,从右向左逆着箭线方向按源节点寻求出关键线路。

【例 3-4】 已知网络计划如图 3-17 所示,试用标号法确定其关键线路。

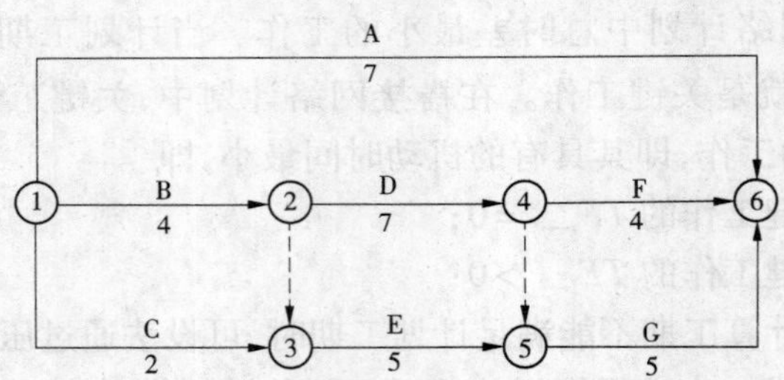

图 3-17　某双代号网络计划

解:(1)节点①的标号值为零,即 $b_1 = 0$ 。

(2)其他节点的标号值,按节点编号从小到大的顺序逐个进行计算,即

$$b_2 = b_1 + D_{1-2} = 0 + 4 = 4$$

$$b_3 = \max\begin{Bmatrix} b_1 + D_{1-3} = 0 + 2 = 2 \\ b_2 + D_{2-3} = 4 + 0 = 4 \end{Bmatrix} = 4$$

$$b_4 = b_2 + D_{2-4} = 4 + 7 = 11$$

$$b_5 = \max\begin{Bmatrix} b_3 + D_{3-5} = 4 + 5 = 9 \\ b_4 + D_{4-5} = 11 + 0 = 11 \end{Bmatrix} = 11$$

$$b_6 = \max\begin{Bmatrix} b_1 + D_{1-6} = 0 + 7 = 7 \\ b_4 + D_{4-6} = 11 + 4 = 15 \\ b_5 + D_{5-6} = 11 + 5 = 16 \end{Bmatrix} = 16$$

(3)其计算工期就等于终点节点⑥的标号值 16。

(4)关键线路应从网络计划的终点节点开始，逆着箭线方向按源节点确定。从终点节点⑥开始，逆着箭线方向从右向左，根据源节点(节点的第一个标号)可以寻求关键线路：1—2—4—5—6，见图 3-18 中的粗箭线。

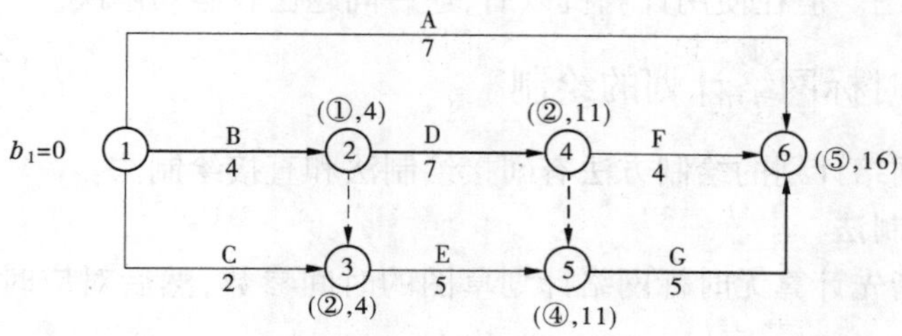

图 3-18　标号法确定关键线路

任务 3.3　双代号时标网络计划

3.3.1　双代号时标网络计划的特点

双代号时标网络计划(简称时标网络计划)是以时间坐标为尺度编制的网络计划，网络图中以实箭线表示工作，实线的水平投影长度表示该工作的持续时间；以虚箭线表示虚工作，因虚工作的持续时间为零，故虚箭线在垂直方向；以波形线表示工作与其紧后工作之间的时间间隔，如图 3-19 所示。

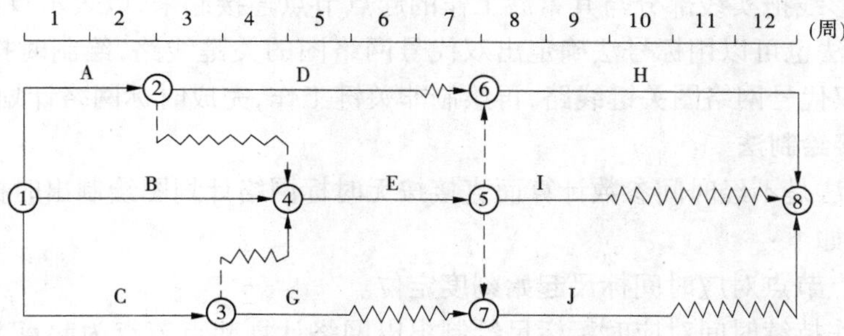

图 3-19　某项目双代号时标网络计划

时标网络计划以水平时间坐标为尺度表示工作时间。时标的时间单位应根据需要在编制网络计划之前确定，可以是小时、天、周、月或季度等。

时标网络图有：早时标网络图，即所有工作按最早开始时间绘制；迟时标网络图，即所有工作按最迟开始时间绘制。一般工程中常使用早时标网络图。

时标网络计划主要特点如下：

(1)时标网络计划兼有网络计划与横道计划的优点,它能够清楚地表明计划的时间进程,使用方便。

(2)时标网络计划能在图上直接显示出各项工作的开始与完成时间、工作的自由时差及关键线路。

(3)在时标网络计划中可以统计每一个单位时间对资源的需要量,以便进行资源优化和调整。

(4)由于箭线受到时间坐标的限制,当情况发生变化时,对网络计划的修改比较麻烦,往往要重新绘图。但在使用计算机以后,这一问题已较容易解决。

3.3.2 双代号时标网络计划的绘制

双代号时标网络计划的绘制方法有间接绘制法和直接绘制法。

3.3.2.1 间接绘制法

间接绘制法指先计算无时标网络计划草图的时间参数,然后对应时间标尺绘制网络图的方法。

用这种方法时,应先对无时标网络计划进行计算,算出各项工作起点节点的最早时间。根据工作起点节点最早时间将各工作起点节点对应时间标尺定位,再用规定线型根据持续时间绘制出工作及其自由时差,形成网络计划。绘制时,一般先绘制出关键线路,再绘制非关键线路。

绘制步骤如下:

(1)先绘制网络计划图,并计算工作最早时间标注在网络图上。

(2)对应时间标尺,按最早时间确定每项工作的起点节点位置,节点的中心线必须对准时标刻度线。

(3)按工作的时间长度画出相应工作的实线部分,使其水平投影长度等于工作时间,由于虚工作不占用时间,所以应以垂直虚线表示。

(4)用波形线把实线部分与其紧后工作的起点节点连接起来,以表示自由时差。

间接绘制法也可以用标号法确定出双代号网络图的关键线路,绘制时按照工作时间长度,先绘出双代号网络图关键线路,再绘制非关键工作,完成时标网络计划的绘制。

3.3.2.2 直接绘制法

直接绘制法是不经时间参数计算而直接按无时标网络计划图绘制出时标网络计划。

绘制步骤如下:

(1)将起点节点对应时间标尺起始刻度定位。

(2)按工作持续时间对应时标标尺绘制出以网络计划起点节点为起点节点的工作的箭线。

(3)其他工作的起点节点必须在其所有紧前工作都绘出以后,定位在这些紧前工作最早完成时间最大值的时间刻度上,某些工作的箭线长度不足以到达该节点时,用波形线补足,箭头画在波形线与节点连接处。

(4)用上述方法从左向右依次确定其他节点位置,直至网络计划终点节点定位,绘图完成。

【例 3-5】　已知某工程项目工作之间的逻辑关系如表 3-6 所示，分别用间接绘制法和直接绘制法绘制该项目时标网络计划。

表 3-6　某工程项目工作之间的逻辑关系

工作	A	B	C	D	E	F	G
持续时间	7	4	2	7	5	4	5
紧后工作	无	D、E	E	F、G	G	无	无

解：1. 间接绘制法

(1)根据工作之间的逻辑关系绘制双代号网络图，并用标号法确定关键线路，如图 3-18 所示。

(2)绘出时间标尺，用给定的工作持续时间对应时间标尺绘出关键线路，如图 3-20 所示。

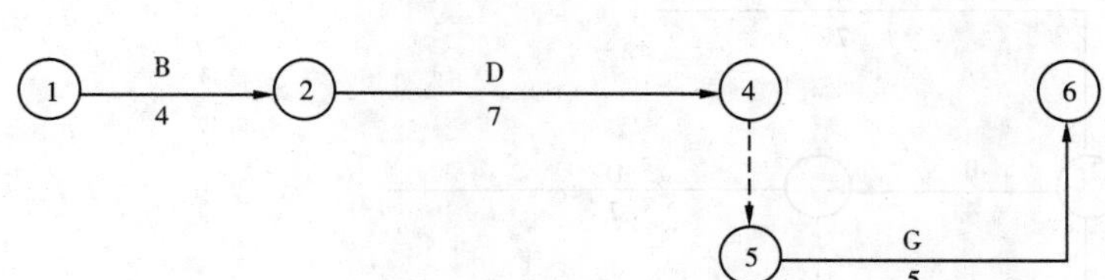

图 3-20　绘出时标网络计划的关键线路

(3)用给定的工作持续时间对应时间标尺绘出非关键工作，完成网络计划，如图 3-21 所示。

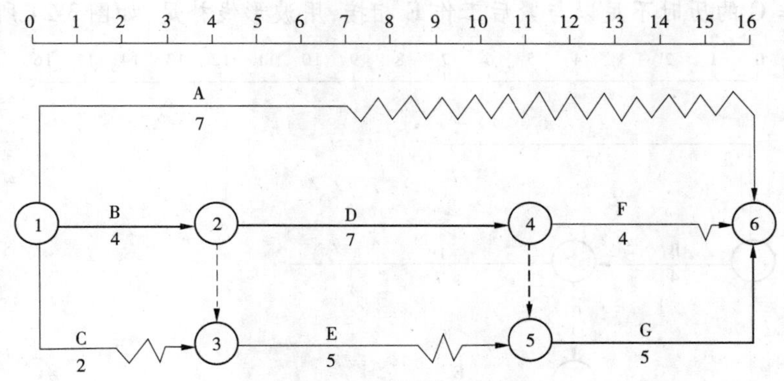

图 3-21　完成时标网络计划

2. 直接绘制法

(1)将起点节点定位在时标网络计划表的起始刻度上，将工作 A、B、C 按时间比例绘制在相应位置，如图 3-22 所示。

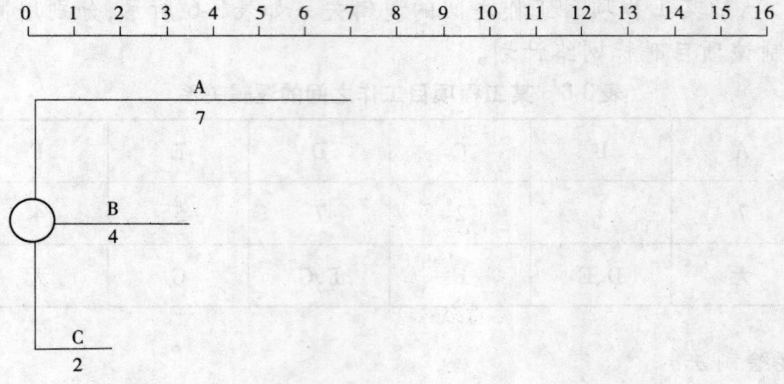

图 3-22　起点节点定位图

(2)分别绘制工作 A、B、C 的紧后工作,B、C 具有相同紧后工作 E 时,E 工作起点节点位置由 B、C 工作中最早结束时间晚的 B 工作决定,如图 3-23 所示。

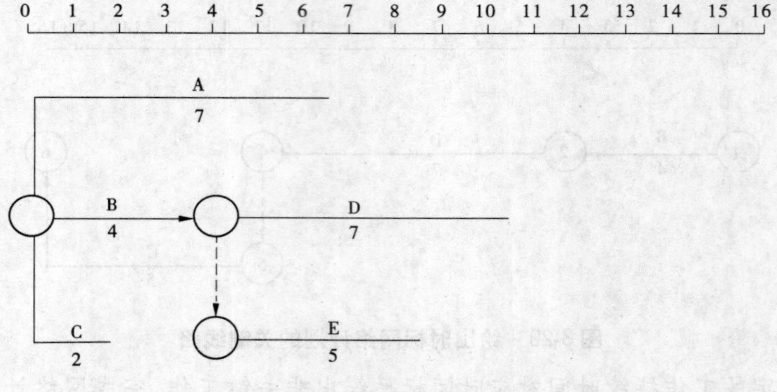

图 3-23　紧后工作位置图

(3)工作 C 的历时不足以与紧后工作 E 相接,用波形线补足,如图 3-24 所示。

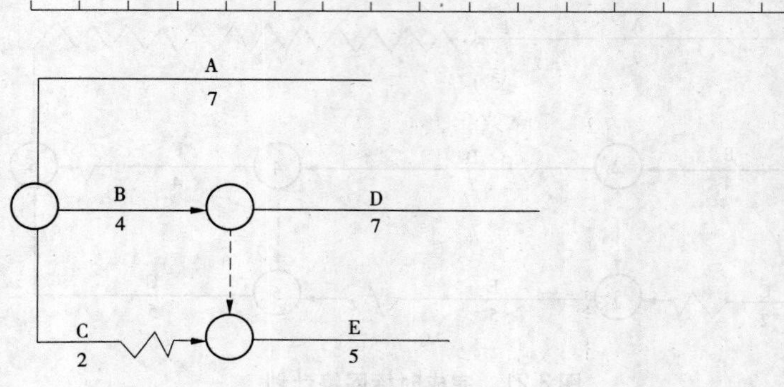

图 3-24　波形线的使用

(4)同理,绘制其他工作,完成网络图,并用粗实线表示关键线路,如图 3-21 所示。

3.3.3　时标网络计划时间参数的确定和关键线路的判定

3.3.3.1　时间参数的确定

(1)工作最早开始时间: $ES_{i-j} = ET_i$。

每条实箭线左端箭尾节点中心所对应的时标值,即为该工作的最早开始时间。

(2)工作最早完成时间: $EF_{i-j} = ES_{i-j} + D_{i-j}$。

如果箭线右端无波形线,则该箭线右端节点中心所对应的时标值为该工作的最早完成时间;如果箭线右端有波形线,则实箭线右端末所对应的时标值即为该工作的最早完成时间。

(3)计算工期: $T_c = ET_n$。

时标网络计划计算工期等于终点节点与起点节点所在位置的时标值之差。

(4)自由时差: FF_{i-j}。

该工作的箭线中波形线部分在坐标轴上的水平投影长度即为自由时差的数值。

(5)总时差: TF_{i-j}。

时标网络计划中的总时差的计算应自右向左进行,逆向进行,且符合下列规定:

①以终点节点($j = n$)为箭头节点的工作的总时差应按网络计划的计划工期计算确定,即 $TF_{i-n} = T_p - EF_{i-n}$;

②其他工作的总时差应为: $TF_{i-j} = \min\{TF_{j-k}\} + FF_{i-j}$。

(6)工作最迟开始时间: $LS_{i-j} = ES_{i-j} + TF_{i-j}$。

(7)工作最迟完成时间: $LF_{i-j} = EF_{i-j} + TF_{i-j} = LS_{i-j} + D_{i-j}$。

3.3.3.2　关键线路的判定

时标网络计划的关键线路应从右至左,逆向进行观察,凡自始自终没有波形线的线路,即为关键线路。

任务 3.4　单代号网络计划

单代号网络图是以节点及其编号表示工作,以有向箭线表示工作之间的逻辑关系的网络图。每一项工作都用一个节点来表示,每个节点都编以号码,节点的号码即代表该节点所表示的工作;箭线仅用来表示工作之间的顺序关系。用这种网络图表达的工作计划叫作单代号网络计划,如图 3-25 所示。

3.4.1　单代号网络图的基本要素及特点

3.4.1.1　单代号网络图的基本要素

单代号网络图由节点、箭线和线路三要素构成。

1. 节点

如图 3-26 所示,单代号网络图的节点表示工作,可以用圆圈或者方框表示。节点表示的节点代号、工作名称和持续时间等应标注在节点内。

节点可连续编号或间断编号,但不允许重复编号。一个工作必须有唯一的一个节点

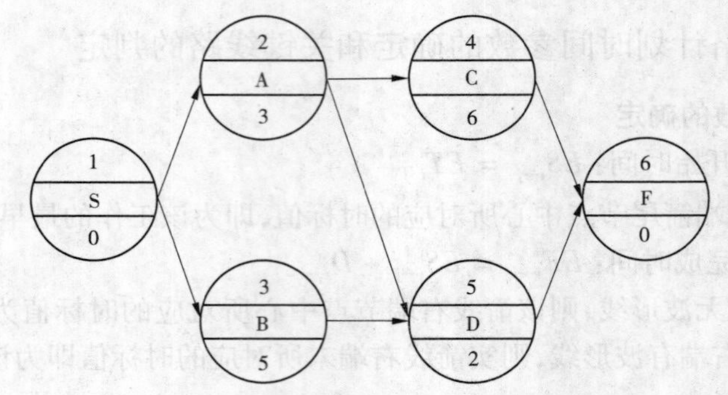

图 3-25　某项目单代号网络计划

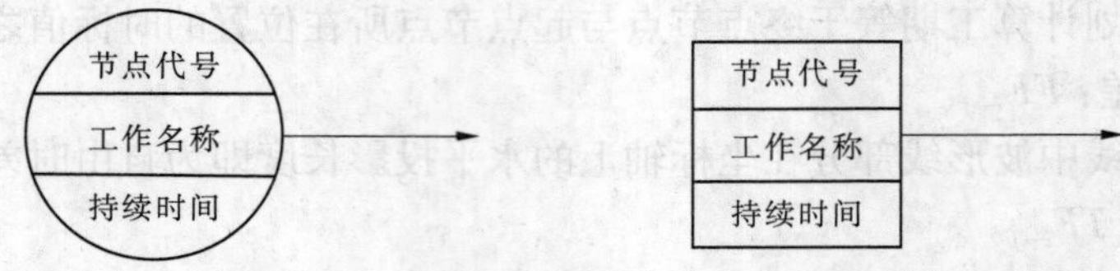

图 3-26　单代号表示方法

和编号。

单代号网络图存在虚节点，虚节点表示虚工作，不占时间、不消耗资源，常用于网络图的起点或终点，如图 3-25 所示，1 节点及 6 节点即为虚节点。

2. 箭线

单代号网络图中，箭线表示工作之间的逻辑关系。箭线的形状和方向可根据绘图的需要设置，可画成水平直线、折线或斜线等。单代号网络图中不设虚箭线，箭线的箭尾节点编号应小于箭头节点编号，水平投影的方向应自左向右，表示工作的进行方向。

3. 线路

单代号网络图中，从起点节点到终点节点所形成的各条通路即为网络图的线路。各条线路应用线路上的节点编号从小到大依次表述，如图 3-25 中，线路：1—2—4—6、1—2—5—6、1—3—5—6。

3.4.1.2　单代号网络图的特点

(1)单代号网络图用节点及其编号表示工作，而箭线仅表示工作间的逻辑关系。

(2)单代号网络图作图简便、图面简洁，由于没有虚箭线，产生逻辑错误的可能较小。

(3)单代号网络图用节点表示工作时，没有长度概念，不够形象，不便于绘制时标网络图。

(4)单代号网络图更适合用计算机进行绘制、计算、优化和调整。

3.4.2　单代号网络图的绘制

3.4.2.1　单代号网络图的绘制原则

(1)单代号网络图必须正确表达已定的逻辑关系。

(2)单代号网络图中，严禁出现循环回路。

(3)单代号网络图中,严禁出现双箭头或无箭头的连线。

(4)单代号网络图中,严禁出现没有箭尾节点的箭线和没有箭头节点的箭线。

(5)绘制网络图时,箭线不宜交叉,当交叉不可避免时,可采用过桥法和指向法绘制。

(6)单代号网络图中应有一个起点节点和一个终点节点。当网络图中有多项起点节点或多项终点节点时,则需设置虚节点。

3.4.2.2　**单代号网络图的绘制方法和步骤**

(1)根据已知的紧前工作确定出其紧后工作。

(2)确定出各工作的节点位置号。令无紧前工作的工作节点位置号为零,其他工作的节点位置号等于其紧前工作的节点位置号最大值加1。

(3)根据节点位置号和逻辑关系绘制出网络图。

【例3-6】　已知某工程项目的各工作之间的逻辑关系见表3-7,用节点位置号法画出单代号网络图。

表3-7　各工作之间的逻辑关系

工作	A	B	C	D	E	F	G	I
紧前工作	无	无	无	无	A、B	B、C	C、D	E、F

解:(1)列出关系表,确定节点位置号,如表3-8所示。

表3-8　节点位置号计算

工作	A	B	C	D	E	F	G	I
紧前工作	无	无	无	无	A、B	B、C	C、D	E、F
紧后工作	E	E、F	F、G	G	I	I	无	无
节点位置号	0	0	0	0	1	1	1	2

(2)根据节点位置号和逻辑关系绘出单代号网络图,如图3-27所示。

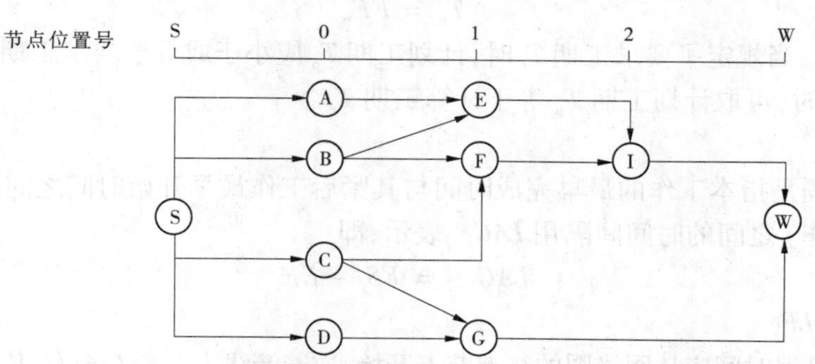

图3-27　例3-6单代号网络图

3.4.3　单代号网络图的时间参数

单代号网络计划与双代号网络计划只是采用了不同表现形式的网络图,但是表达内容是完全一样的。

3.4.3.1 常用的单代号网络图时间参数及其表示方法

(1) ES_i——工作 i 的最早开始时间；

(2) EF_i——工作 i 的最早完成时间；

(3) LAG_{i-j}——相邻两项工作之间的时间间隔；

(4) LS_i——工作 i 的最迟开始时间；

(5) LF_i——工作 i 的最迟完成时间；

(6) TF_i——工作 i 的总时差；

(7) FF_i——工作 i 的自由时差；

(8) D_i——工作 i 的持续时间；

(9) T——项目的工期。

3.4.3.2 单代号网络图时间参数的计算

单代号网络图时间参数的计算通常也是在图上直接进行的，计算方法如下。

1. ES_i和 EF_i

工作的最早开始时间是从网络计划的起点节点开始，顺着箭线方向自左至右，依次逐个计算。

(1)网络图起点节点的最早开始时间如无规定，其值等于零，即

$$ES_1 = 0 \quad (i = 1) \tag{3-9}$$

(2)其他工作的最早开始时间等于该工作紧前工作的最早完成时间的最大值，即

$$ES_j = \max\{EF_i\} = \max\{ES_i + D_i\} \tag{3-10}$$

(3) EF_i。工作的最早完成时间等于工作的最早开始时间加上该工作的持续时间 D_i，即

$$EF_i = ES_i + D_i \tag{3-11}$$

2. 工期 T

这里主要确定网络计划计算工期 T_c 和计划工期 T_p 。

(1) T_c 。网络计划的计算工期 T_c 等于网络计划终点节点的最早完成时间，即

$$T_c = EF_n \tag{3-12}$$

(2) T_p 。当规定了要求工期 T_r 时，计划工期 T_p 应小于或等于要求工期 T_r；当未规定要求工期 T_r 时，可取计划工期 T_p 等于计算工期 T_c 。

3. LAG_{i-j}

时间间隔是指本工作的最早完成时间与其紧后工作最早开始时间之间的差值，工作 i 与其紧后工作 j 之间的时间间隔用 LAG_{i-j}表示，即

$$LAG_{i-j} = ES_j - EF_i \tag{3-13}$$

4. LS_i和 LF_i

工作的最迟时间应从网络图的终点节点开始，逆着箭线方向自右至左，依次逐个计算。

(1)终点节点所代表的工作的最迟完成时间为

$$LF_n = T_p \tag{3-14}$$

(2)其他节点工作最迟完成时间等于该工作的紧后工作的最迟开始时间的最小值，即

$$LF_i = \min\{LS_j\} \tag{3-15}$$

(3)节点工作最迟开始时间等于工作最迟完成时间减去该工作的工作持续时间，即

$$LS_i = LF_i - D_i \tag{3-16}$$

5. TF_i

工作总时差应从网络图的终点节点开始，逆着箭线方向自右至左，依次逐个计算。

(1)网络图终点节点所代表的工作 n 的总时差为零，即

$$TF_n = 0 \tag{3-17}$$

(2)其他工作的总时差等于该工作与其紧后工作之间的时间间隔加该紧后工作的总时差之和的最小值，即

$$TF_i = \min\{LAG_{i-j} + TF_j\} \tag{3-18}$$

(3)或者，当已知各项工作的最迟完成时间或最迟开始时间时，工作总时差也可按下式计算：

$$TF_i = LF_i - EF_i \quad 或 \quad TF_i = LS_i - ES_i \tag{3-19}$$

6. FF_i

工作自由时差等于该工作与其紧后工作之间的时间间隔的最小值，即

$$FF_i = \min\{LAG_{i-j}\} \tag{3-20}$$

3.4.4　单代号网路图关键工作与关键线路的确定

3.4.4.1　利用关键工作确定关键线路

总时差最小的工作为关键工作。这些关键工作相连，并保证相邻两项工作之间的时间间隔为零而构成的线路就是关键线路。

3.4.4.2　利用相邻两项工作之间的时间间隔确定关键线路

从网络计划的终点节点开始，逆着箭线方向依次找出相邻两项工作之间时间间隔为零的线路就是关键线路。

3.4.4.3　利用总持续时间确定关键线路

线路上工作时间总持续时间最长的线路为关键线路。

【例3-7】　某项目计划单代号网络图如图3-28所示，试进行时间参数计算并确定项目工期及关键线路。

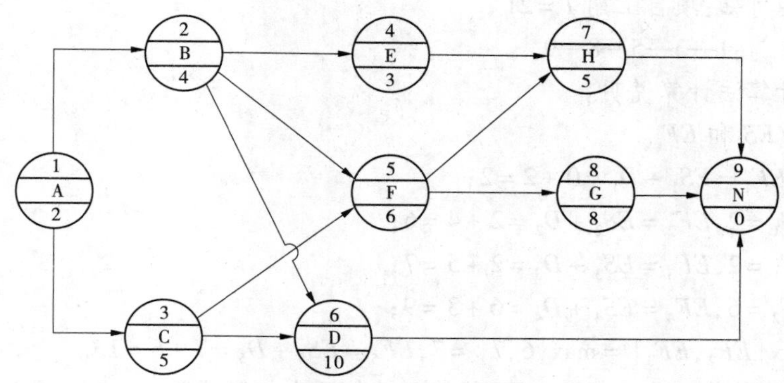

图3-28　单代号网络图

解：1. 采用图上计算法计算单代号网络计划的时间参数如下：

(1)绘制单代号网络计划的时间参数标注图例。

单代号网络计划的时间参数标注图例见图 3-29。

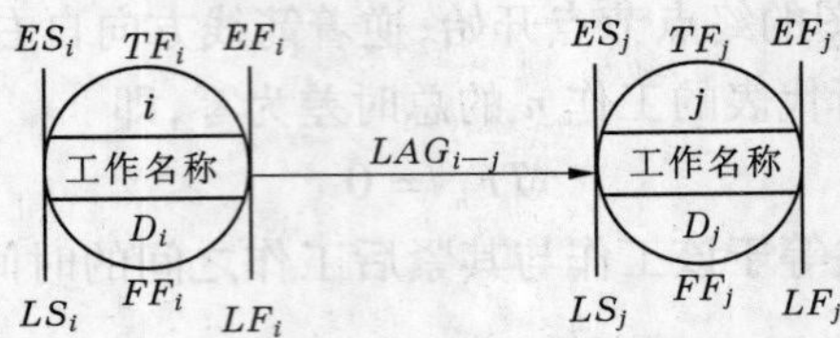

图 3-29　单代号网络计划的时间参数标注图例

(2)用图上计算法计算单代号网络计划的时间参数。

单代号网络计划的时间参数计算图见图 3-30。

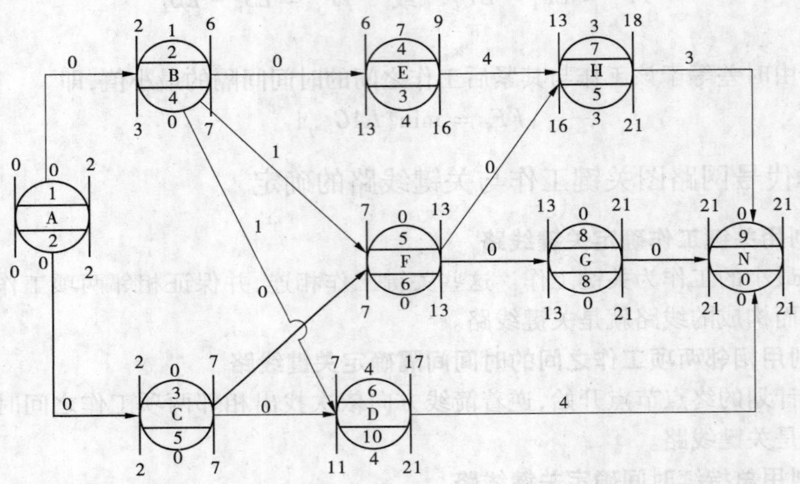

图 3-30　例 3-7 单代号网络计划的时间参数计算图

2. 确定单代号网络计划的工期及关键线路。

由计算图可知:项目工期 $T=21$。

关键线路为:1—3—5—8—9。

3. 图上计算法计算说明。

(1)计算 ES_i 和 EF_i。

$ES_1=0, EF_1=ES_1+D_1=0+2=2$;

$ES_2=EF_1=2, EF_2=ES_2+D_2=2+4=6$;

$ES_3=EF_1=2, EF_3=ES_3+D_3=2+5=7$;

$ES_4=EF_2=6, EF_4=ES_4+D_4=6+3=9$;

$ES_5=\max\{EF_2,EF_3\}=\max\{6,7\}=7, EF_5=ES_5+D_5=7+6=13$。

同理,计算其他工作的 ES 和 EF 值填入计算图中相应位置。

(2)计算 T_c。

$T_c=EF_9=21$。

(3)计算 LAG_{i-j}。

$LAG_{1-2}=ES_2-EF_1=2-2=0$;

$LAG_{1-3}=ES_3-EF_1=2-2=0$;

$LAG_{2-5}=ES_5-EF_2=7-6=1$。

同理,计算其他工作的 LAG 值填入计算图中相应位置。

(4)计算 LS_i 和 LF_i。

在本例中,没有规定要求工期,所以网络计划计划工期 $T_p=T_c=21$。

$LF_9=T_p=21, LS_9=LF_9-D_9=21-0=21$;

$LF_8=LS_9=21, LS_8=LF_8-D_8=21-8=13$;

$LF_7=LS_9=21, LS_7=LF_7-D_7=21-5=16$;

$LF_6=LS_9=21, LS_6=LF_6-D_6=21-10=11$;

$LF_5=\min\{LS_7, LS_8\}=\{16,13\}=13, LS_5=LF_5-D_5=13-6=7$。

同理,计算其他工作的 LS 和 LF 值填入计算图中相应位置。

(5)计算 TF_i。

$TF_1=LF_1-EF_1=2-2=0$;

$TF_2=LF_2-EF_2=7-6=1$;

$TF_3=LF_3-EF_3=7-7=0$。

同理,计算其他工作的 TF 值填入计算图中相应位置。

(6)计算 FF_i。

$FF_1=\min\{LAG_{1-2}, LAG_{1-3}\}=\{0,0\}=0$;

$FF_2=\min\{LAG_{2-4}, LAG_{2-5}, LAG_{2-6}\}=\{0,1,1\}=0$;

$FF_3=\min\{LAG_{3-5}, LAG_{3-6}\}=\{0,0\}=0$;

$FF_4=LAG_{4-7}=4$。

同理,计算其他工作的 FF 值填入计算图中相应位置。

任务3.5 网络计划的优化

工程项目在网络进度计划编制时,从计划的可行性入手,制订使项目任务得以完成的最初方案,但不能确保方案在实施效果上以及经济效益上达到最优。因此,必须对初选的进度方案进行优化。

网络计划优化就是在满足既定的约束条件下,按某一目标,通过不断调整寻求最优网络计划方案的过程,包括工期优化、费用优化和资源优化。

3.5.1 工期优化

所谓工期优化,是指网络计划的计算工期不满足要求工期时,通过压缩关键工作的持续时间以满足要求工期目标的过程。

网络计划工期优化的基本方法是在不改变网络计划中各项工作之间逻辑关系的前提下,通过压缩关键工作的持续时间来达到优化目标。在工期优化过程中,按照经济合理的原则,不能将关键工作压缩成非关键工作。此外,当工期优化过程中出现多条关键线路时,必须将各条关键线路的总持续时间压缩相同数值;否则,不能有效地缩短工期。

网络计划的工期优化可按下列步骤进行:

(1)确定初始网络计划的计算工期和关键线路。

(2)按要求工期计算应缩短的时间 ΔT:

$$\Delta T = T_c - T_r \tag{3-21}$$

式中 T_c——网络计划的计算工期;

T_r——要求工期。

(3)选择应缩短持续时间的关键工作。选择压缩对象时宜在关键工作中考虑下列因素:①缩短持续时间对质量和安全影响不大的工作;②有充足备用资源的工作;③缩短持续时间所需增加的费用最少的工作。

(4)将所选定的关键工作的持续时间压缩至最短,并重新确定计算工期和关键线路。若被压缩的工作变成非关键工作,则应延长其持续时间,使之仍为关键工作。

(5)当计算工期仍超过要求工期时,重复上述过程,直至计算工期满足要求工期或计算工期已不能再缩短。

(6)当所有关键工作的持续时间都已达到其能缩短的极限而寻求不到继续缩短工期的方案,但网络计划的计算工期仍不能满足要求工期时,应对网络计划的原技术方案、组织方案进行调整,或对要求工期重新审定。

3.5.2 费用优化

费用优化又称工期成本优化,是指寻求工程总成本最低时的工期安排,或按要求工期寻求最低成本的计划安排的过程。

3.5.2.1 费用和时间的关系

工程总费用由直接费和间接费组成。直接费由人工费、材料费、机械使用费、其他直接费及现场经费等组成。如果施工方案不同,直接费也就不同;如果施工方案一定,工期不同,直接费也不同。直接费会随着工期的缩短而增加。间接费包括经营管理的全部费用,它一般会随着工期的缩短而减少。在考虑工程总费用时,还应考虑工期变化带来的其他损益,包括效益增量和资金的时间价值等。工程费用与工期的关系如图 3-31 所示。

对于一个施工项目而言,工期的长短与该项目的工程量、施工方案条件有关,并取决于关键线路上各项作业时间之和,关键线路又由许多持续时间和费用各不相同的作业所组成。当缩短工期到某一极限时,无论费用增加多少,工期都不能再缩短,这个极限对应的时间称为强化工期,强化工期对应的费用称为极限费用,此时的费用最高;反之,若延长工期,则直接费减少,但将时间延长至某极限时,无论怎样增加工期,直接费也不会减少,此时的极限对应的时间叫作正常工期,对应的费用叫作正常费用。将正常工期对应的费用和强化工期对应的费用连成一条曲线,称为费用曲线或 ATC 曲线,如图 3-32 所示。在图中 ATC 曲线为一直线,这样单位时间内费用的变化就是一常数,把这条直线的斜率(缩短单位时间所需的直接费)称为直接费率。不同作业的费率是不同的,费率大,意味着作业时间缩短一天,所增加的费用越大,或作业时间增加一天,所减少的费用越多。

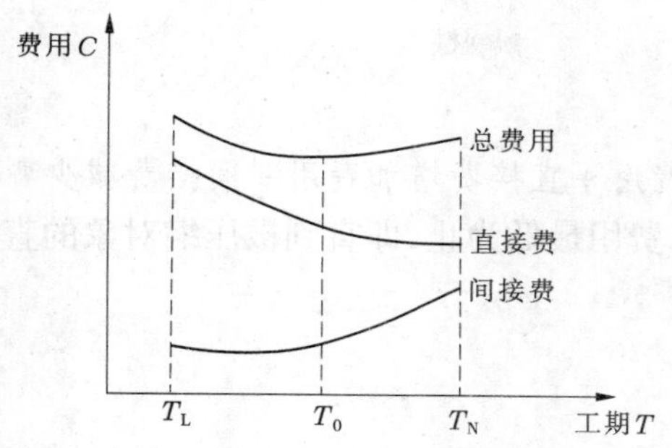

T_L—最短工期；T_0—优化工期；T_N—正常工期

图 3-31　工期—费用曲线

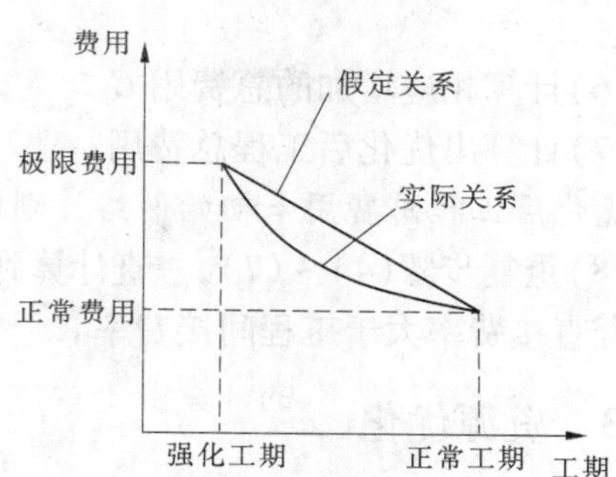

图 3-32　ATC 曲线

因此，在压缩关键工作的持续时间以达到缩短工期的目的时，应将直接费率最小的关键工作作为压缩对象。当有多条关键线路出现而需要同时压缩多个关键工作的持续时间时，应将它们的直接费率之和（组合直接费率）最小者作为压缩对象。

3.5.2.2　费用优化方法

（1）计算出工程总直接费。它等于组成该工程的全部工作的直接费之和，用 $\sum C_{i-j}^{D}$ 表示。

（2）计算各项工作直接费增加率（简称直接费率）。工作 i—j 的直接费率为

$$\Delta C_{i-j} = \frac{CC_{i-j} - CN_{i-j}}{DN_{i-j} - DC_{i-j}} \tag{3-22}$$

式中　ΔC_{i-j} ——工作 i—j 的直接费率；

CC_{i-j} ——将工作 i—j 持续时间缩短为极限时间后，完成该工作所需的直接费；

CN_{i-j} ——在正常时间内完成工作 i—j 所需的直接费；

DN_{i-j} ——工作 i—j 的正常持续时间；

DC_{i-j} ——工作 i—j 的极限持续时间。

（3）按工作的正常持续时间确定计算工期和关键线路。

（4）选择优化对象。当只有一条关键线路时，应找出直接费率最小的一项关键工作作为缩短持续时间的对象；当有多条关键线路时，应找出组合直接费率最小的一组关键工作，作为缩短持续时间的对象。对于压缩对象，缩短后工作的持续时间不能小于其极限时间，缩短持续时间的工作也不能变成非关键工作，如果变成了非关键工作，需要将其持续时间延长，使其仍为关键工作。

（5）对于选定的压缩对象，首先要比较其直接费率或组合直接费率与工程间接费率的大小，然后进行压缩。压缩方法如下：①如果被压缩对象的直接费率或组合直接费率大于工程间接费率，说明压缩关键工作的持续时间会使工程总费用增加，此时应停止缩短关键工作的持续时间，在此之前的方案即为优化方案。②如果被压缩对象的直接费率或组合直接费率等于工程间接费率，说明压缩关键工作的持续时间不会使工程总费用增加，故应缩短关键工作的持续时间。③如果被压缩对象的直接费率或组合直接费率小于工程间接费率，说明压缩关键工作的持续时间会使工程的总费用减少，故应缩短关键工作的持续

时间。

(6)计算相应增加的总费用 C_i。

(7)计算出优化后工程总费用:

优化后工程总费用 = 初始网络计划的费用 + 直接费增加费用 - 间接费减少费用

(8)重复步骤(4)~(7),一直计算到总费用最低为止,即直到被压缩对象的直接费率或组合直接费率大于工程间接费率。

3.5.3　资源优化

资源是指为完成一项计划任务所需投入的人力、材料、机械设备和资金等。完成一项工程任务所需要的资源量基本上是不变的,不可能通过资源优化将其减少。资源优化的目的是通过改变工作的开始时间和完成时间,使资源按照时间的分布符合优化目标。

在通常情况下,网络计划的资源优化分为两种,即"资源有限,工期最短"的优化和"工期固定,资源均衡"的优化。前者是通过调整计划安排,在满足资源限制的条件下,使工期延长最短的过程;而后者是通过调整计划安排,在工期保持不变的条件下,使资源需要量尽可能均衡的过程。

能力训练

一、填空题

1. 双代号网络图由(　　　)、(　　　)和(　　　)三个基本要素组成。

2. 网络计划的优化主要包括(　　　)优化、(　　　)优化和(　　　)优化。

3. 工作之间的逻辑关系分为(　　　)关系和(　　　)关系。

4. 双代号网络图中,箭线有(　　　)箭线和(　　　)箭线两种。

二、单选题

1. 网络计划中,工作的最早开始时间应为(　　)。

A. 所有紧前工作最早完成时间的最大值

B. 所有紧前工作最早完成时间的最小值

C. 所有紧前工作最迟完成时间的最大值

D. 所有紧前工作最迟完成时间的最小值

2. 在工程网络计划中,一项工作的自由时差是指在(　　)的前提下,该工作可以利用的机动时间。

A. 不影响其紧后工作的最早开始　　B. 不影响本工作的最早完成

C. 不影响其紧后工作的最迟开始　　D. 不影响本工作的最迟开始

3. 在工程网络计划中,工作 A 的最早开始时间为第 12 天,其持续时间为 8 d。该工作有两项紧后工作,它们的最迟开始时间分别为第 29 天和第 26 天,则工作 A 的总时差为(　　)d。

A. 9　　B. 11　　C. 6　　D. 8

4. 双代号网络计划中,若工作 i—j 的 j 节点在关键线路上,则工作 i—j 的自由时差

（　　）。

A. 等于零　B. 小于零　C. 比总时差小　D. 等于总时差

5. 在工程网络计划中若某工作的（　　）最小，则该工作必为关键工作。

A. 自由时差　B. 持续时间　C. 总时差　D. 时间间隔

三、简答题

1. 双代号网络图的绘制原则是什么？

2. 双代号网络图时间参数计算的目的是什么？

3. 双代号网络图的关键线路有哪些确定方法？

4. 绘图说明双代号网络图和单代号网络图的基本模型。

四、绘图计算题

1. 根据表3-9中逻辑关系，用节点位置号法绘制双代号网络图。

表3-9

工作	A	B	C	D	E	F
紧前工作	—	—	—	A、B	B	C、D、E

2. 根据表3-10中逻辑关系，分别绘制双代号网络图和单代号网络图，并计算工作的时间参数。

表3-10

工作	A	B	C	D	E	F
紧前工作	—	A	A	B	B、C	D、E
持续时间	2	5	3	4	8	5

3. 根据表3-11中逻辑关系，分别绘制双代号网络图和单代号网络图，并计算工作的时间参数。

表3-11

工作	A	B	C	D	E	F	G	H	I
紧前工作	—	A	A	B	B、C	C	D、E	E、F	H、G
持续时间	3	3	3	8	5	4	4	2	2

4. 根据绘图计算题2、3题设，分别绘制2、3题的双代号时标网络图。

第2部分　施工组织及文件编制

项目4　施工准备工作

【学习目标】

1. 知识目标：①了解施工准备的意义、类型及内容；②了解冬、雨季施工准备工作。
2. 技能目标：①能判断工程所需的准备工作；②能完成各项施工准备工作。
3. 素质目标：①认真细致的工作态度；②严谨的工作作风；③沟通协调能力。

任务4.1　施工准备工作概述

4.1.1　施工准备工作的意义

施工准备工作是为了保证工程顺利开工和施工活动正常进行所必须事先做好的各项准备工作。它是生产经营管理的重要组成部分，是施工程序中的重要一环。做好施工准备工作具有以下意义：

(1)全面完成施工任务的必要条件。

水利水电工程施工不仅需要消耗大量的人力、物力、财力，而且会遇到各种各样的复杂技术问题、协作配合问题等。对于一项复杂而庞大的系统工程，如果事先缺乏充分的统筹安排，必然使施工过程陷于被动，施工无法正常进行。由此可见，做好施工准备工作，既可以为整个工程的施工打下基础，又可以为各个分部工程的施工创造条件。

(2)降低工程成本、提高效益的有力保证。

认真细致地做好施工准备工作，能充分发挥各方面的积极因素、合理组织各种资源，能有效地加快施工进度、提高工作质量、降低工程成本、实现文明施工、保证施工安全，从而获得较高的经济效益，为企业赢得良好的社会声誉。

(3)降低工程施工风险的有力保障。

建筑产品的生产要素多且易变，影响因素多且预见性差，可能遇到的风险也大，只有充分做好施工准备工作、采取预防措施、增强应变能力，才能有效地降低风险损失。

(4)遵循建筑施工程序的重要体现。

建筑产品的生产有其科学的技术规律和市场经济规律。基本建设工程项目的总程序是按照规划、设计和施工等几个阶段进行的,施工阶段又分为施工准备、土建施工、设备安装和交工验收阶段。由此可见,施工准备是基本建设施工的重要阶段之一。

由于建筑产品及其生产的特点,施工准备工作的好坏将直接影响建筑产品生产的全过程。实践证明,凡是重视施工准备工作、积极为拟建工程创造一切良好施工条件的,其工程的施工就会顺利地进行;凡是不重视施工准备工作的,将会处处被动,给工程的施工带来麻烦,甚至造成重大损失。

4.1.2 施工准备工作的类型与内容

4.1.2.1 施工准备工作的类型

1. 按工程所处施工阶段分类

按工程所处施工阶段,施工准备工作可分为开工前的施工准备工作和工程作业条件下的施工准备工作。

(1)开工前的施工准备工作:指在拟建工程正式开工前所进行的一切施工准备工作,为工程正式开工创造必要的施工条件。它带有全局性和总体性。没有这个阶段则工程不能顺利开工,更不能连续施工。

(2)工程作业条件下的施工准备工作:指开工之后,为某一单位工程、某个施工阶段或某个分部工程所做的施工准备工作,它带有局部性和经常性。一般来说,冬、雨季施工准备都属于这种施工准备。

2. 按施工准备工作范围分类

按施工准备工作范围,施工准备工作可分为全局性施工准备工作、单位工程施工条件准备工作、单元工程作业条件准备工作。

(1)全局性施工准备工作:是以整个建设项目或建筑群为对象所进行的统一部署的施工准备工作。它不仅要为全局性的施工活动创造有利条件,而且要兼顾单位工程施工条件的准备。

(2)单位工程施工条件准备工作:以一个建筑物或构筑物为施工对象而进行的施工条件准备,不仅为该单位工程在开工前做好一切准备工作,而且要为分部工程的作业条件做好施工准备工作。

当单位工程的施工准备工作完成,具备开工条件后,项目经理部应申请开工,递交开工报告,报审且批准后方可开工。实行建设监理的工程,企业还应将开工报告送监理工程师审批,由监理工程师签发开工通知,在限定时间内开工。

单位工程开工应具备的条件如下:

①施工图纸已经会审并有记录。

②施工组织设计已经审核批准并已进行交底。

③施工图预算和施工预算已经编制并审定。

④施工合同已签订,施工证已经审批办好。

⑤现场妨碍物已清除,场地已平整,施工道路、水源、电源已接通,排水沟道畅通。

⑥材料、构件、半成品和生产设备等已经落实并能陆续进场,保证连续施工的需要。

⑦各种临时设施已经搭设,能满足施工和生活的需要。

⑧施工机械、设备的安排已落实,先期使用的已运入现场、已试运转并能正常使用。

⑨劳动力安排已经落实,可以按时进场。

⑩现场安全守则、安全标识宣传牌已建立,安全、防火的必要设施已具备。

(3)单元工程作业条件准备工作:是以一个单元工程为施工对象而进行的作业条件准备工作。由于对某些施工难度大、技术复杂的单元工程需要单独编制施工作业设计,所以应对其所采用施工工艺、材料、机具、设备及安全防护设施等分别进行准备。

综上所述,不仅在拟建工程开工之前要做好施工准备工作,而且随着工程施工的进展,在各施工阶段开工之前也要做好施工准备工作。施工准备工作既要有阶段性,也要有连续性。因此,施工准备工作必须要有计划、有步骤、分期和分阶段地进行,贯穿于拟建工程的整个建造过程。

4.1.2.2 施工准备工作的内容

施工准备工作涉及的范围广、内容多,应视该工程本身及其具备的条件不同而不同。一般可归纳为以下六个方面:

(1)调查收集原始资料。包括水利水电工程建设场址的勘察和技术经济资料的调查。

(2)施工技术资料准备。包括熟悉和会审图纸、编制施工图预算、编制施工组织设计。

(3)施工现场准备。包括清除障碍物、搞好“三通一平”、测量放线、搭设临时设施。

(4)施工物资准备。包括主要材料的准备,模板、脚手架、施工机械、机具的准备。

(5)施工人员、组织准备。包括研究施工项目组织管理模式,组建项目经理部;规划施工力量与任务安排;建立健全质量管理体系和各项管理制度;完善技术检测措施;落实分包单位,审查分包单位资质,签订分包合同。

(6)季节性施工准备,包括拟订和落实冬、雨季施工措施。

每项工程施工准备工作的内容,视该工程本身及其具备的条件而有所不同。只有按照施工项目的规划来确定准备工作的内容,并拟订具体的、分阶段的施工准备工作实施计划,才能充分地为施工创造一切必要的条件。

任务 4.2 原始资料的收集

原始资料的收集是施工准备工作中一项重要内容。原始资料是编制合理的、符合客观实际的施工组织设计文件的依据,关系到施工过程的全局部署与安排,为图纸会审、编制施工图预算和施工预算提供依据,也为施工企业管理人员进行经营管理决策提供可靠的依据。

原始资料的收集内容一般包括工程建设场址勘察和技术经济资料调查。

4.2.1 工程建设场址勘察

工程建设场址勘察主要是了解建设地点的地形地貌、工程地质、水文地质、气象资料、周围环境及障碍物的情况等，勘察结果一般可作为确定施工方法和技术措施的依据。

4.2.1.1　**地形地貌勘察**

地形地貌勘察要求提供水利水电工程的规划图、区域地形图（1∶10 000～1∶25 000）、工程位置地形图（1∶1 000～1∶2 000）、水准点及控制桩的位置、现场地形地貌特征、勘察高程及高差等。对地形简单的施工现场，一般采用目测和步测；对场地地形复杂的施工现场，可用测量仪器进行观测，也可向规划部门、建设单位、勘察单位等进行调查。这些资料可作为选择施工用地、布置施工总平面图、计算场地平整机土方量、了解障碍物及其数量的依据。

4.2.1.2　**工程地质勘察**

工程地质勘察的目的是查明建设地区的工程地质条件和特征（包括底层构造），土层的类别及厚度、土的性质、承载力及地震级别等。应提供的资料有：钻孔布置图；工程地质剖面图；图层类别、厚度；土壤物理力学指标，包括天然含水量、孔隙比、塑性指数、渗透系数、压缩试验及地基土强度等；底层的稳定性、断层滑块、流沙；地基土的处理方法以及基础施工方法。

4.2.1.3　**水文地质勘察**

水文地质勘察所提供的资料主要有以下两方面：

（1）地下水资料：地下水最高、最低水位及时间，包括水的流速、流向、流量；地下水的水质分析及化学成分分析；地下水对基础有无冲刷、侵蚀影响等。所提供资料有助于选择基础施工方案、选择降水方法以及拟定防止侵蚀性介质的措施。

（2）地面水资料：临近江河湖泊距工地的距离；洪水、平水、枯水期的水位、流量及航道深度；水质；最大、最小冻结深度及冻结时间等。调查目的在于给确定临时给水方案、施工运输方式提供依据。

4.2.1.4　**气象资料的调查**

气象资料一般可向当地气象部门进行调查，调查资料作为确定冬、雨季施工措施的依据。气象资料包括如下几方面：

（1）降水资料：全年降雨量、降雪量；一日最大降雨量；雨期起止日期；年雷暴日数等。

（2）气温资料：年平均、最高、最低气温；最冷、最热月及逐月的平均温度。

（3）气象资料：主导风向、风速、风的频率；不小于8级全年天数，并应将风向资料绘成图。

4.2.1.5　**周围环境及障碍物的调查**

此项工作包括施工区域现有建筑物、构筑物、沟渠、水井、树木、土堆、电力架空线路等的资料收集。

这些资料要通过实地踏勘，并向建设单位、设计单位等调查取得，可作为现场施工平面布景的依据。

4.2.2　技术经济资料调查

技术经济资料调查的目的是查明建设地区工业、资源、交通运输、动力资源、生活福利设施等地区经济因素，获得建设地区技术经济条件资料，以便在施工组织中尽可能利用地方资源为工程建设服务，同时可作为选择施工方法和确定费用的依据。

4.2.2.1 地区的能源调查

能源一般指水源、电源、气源等。能源资料可向当地城建、电力、燃气供应部门及建设单位等进行调查，主要用作选择施工用临时供水、供电和供气的方式，提供经济分析比较的依据。调查内容有施工现场用水与当地水源连接的可能性、供水距离、接管距离、地点、水压、水质及消费等资料；利用当地排水设施排水的可能性、排水距离、去向等；可供施工使用的电源位置、引入工地的路径和条件，可满足的容量、电压及电费；建设单位、施工单位自有的发变电设备、供电能力；冬季施工时附近蒸气的供应量、接管条件和价格；建设单位自有的供热能力；当地或建筑单位可以提供的煤气、压缩空气、氧气的能力和它们至工地的距离等。

4.2.2.2 建设地区的交通调查

建设地区的交通运输方式一般有铁路、公路、水路、航空等。交通资料可向当地铁路、交通运输和民航等业务部门进行调查。收集交通运输资料是调查主要材料及构件运输通道的情况，包括道路、街巷、途经的桥涵宽度和高度，允许载重量和转弯半径限制等资料。有超长、超高、超宽或超重的大型构件、大型起重机械和生产工艺设备需整体运输时还要调查沿途架空电线、天桥的高度，并与有关部门商议避免大件运输业务、对正常交通产生干扰的路线、时间及解决措施。

4.2.2.3 主要材料及地方资源情况调查

这项调查的内容包括三大材料（钢材、木材和水泥）的供应能力、质量、价格、运费情况；地方资源如石灰石、石膏石、碎石、卵石、河沙、矿渣、粉煤灰等能否满足水利水电工程建筑施工的要求；开采、运输和利用的可能性及经济合理性。这些资料可向当地计划、经济等部门进行调查，作为确定材料供应计划、加工方式、储存和堆放场地及建造临时设施的依据。

4.2.2.4 建设地区情况

建设地区情况主要调查建设地区附近有无建筑机械化基地、机械租赁站及修配厂；有无金属结构及配件加工厂；有无商品混凝土搅拌站和预制构件厂等。这些资料可用作确定预制件、半成品及成品等货源的加工供应方式、运输计划和规划临时设施。

4.2.2.5 社会劳动力和生活设施情况

社会劳动力和生活设施情况主要调查当地能提供的劳动力人数、技术水平、来源和生活安排；建设地区已有的可供施工期间使用的房屋情况；当地主副食、日用品供应。文化教育、消防治安、医疗单位的基本情况以及能为施工提供的支援能力。这些资料是制订劳动力安排计划、建立职工生活基地、确定临时设施的依据。

4.2.2.6 参加施工的各单位能力调查

参加施工的各单位能力调查主要调查施工企业的资质等级、技术装备、管理水平、施工经验、社会信誉等有关情况。这些可作为了解总包、分包单位的技术及管理水平，选择分包单位的依据。

在编制施工组织设计时，为弥补原始资料的不足，有时可借助一些相关的参考资料来作为编制依据，如冬雨季参考资料、机械台班产量参考指标、施工工期参考指标等。这些参考资料可利用现有的施工定额、施工手册、施工组织设计实例或通过平时施工实践活动来获得。

任务 4.3　施工技术准备工作

技术资料的准备是施工准备工作的核心,是现场施工准备工作的基础。由于任何技术的差错或隐患都可能引起人身安全和质量事故,造成生命、财产和经济的巨大损失,所以必须认真地做好技术准备工作。

4.3.1　熟悉与会审图纸

4.3.1.1　熟悉与会审图纸的目的

(1)能够在工程开工之前,使工程技术人员充分了解和掌握设计图纸的设计意图、结构与构造特点,以及技术要求。

(2)通过审查发现图纸中存在的问题和错误并加以改正,为工程施工提供一份准确、齐全的设计图纸。

(3)保证能按设计图纸的要求顺利施工,生产出符合设计要求的最终建筑产品。

4.3.1.2　熟悉图纸及其他设计技术资料的重点

1. 基础及地下室部分

基础及地下室部分应做好以下工作:

(1)核对建筑、结构、设备施工图中关于基础留口、留洞的位置及标高的相互关系是否处理恰当。

(2)给水及排水的去向,防水体系的做法及要求。

(3)特殊基础的做法,变形缝及人防出口的做法。

2. 主体结构部分

主体结构部分应注意以下四点:

(1)定位轴线的布置及与承重结构的位置关系。

(2)各层所用材料是否有改变。

(3)各种构配件的构造及做法。

(4)采用的标准图集有无特殊变化和要求。

3. 装饰部分

装饰部分应注意以下三点:

(1)装修与结构施工的关系。

(2)变形缝的做法及防水处理的特殊要求。

(3)防水、保温、隔热、防尘、高级装修的类型及技术要求。

4.3.1.3　图纸及其他设计技术资料的审查内容与审查程序

1. 图纸及其他设计技术资料的审查内容

(1)设计图纸是否符合国家有关规划及技术规范的要求。

(2)核对设计图纸及说明书是否完整、明确,设计图纸与说明等其他各组成部分之间有无矛盾和错误,内容是否一致,有无遗漏。

(3)总图的建筑物坐标位置与单位工程建筑平面图是否一致。

(4)核对主要轴线、几何尺寸、坐标、标高、说明等是否一致,有无错误和遗漏。

(5)基础设计与实际地质情况是否相符,建筑物与地下构筑物及管线之间有无矛盾。

(6)主体建筑材料在各部分有无变化,各部分的构造做法。

(7)建筑施工与安装在配合上存在哪些技术问题,能否合理解决。

(8)设计中所选用的各种材料、配件、构件等能否满足设计规划的需要。

(9)工程中采用的新工艺、新结构、新材料的施工技术要求及技术措施。

(10)对设计技术资料有什么合理化建议及其他问题。

2. 图纸及其他设计技术资料的审查程序

图纸及其他设计技术资料的审查程序通常分为自审、会审和现场签证三个阶段。

(1)自审是施工企业组织技术人员熟悉和审查图纸。自审记录包括对设计图纸的疑问和有关建议。

(2)会审由建设单位支持,设计单位和施工单位参加。先由设计单位进行图纸技术交底,各方面提出意见,经充分协商后,统一认识,形成图纸会审纪要,由设计单位正式行文,参加单位共同会签、盖章,作为设计图纸的修改文件。

(3)现场签证是在工程施工过程中,发现施工条件与设计图纸的条件不符,或图纸仍有错误,或因材料的规格、质量不能满足设计要求等,需要对设计图纸进行及时修改,应遵循设计变更的签证制度,进行图纸的施工现场签证。对于一般问题,经设计单位同意,即可办理手续进行修改。对于重大问题,须经建设单位、设计单位和施工单位协商,由设计单位修改,向施工单位签发设计变更单,方可有效。

4.3.1.4　熟悉技术规范、规程和有关技术规定

技术规范、规程是国家制定的建设法规,是实践经验的总结,在技术管理上具有法律效用。建筑施工中常用的技术规范、规程主要有:

(1)建筑安装工程质量检验评定标准。

(2)施工操作规程。

(3)建筑工程施工及验收规范。

(4)设备维修及维修规程。

(5)安全技术规程。

(6)上级技术部门颁发的其他技术规范和规定。

4.3.2　编制施工组织设计

施工组织设计是指导施工现场全部生产活动的技术经济文件。它既是施工准备工作的重要组成部分,又是做好其他施工准备工作的依据;它既要体现建设计划和设计的要求,又要符合施工活动的客观规律,对建设项目的全过程起到战略部署和战术安排的双重作用。

由于建筑产品及建筑施工的特点,决定了建筑工程种类繁多、施工方法多变,没有一个通用的、一成不变的施工方法。每个建筑工程项目都需要分别确定施工组织方法,作为

组织和指导施工的重要依据。

4.3.3　编制施工图预算和施工预算

施工图预算是技术准备工作的主要组成部分之一。它是按照施工图确定的工程量、施工组织设计所拟定的施工方法、建筑工程预算定额及其取费标准，由施工单位主持，在拟建工程开工前的施工准备工作期编制的确定建筑安装工程造价的经济文件。它是施工企业签订工程承包合同、工程结算、银行拨贷款及进行企业经济核算的依据。

施工预算是根据施工图预算、施工图纸、施工组织设计或施工方案、施工定额等文件，综合企业和工程实际情况编制的。施工预算在工程确定承包关系以后进行。它是企业内部经济核算和班组承包的依据，因而是企业内部使用的一种预算。

施工图预算与施工预算存在很大区别：施工图预算是甲、乙双方确定预算造价、发生经济联系的技术经济文件；施工预算是施工企业内部经济核算的依据。将“两算”进行对比，是促进施工企业降低物质消耗、增加积累的重要手段。

任务 4.4　施工现场生产准备工作

4.4.1　施工场地准备工作

施工场地准备工作又称室外准备工作，主要为工程施工创造有利的施工条件。施工场地准备工作按施工组织设计的要求和安排进行，其主要内容为“三通一平”、测量放线、临时设施搭设等。

4.4.1.1　“三通一平”

“三通一平”是在建筑工程的用地范围内，接通施工用水、用电、道路和平整场地的总称。而工程实际的需要往往不止水通、电通、路通，有些工地上还要求有热通（供蒸气）、气通（供煤气）、话通（通电话）等，但是基本的还是“三通”。

1. 平整施工场地

施工场地的平整工作，首先通过测量，按建筑总平面图中确定的标高，计算出挖土及填土的数量，设计土方调配方案，组织人力或机械进行平整工作。若拟建场内有旧建筑物，则须拆迁房屋。其次要清理地面上的各种障碍物，对地下管道、电缆等要采取可靠的拆除或保护措施。

2. 通路

施工现场的道路是组织大量物质进场的运输动脉。为了保证各种建筑材料、施工机械、生产设备和构件按计划到场，必须按施工总平面图要求修通道路。为了节省工程费用，应尽可能利用已有道路或结合正式工程的永久性道路。在利用正式工程的永久性道路时，为使施工时不损坏路面，可先做路基，施工完毕后再做路面。

3. 通水

施工现场的通水包括给水与排水。施工用水包括生产、生活和消防用水，其布置应按施工总平面图的规划进行安排。施工用水设施尽量利用永久性给水线路。临时管线的铺设既要满足用水点的需要和使用方便，又要尽量缩短管线。施工现场要做好有组织的排水系统，否则会影响施工的顺利进行。

4. 通电

施工现场的通电包括生产用电和生活用电。根据生产、生活用电的电量，选择配电变压器，与供电部门或建设单位联系，按施工组织要求布设线路和通电设备。当供电系统供电不足时，应考虑在现场建立发电系统，以保证施工的顺利进行。

4.4.1.2　测量放线

施工现场测量放线的任务是把图纸上所设计好的建筑物、构建物及管线等测到地面或实物上，并用各种标志表现出来，作为施工的依据。在土方开挖前，按设计单位提供的总平面图及给定的永久性经纬坐标控制网和水准控制基桩进行场区施工测量，设置场区永久性坐标、水准基桩和建立场区工程测量控制网。在进行测量放线前，应做好以下几项准备工作：

(1)了解设计意图，熟悉并校核施工图纸。

(2)对测量仪器进行校验和校正。

(3)校核红线桩与水准点。

(4)制订测量放线方案。测量放线方案主要包括平面控制、标高控制、±0.00 以下施测、±0.00 以上施测、沉降观测和竣工测量等项目，该方案依据设计图纸要求和施工方案来确定。

建筑物定位放线是确定整个工程平面图位置的关键环节，施测中必须保证精度、杜绝错误，否则其后果将难以处理。建筑物的定位放线一般通过设计图中平面控制轴线来确定建筑物的轮廓位置，经自检合格后，提交有关部门和甲方（或监理人员）验线，以保证定位的准确性。沿红线的建筑物，还要由规划部门验线，以防止建筑物超、压红线。

4.4.1.3　临时设施搭设

现场所需临时设施应报请规划、市政、消防、交通、环保等有关部门审查批准，按施工组织设计和审查情况来实施。

对于指定的施工用地周围，应用围墙（栏）围挡起来。围挡的形式和材料应符合市容管理的有关规定和要求，并在主要出、入口设置标牌，标明工程名称、施工单位、工地负责人、监理单位等。

各种生产（仓库、混凝土搅拌站、预制构件场、机修站、生产作业棚等）、生活（办公室、宿舍、食堂等）用的临时设施，严格按批准的施工组织设计规定的数量、标准、面积、位置等来组织实施，不得乱搭乱建，并尽可能做到以下几点：

(1)利用原有建筑物，减少临时设施的数量，以节约投资。

(2)适用、经济、就地取材，尽量采用移动式、装配式临时建筑。

(3)节约用地，少占农田。

4.4.2　生产资料准备工作

生产资料的准备工作是指对工程施工中必需的劳动手段（施工机械、机具等）和劳动对象（材料、构件、配件等）的准备。该项工作应根据施工组织设计的各种资源需要量计

划，分别落实货源、组织运输和安排储备。

生产资料的准备工作是工程连续施工的基本保证，主要内容有以下三方面。

4.4.2.1　建筑材料的准备

建筑材料的准备包括对“三材”（钢材、木材、水泥）、地方材料（砖、瓦、石灰、砂、石等）、装饰材料（面砖、地砖等）、特殊材料（防腐、防射线、防爆材料等）的准备。为保证工程顺利施工，材料准备有如下要求：

（1）编制材料需要量计划，签订供货合同。

根据预算的工料分析，按施工进度计划的使用要求、材料储备定额和消耗定额，分别按材料名称、规定、使用时间进行汇总，编制材料需要量计划。同时，根据不同材料的供应情况，随时注意市场行情，及时组织货源，签订订货合同，保证采购供应计划的准确可靠。

（2）材料的储备和运输。

材料的储备和运输要按工程进度分期、分批进场。现场储备过多会增加保管费用、占用流动资金，过少则难以保证施工的连续进行。对于使用量少的材料，尽可能一次进场。

（3）材料的堆放和保管。

现场材料的堆放应按施工平面布置图的位置，按材料的性质、种类选取不同的堆放方式合理堆放，避免材料的混淆及二次搬运。进场后的材料要依据材料的性质妥善保管，避免材料变质或损坏，以保持材料的原有数量和原有的使用价值。

4.4.2.2　施工机具和周转材料的准备

施工机具包括施工中所确定选用的各种土方机械、木工机械、钢筋加工机械、混凝土机械、砂浆机械、垂直与水平运输机械、吊装机械等。在进行施工机具的准备工作时，应根据采用的施工方案和施工进度计划，确定施工机械的数量和进场时间，确定施工机具的供应方法和进场后的存放地点与方式，并提出施工机具需要量计划，以便企业内平衡或对外签约租借机械。

周转材料主要指模板和脚手架。此类材料施工现场使用量大、堆放场地面积大、规格多、对堆放场地的要求高，应按施工组织设计的要求分规格、型号整齐码放，以便使用和维修。

4.4.2.3　预制构件和配件的加工准备

工程施工中需要大量的钢筋混凝土构件、木构件、金属构件、水泥制品、卫生洁具等，应在图纸会审后提出预制加工单，确定加工方案、供应渠道及进场后的储备地点和方式。现场预制的大型构件应依据施工组织设计做好规划，提前加工预制。

此外，对采用商品混凝土的现浇工程，要依施工进度计划要求确定需要量计划，主要内容有商品混凝土的品种、规格、数量、需要时间、送货方式、交货地点，并提前与生产单位签订供货合同，以保证施工顺利进行。

4.4.3　人力资源准备工作

4.4.3.1　项目管理机构的组建

对大、中型工程或群体工程，施工企业在施工现场建立施工项目部。施工项目部是在项目经理领导下，由企业授权，并代表企业履行工程承包合同，配备包括技术、计划等管理

人员在内进行项目管理的工作班子。

对一般单位工程可设一名工地负责人，配一定数量的施工员、材料员、质检员、安全员等即可。

4.4.3.2 施工队伍的准备

施工队伍的建立，要考虑工种的合理配合，技工和普工的比例要满足劳动组织的要求，建立混合施工队或专业施工队及数量。组建施工班组要坚持合理、精干的原则。在施工过程中，依工程实际进度要求，动态管理劳动力数量。需外部力量的，可通过签订承包合同或联合其他队伍来共同完成。

1.建立精干的基本施工班组

基本施工班组应根据现有的劳动组织情况、结构特点及施工组织设计的劳动力需要量计划确定，一般有以下几种组织形式：

(1)砖混结构的建筑。该类建筑在主题施工阶段主要是砌筑工程，应以瓦工为主，配合适量的架子工、钢筋工、混凝土工、木工以及小型机械工；装饰阶段以抹灰工、油漆工为主，配合适量的木工、电工、管工等。因此，该类建筑的施工人员以混合施工班组为宜。

(2)框架、框剪及全现浇结构的建筑。该类建筑主体结构施工主要是钢筋混凝土工程，应以模板工、钢筋工、混凝土工为主，配合适量的瓦工；装饰阶段配备抹灰工、油漆工等。因此，该类建筑的施工人员以专业施工班组为宜。

(3)预制装配式结构的建筑。该类建筑的主要施工工作以构件吊装为主，应以吊装起重工为主，配合适量的电焊工、木工、钢筋工、混凝土工、瓦工等；装饰阶段配备抹灰工、油漆工、木工等。因此，该类建筑的施工人员以专业班组为宜。

2.确定优良的专业施工队伍

大、中型的工业项目或公用工程，内部的机电设备安装、生产设备安装一般需要专业施工队或生产厂家进行安装和调试，某些分项工程也可能需要由机械化施工公司来承担。这些需要外部施工队伍来承担的工作，需在施工准备工作中以签订承包合同的形式予以明确，并落实施工队伍。

3.选择优势互补的外包施工队伍

随着建筑市场的开放，施工单位往往依靠自身的力量难以满足施工需要，因而需联合其他建筑队伍(外包施工队)来共同完成施工任务。联合时要通过考察外包队伍的市场信誉、已完工程质量、确认资质、施工力量水平等来选择，联合要充分体现优势互补的原则。

4.4.3.3 施工队伍的培训

施工前，企业要对施工队伍进行劳动纪律、施工质量和安全方面的教育，牢固树立“质量第一、安全第一”的意识。平时，企业还应抓好职工的培训和技术更新工作，不断提高职工的业务技术水平，增强企业的竞争力。对于采用新工艺、新结构、新材料、新技术及使用新设备的工程，应将相关管理人员、技术人员和操作人员组织起来培训，达到标准后再上岗操作。

此外，还要加强施工队伍平时的政治思想教育。

4.4.4 冬、雨季施工的准备工作

4.4.4.1 冬季施工准备工作

(1)合理安排冬季施工项目。

建筑产品的生产周期长，且多为露天作业，冬季施工条件差、技术要求高。因此，在施工组织设计中就应合理安排冬季施工项目，尽可能保证工程连续施工。一般情况下，尽量安排费用增加少、易保证质量、对施工条件要求低的项目在冬季施工，如吊装、打桩、室内装修等，而如土方、基础、外装修、屋面防水等则不易在冬季施工。

(2)落实各种热源的供应工作。

提前落实供热渠道，准备热源设备，储备和供应冬季施工用的保暖材料，做好司炉培训工作。

(3)做好保温防冻工作。

①临时设施的保暖防冻。包括给水管道的保温，防止管道冻裂；防止道路积水、积雪成冻，保证运输顺利进行。

②工程已成部分的保温保护。如基础完成后及时回填至基础面同一高度，砌完一层墙后及时将楼板安装到位等。

③冬季要施工部分的保温防冻。如凝结硬化尚未达到强度要求的砂浆、混凝土要及时测温，加强保温，防止遭受冻结；将要进行的室内施工项目，先完成供热系统，安装好门、窗、玻璃等。

(4)加强安全教育。

要有冬季施工的防火、安全措施，加强安全教育，做好职工培训工作，避免火灾、安全事故的发生。

4.4.4.2 雨季施工准备工作

(1)合理安排雨季施工项目。

在施工组织设计中要充分考虑雨季对施工的影响。一般情况下，雨季到来之前，多安排土方、基础、室外及屋面等不易在雨季施工的项目，多留一些室内工作在雨季进行，以避免雨季窝工。

(2)做好现场的排水工作。

施工现场雨季来临前，做好排水沟，准备好抽水设备，防止场地积水，最大限度地减少因泡水而造成的损失。

(3)做好运输道路的维护和物质储备。

雨季前检查道路边坡排水情况，适当提高路面，防止路面凹陷，保证运输道路的畅通。多储备一些物质，减少雨季运输量，节约施工费用。

(4)做好机具设备等的保护。

对现场各种机具、电器、工棚都要加强检查，特别是脚手架、塔吊、井架等，要采取防倒塌、防雷击、防漏电等一系列技术措施。

(5)加强施工管理。

认真编制雨季施工的安全措施，加强对职工的教育，防止各种事故发生。

能力训练

一、填空题

1. 按工程所处施工阶段，施工准备工作可分为(　　　　　)的施工准备和(　　　　　)的施工准备。

2. 施工现场准备工作的主要内容为(　　　　　)、(　　　　　)、临时设施的搭设等。

二、简答题

1. 施工准备工作的意义是什么？
2. 施工准备工作的内容是什么？
3. 生产资料准备工作有哪些内容？
4. 冬、雨季施工准备工作有哪些？

项目 5　施工方案编制

【学习目标】

1. 知识目标:①了解各类工程主要施工程序;②了解各类工程施工方法及相关施工机械。

2. 技能目标:①能确定中、小型工程施工程序;②能制订中、小型工程的施工方案。

3. 素质目标:①认真细致的工作态度;②严谨的工作作风。

任务 5.1　施工方案编制的工作内容

施工方案是施工组织设计的核心。它是对整个建设项目进行的全局性总体规划,也是对工程进行初步施工组织,供主管部门对工程是否列入年度计划进行审查和决策;为编制工程概算提供依据;方案本身的质量对工程的经济效益具有重大影响。因此,施工方案的选择是非常关键的工作。

施工方案的选择主要包括施工工序或流向、施工组织、施工机械,以及主要分部工程、单元工程施工方法的选择等内容。

5.1.1　拟定施工程序

5.1.1.1　确定施工流向

确定施工流向是指施工活动在空间的展开与进程,是指导现场施工的主要环节。确定单位工程施工流向时,主要考虑下列因素:

(1)满足选用的施工方法、施工机械和施工技术的要求。

(2)确定的施工流向不能与材料、构件的运输方向发生冲突。

(3)技术复杂、施工进度较慢、工期较长的工段或部位先施工。

(4)生产工艺流程往往是确定施工流向的关键因素。

(5)施工流水在平面上或空间上展开时,要符合工程质量和安全的要求。

(6)根据施工单位的要求,对生产上或使用上要求急的工程项目应先安排施工。

5.1.1.2　确定施工顺序

施工顺序是指单位工程中,各分部工程、单元工程之间进行施工的先后次序。

单位工程施工中应遵循的顺序一般是:

(1)先地下、后地上。先进行需地下埋设、处理的工程,对地下工程也应按先深后浅的程序进行,以免造成施工返工或对上部工程的干扰。

(2)先土建、后安装。先进行土建部分的施工,后进行机电设备、金属结构等的安装施工。

(3)先安装主体设备,后安装配套设备;先安装重、高、大型设备,后安装中、小型设备。

(4)受季节影响的施工项目,要考虑按所需环境条件安排施工顺序。

5.1.2 施工方法与施工机械的选择

施工方法和施工机械的选择是紧密相关的,它们是在技术上解决分部工程、单元工程的施工手段。施工方法和施工机械的选择在很大程度上受工程项目结构特征的制约。结构选型和施工方案是不可分隔的,一些大型工程,往往在结构设计阶段就要考虑施工方法,并根据施工方法确定结构计算模式。

拟定施工方法时,应着重考虑影响整个单位工程施工的分部工程、单元工程的施工方法,对于常规做法的分项工程则不必详细拟定。

例如,土方工程通常要拟定开挖方式、放坡或土壁支撑、降低地下水位和土方调配等。又如,钢筋混凝土工程应着重于模板的工具化、工业化和钢筋与混凝土的机械化施工。此外,对于模板支撑、预应力钢筋张拉、施工缝留设、大体积混凝土等关键问题或特殊问题亦应给予详细考虑。

在选择施工机械时,应首先选择主导工程的机械,然后根据建筑特点及材料、构件种类配备辅助机械,最后确定与施工机械相配套的专用工具设备。

5.1.3 施工方案评价

施工方案的评价工作主要是进行施工方案的技术经济评价,是在多个施工方案中,选择出一个工期短、质量好、材料省、劳动安排合理、工程成本低、施工安全的施工方案。

施工方案技术经济评价涉及的因素多而复杂,一般只对一些主要分部工程的施工方案进行技术经济比较,有时也需对个别重大工程项目的总体施工方案进行全面的技术经济评价。

一般来说,施工方案的技术经济评价有定性分析评价和定量分析评价两种。

5.1.3.1 定性分析评价

施工方案的定性分析评价是结合施工实际经验,对施工方案的优缺点进行分析比较。例如,技术上是否可行,施工复杂程度和安全可靠性如何,劳动力和机械设备能否满足需要,是否能充分发挥现有机械的作用,保证质量的措施是否完善可靠,对季节性施工带来多大困难等。

5.1.3.2 定量分析评价

(1)工期指标。当要求工程尽快完成,尽早投入生产或使用时,选择施工方案就应在确保工程质量、安全和成本较低的条件下,优先考虑缩短工期。

(2)机械化程度指标。选择施工方案应积极扩大机械化施工的范围,把机械化施工程度的高低作为衡量施工方案优劣的重要指标。

(3)主要材料消耗指标。反映施工方案的主材节约情况。

(4)降低成本指标。综合反映工程项目或分部分项工程由于采用不同的施工方案而产生不同的经济效果。其指标可以用降低成本额和降低消耗率来表示。

任务5.2　碾压式土石坝工程施工方案

5.2.1　料场选择

5.2.1.1　料场规划原则

(1)料物物理力学性质符合坝体用料要求,质地较均一。

(2)储量相对集中,料层厚,总储量能满足坝体填筑需要量。

(3)有一定的备用料区,保留部分近料场作为坝体合龙和抢筑拦洪高程用。

(4)按坝体不同部位合理使用各种不同的料场,减少坝料加工。

(5)料场剥离层薄,便于开采,获得率较高。

(6)采集工作面开阔、料物运距较短,附近有足够的废料堆场。

(7)不占或少占耕地、林场。

5.2.1.2　料场供应原则

(1)必须满足坝体各部位施工强度要求。

(2)充分利用开挖渣料,做到就近取料,高料高用、低料低用,避免上下游料物交叉使用。

(3)垫层料、过渡层和反滤料一般宜用天然砂石料,工程附近缺乏天然砂石料或使用天然砂石料不经济时,方可采用人工料。

(4)减少料物堆存、倒运,必须堆存时,堆料场宜靠近坝区上坝道路,并应有防洪、排水、防料物污染、防分离和散失的措施。

(5)力求使料物及弃渣的总运输量最小。做好料场平整,防止水土流失。

5.2.2　土石料开采与加工处理

土石料开采与加工处理主要应注意以下内容:

(1)根据土层厚度、土料物理力学特性、施工特性和天然含水量等条件研究确定主次料场,分区开采。

(2)开采加工能力应能满足坝体填筑强度要求。

(3)若料场天然含水量偏高或偏低,应通过技术经济比较选择具体措施进行调整,增减土料含水量宜在料场进行。

(4)若土料物理力学特性不能满足设计和施工要求,则应研究使用人工砾质土的可能性。

(5)统筹规划施工场地、出料线路和表土堆存场,必要时应做还耕规划。

5.2.3　运输方式及机械配套

5.2.3.1　土石料运输原则

坝料上坝运输方式应根据运输量、开采和运输设备型号、运距和运费、地形条件以及临建工程量等资料,通过技术经济比较后选定,并考虑以下原则:

(1)满足填筑强度要求。

(2)在运输过程中不得搀混、污染和降低坝料物理力学性能。

(3)各种坝料尽量采用相同的上坝方式和通用设备。

(4)临时设施简易,准备工程量小。

(5)运输的中转环节少。

(6)运输费用较低。

5.2.3.2 施工上坝道路布置原则

(1)各路段标准原则满足坝料运输强度要求,在认真分析各路段运输总量、使用期限、运输车型和当地气象条件等因素后确定。

(2)能兼顾地形条件,各期上坝道路能衔接使用,运输不致中断。

(3)能兼顾其他施工运输,两岸交通和施工期过坝运输尽可能与永久公路结合。

(4)在限制坡长条件下,道路最大纵坡不大于15%。

5.2.4 土石料填筑

土石料填筑施工方案编制应注意以下内容:

(1)土料用自卸汽车运输上坝时,用进占法卸料,铺土厚度根据土料性质和压实设备性能通过现场试验或工程类比法确定,压实设备可根据土料性质、细颗粒含量和含水量等因素选择。

(2)土料施工尽可能安排在少雨季节,若在雨季或多雨地区施工,应选用适合的土料和施工方法,并采取可靠的防雨措施。

(3)寒冷地区当日平均气温低于0 ℃时,黏性土按低温季节施工;当日平均气温低于-10 ℃ 时,一般不宜填筑土料,否则应进行技术经济论证。

(4)垫层料与部分坝壳料均宜平起填筑,当反滤料或垫层料施工滞后于堆后棱体时,应预留施工场地。

(5)面板堆石坝的面板垫层为级配良好的半透水细料,要求压实密度较高。垫层下游排水必须通畅。

(6)混凝土面板堆石坝上游坝坡用振动平碾,在坝面顺坡分级压实,分级长度一般为10~20 m;也可用夯板随坝面升高逐层夯实。压实平整后的边坡用沥青乳胶或喷混凝土固定。

(7)各种坝料铺料方法及设备宜尽量一致,并重视结合部位填筑措施,力求减少施工辅助设施。

5.2.5 防渗体施工

坝体采用不同防渗体,施工方案编制应分别注意以下内容:

(1)土质防渗体应与其上、下游反滤料及坝壳部分平起填筑。

(2)混凝土面板垂直缝间距应以有利滑模操作、适应混凝土供料能力、便于组织仓面作业为准,一般用高度不大的面板,坝一般不设水平缝。高面板坝由于坝体施工期度汛或初期蓄水发电需要,混凝土面板可设置水平缝分期度汛。

(3)混凝土面板浇筑宜用滑模自下而上分条进行,滑模滑行速度通过试验选定。

(4)沥青混凝土面板堆石坝的沥青混合料宜用汽车配保温吊罐运输,坝面上设喂料车、摊铺机、振动碾和牵引卷扬台车等专用设备。面板宜一期铺筑,当坝坡长大于120 m或因度汛需要,也可分两期铺筑,但两期间的水平缝应加热处理。纵向铺筑宽度一般为3~4 m。

(5)沥青混凝土心墙的铺筑层厚宜通过碾压试验确定,一般可采用20~30 cm。铺筑与两侧过渡层填筑尽量平起平压,两者高差不大于3 m。

(6)寒冷地区沥青混凝土施工不宜裸露越冬,越冬前已浇筑的沥青混凝土应采取保护措施。

5.2.6　施工机械选型配套原则

(1)提高施工机械化水平。

(2)各种坝料坝面作业的机械化水平应协调一致。

(3)各种设备数量按施工高峰时段的平均强度计算,适当留有余地。

(4)振动碾的碾型和碾重根据料场性质、分层厚度、压实要求等条件确定。

任务5.3　钢筋混凝土工程施工方案

5.3.1　钢筋混凝土工程施工顺序和施工方法

水利水电工程中钢筋混凝土工程包括护坡、泵站、拦河闸、挡土墙、涵洞等永久工程及施工导流工程中的混凝土、钢筋混凝土、预制混凝土和水下混凝土等混凝土工程。

钢筋混凝土工程包括3个部分,即钢筋工程、模板工程、混凝土工程。

5.3.1.1　钢筋混凝土工程的施工过程

(1)砂石骨料的采集、加工、储存与温控,掺和料、外加剂和水泥的储存,拌和水的温控。

(2)模板和钢筋的加工制作、运输与架设。

(3)混凝土的制备、运输、浇捣和养护。

5.3.1.2　钢筋混凝土施工方法选择

(1)确定混凝土工程施工方法,如滑模法、爬高法或其他方法等。

(2)确定模板类型的支模方法。重点应考虑提高模板周转利用次数,节约人力和降低成本。对于复杂工程还需进行模板设计和绘制模板放样图或排列图。

(3)钢筋工程应选择恰当的加工、绑扎和焊接方法。例如,钢筋制作现场预应力张拉时,应详细制订预应力钢筋的加工、运输、安装和检测方法。

(4)选择混凝土的制备方案,如确定采用商品混凝土,还是现场制备混凝土。确定搅拌、运输及浇筑顺序和方法,如选择泵送混凝土还是普通垂直运输混凝土机械。

(5)选择混凝土搅拌、振捣设备的类型和规格,确定施工缝的留设位置。

(6)如采用预应力混凝土,则应确定预应力混凝土的施工方法、控制应力和张拉设备。

5.3.2　钢筋工程施工方案

钢筋制备加工包括调查、除锈、配料、剪切、弯曲、绑扎与焊接、冷加工处理(冷拉、冷拔、冷轧)等工序。

5.3.2.1　明确钢筋调直和除锈方法

1. 钢筋调直方法

盘条状的细钢筋通过绞车绞拉调直后方可使用。对于直线状的粗钢筋,当发生弯曲时才需用弯筋机调直,直径在 25 mm 以下的钢筋可在工作台上手工调直。

2. 钢筋除锈方法

钢筋除锈的主要目的是保证其与混凝土间的握裹力。因此,在钢筋使用前需对钢筋表层的鱼鳞锈、油渍和漆皮加以清除。去锈的方法有多种,可借助钢丝刷或砂堆手工除锈,也可用风砂枪或电动去锈机机械除锈,还可用酸洗法化学除锈。新出厂的或保管良好的钢筋一般不需除锈。采用闪光对焊的钢筋,其接头处则要用除锈机严格除锈。

5.3.2.2　明确配料与画线

1. 钢筋配料

钢筋配料是指施工单位根据钢筋结构图计算出各种形状钢筋的直线下料长度、总根数以及钢筋总重量,从而编制出钢筋配料单,作为备料加工的依据。施工中确因钢筋品种或规格与设计要求不相符合时,须征得设计部门同意并按相关规范指定的原则进行钢筋代换。从降低钢筋损耗率考虑,钢筋配料要按照长料长用、短料短用和余料利用的原则下料。

2. 画线

画线是指按照钢筋配料单上标明的下料长度用粉笔或石笔在钢筋应剪切的部位进行勾画的工序。

3. 钢筋下料长度

钢筋的外包尺寸与轴线长度之间存在一个差值,称为度量差值,在计算下料长度时,必须扣除该差值,公式如下:

下料长度 = 各段外包尺寸之和 - 度量差值 + 两端弯钩增长值

5.3.2.3　明确钢筋切断与弯制方式

1. 钢筋切断

钢筋切断有手工切断、剪切机剪断等方式。手工切断一般只能用于直径不超过 12 mm 的钢筋,直径 12 ~ 40 mm 的钢筋一般采用剪切机剪断,而直径大于 40 mm 的圆钢采用氧炔焰切割或用型材切割机切割。

2. 钢筋弯制

钢筋弯制包括画线、试弯、弯曲成型等工序。钢筋弯制分手工弯制和机械弯制两种,但手工弯制只能弯制直径 20 mm 的钢筋。近年来,除直径不大的箍筋外,一般钢筋均采用机械弯制。弯制过的钢筋需要用铅丝归类并绑扎堆放好,挂上注明编号和使用位置的标签等标识。

5.3.2.4　明确钢筋的焊接方法

水利水电工程中钢筋焊接常采用闪光对焊、电弧焊、电阻点焊和电渣压力焊等方法，有时也用埋弧压力焊。

5.3.2.5　明确钢筋的安装方式

钢筋的安装可采用散装和整装两种方式。散装是将加工成型的单根钢筋运到工作面，按设计图纸绑扎或电焊成型。整装是将地面上加工好的钢筋网片或钢筋骨架吊运至工作面进行安装。散装对运输要求相对较低，中、小型工程用得较多。而大、中型工程中，散装已逐步被整装所取代。然而，水利水电工程中钢筋的规格以及形状一般没有统一的定型，所以有时很难采用整装的办法，但为了加快施工进度，也可采用半整装半散装相结合的办法，即在地面上不能完全加工成整装的部分，待吊运至工作面时再补充完成，以提高施工进度。

钢筋安装时应注意钢筋的位置、间距、保护层厚度及各个部位的型号、规格均应符合设计要求，同时应特别注意不要让脱模剂或机油、泥土污染钢筋表面。钢筋安装的允许偏差参见《水工混凝土钢筋施工规范》(DL/T 5169—2013)中的规定。

为防止整装中的特大钢筋网或钢筋骨架在运输及安装过程中发生歪斜变形，可在斜向用钢筋拉结临时固定，并设钢筋架或焊接型钢加以固定。

5.3.3　模板工程施工方案

5.3.3.1　对模板的基本要求

模板的主要作用是使混凝土按设计要求成型，承受混凝土水平与垂直作用力以及施工荷载，改善混凝土硬化条件。水利水电工程对模板的技术要求如下：

(1)形式简便，安装及拆卸方便。

(2)拼装紧密，支撑牢靠稳固。

(3)成型准确，表面平整光滑。

(4)经济适用，周转使用率高。

(5)结构坚固，强度、刚度足够。

5.3.3.2　模板的组成和类型

1. 模板的组成

通常，模板由面板、加劲体和支撑体(支撑架或钢架和锚固件)三部分组成，有时，模板还附有行走部件。目前，国内常用的模板面板有标准木模板、组合钢模板、混合式大型整装模板和竹胶模板等。

2. 模板的类型

模板按材质可分为钢模板、木模板、钢木组合模板、混凝土或钢筋混凝土模板；按使用特点分为固定模板、拆移模板、移动模板和滑升模板；按形状可分为平面模板和曲面模板；按受力条件可分为承重模板和非承重模板；按支承受力方式可分为简支模板、悬臂模板和半悬臂模板。

5.3.3.3　模板选择原则

(1)模板类型应适合结构物外形轮廓，有利于机械化操作和提高周转次数。

(2)有条件部位宜优先用混凝土或钢筋混凝土模板,并尽量多用钢模、少用木模。

(3)结构形式应力求标准化、系列化,便于制作、安装、拆卸和提升,条件适合时应优先选用滑模和悬臂式钢模。

5.3.4 混凝土工程施工

在水利水电工程中,混凝土设施主要有混凝土挡水坝、水闸及水电站的混凝土结构、各种混凝土衬砌结构等。无论何种混凝土结构,其施工方案基本包括混凝土浇筑块的划分方法、浇筑顺序安排、浇筑与养护方案、机械的选型、混凝土拌和与运输方式、模板和构件的运输方案、接缝灌浆方案等。

5.3.4.1 混凝土施工方案选择原则

(1)混凝土生产、运输、浇筑、温控防裂等各施工环节衔接合理。

(2)能连续生产混凝土,运输过程的中转环节少、运距短,温控措施简易、可靠。

(3)施工工艺先进,设备配套合理,综合生产效率高。

(4)坝体分缝应结合水工要求确定。最大浇筑仓面尺寸在分析混凝土性能、浇筑设备能力、温控防裂措施和工期要求等因素后确定。

(5)混凝土浇筑程序、各期浇筑部位和高程应与供料线路、起吊设备布置和机电设备安装进度相协调,并符合相邻块高差及温控防裂等有关规定,初期、中期、后期浇筑强度协调平衡。

(6)混凝土施工与机电设备安装之间干扰少,各期工程形象进度应能适应截流、拦洪度汛、封孔蓄水等要求。

(7)用平浇法浇筑混凝土时,设备生产能力应能确保混凝土初凝前将仓面覆盖完毕;当仓面面积过大、设备生产能力不能满足时,可用台阶法浇筑。

(8)大体积混凝土施工必须进行温控防裂设计,采取有效的温控防裂措施以满足温控要求。有条件时宜用系统分析法确定各种措施的最优组合。

(9)在多雨地区雨季施工时,应掌握分析当地历年降雨资料,包括降雨强度、频度和一次降雨延续时间,并分析雨日停工对施工进度的影响和采取防雨措施的可能性与经济性。

(10)低温季节混凝土施工必要性应根据总进度及技术经济比较论证后确定。在低温季节进行混凝土施工时,应做好保温防冻措施。

5.3.4.2 混凝土浇筑设备选择原则

(1)起吊设备能控制整个平面和高程上的浇筑部位。

(2)主要设备型号单一、性能良好、生产率高,配套设备能发挥主要设备的生产能力。

(3)在固定的工作范围内能连续工作,设备利用率高。

(4)浇筑间歇能承担模板、金属构件及仓面小型设备吊运等辅助工作。

(5)不压浇筑块,或不因压块而延长浇筑工期。

(6)生产能力在保证工程质量的前提下能满足高峰时段浇筑强度要求。

(7)混凝土宜直接起吊入仓,若用带式输送机或自卸汽车入仓卸料,则应有保证混凝土质量的可靠措施。

(8)当混凝土运距较远时,可用混凝土搅拌运输车,防止混凝土出现离析或初凝,保证混凝土质量。

5.3.4.3　混凝土工程的施工顺序和方法

混凝土工程的施工顺序包括浇筑、振捣、养护等。

1. 混凝土浇筑

在混凝土开仓浇筑前,要对浇筑仓位进行统筹安排,以便井然有序地进行混凝土浇筑。安排浇筑仓位时,必须考虑的问题有:

(1)便于开展流水作业。

(2)避免在施工过程中产生相互干扰。

(3)尽可能地减少混凝土模板的用量。

(4)加大混凝土浇筑块的散热面积。

(5)尽量减少地基的不均匀沉陷。

水利水电工程的实践表明,水工建筑物的构造比较复杂,混凝土的分块尺寸普遍较大,混凝土温控的要求相当严格,土建工程与安装工程的目标一致性尤为突出。因此,工程界对于各浇筑仓位施工顺序的安排都极为重视,比较成熟的浇筑程序有对角浇筑、跳仓浇筑、错缝浇筑和对称浇筑。

2. 混凝土振捣

混凝土振捣的目的是使混凝土获取最大的密实性,是保证混凝土质量与各项技术指标的关键工序和根本措施。

混凝土振捣的方式有多种。在施工现场使用的振捣器有内部振捣器、表面振捣器和附着式振捣器,使用最多的是内部振捣器。而内部振捣器又分为电动式振捣器、风动式振捣器和液压式振捣器。大型水利工程中普遍采用成组振捣器。表面振捣器只适用于薄层混凝土,如路面、大坝顶面、护坦表面、渠道衬砌等。附着式振捣器只适用于结构尺寸较小而配筋密集的混凝土构件,如柱、墙壁等。在混凝土构件预制厂多用振动台进行工厂化生产。振捣器的振动效果相当明显,在振捣器小振幅(1.1 ~ 2 mm)和高频率(5 000 ~ 12 000 r/min)的振动作用下,混凝土拌和物的内摩擦力大为下降,流动性明显增强,骨料在重力作用下因滑移而相互排列紧密,砂浆流淌填满空隙的同时空气泡逸出,从而使浇筑仓内的混凝土趋于密实并加强了混凝土与钢筋的紧密结合。

振动影响圈直径一般为振捣棒直径的 10 倍左右。为了避免漏振,应使振点呈方格式形或梅花形布点排列,振点间距为影响半径的 1 ~ 1.5 倍,井然有序地按振点进行垂直振捣,并应使振捣器插入下层混凝土 5 ~ 10 cm,以利上下层混凝土的结合。振动过程中振捣器应与模板保持 1/2 影响半径的距离,振捣器也不得触及钢筋和预埋件。混凝土振捣时间以 15 ~ 25 s 为宜,不得少振或过度振,振捣时间过短则难以振捣密实,振捣时间过长会引起混凝土粗、细骨料分离。当混凝土坍落度较大而振捣层不超过 20 cm 时,或在振捣器难以操作的部位,也可运用捣杆、捣铲或平头锤进行人工辅助捣实,但质量较差。

如果混凝土拌和物振捣已经充分,则会出现混凝土中粗骨料停止下沉、气泡不再上升、表面平坦泛浆。判断已经硬化成型的混凝土是否密实,应通过钻孔压水试验来检查。

3. 混凝土养护

混凝土养护就是在混凝土浇筑完毕后的一段时间内保持适当的温度和足够的湿度，形成良好的混凝土硬化条件。养护是保证混凝土强度增长、不发生开裂的必要措施。

养护分洒水养护和养护剂养护两种方法。洒水养护就是在混凝土表面覆盖上草袋或麻袋，并用带有多孔的水管不间断地洒水。采用养护剂养护，就是在混凝土表面喷一层养护剂，等其干燥成膜后再覆盖上保温材料。

混凝土应在浇筑完毕后 6 ~ 18 h 内开始洒水养护，低塑性混凝土应在浇筑完毕后立即喷雾养护，并及早开始洒水养护。混凝土应连续养护，养护期内始终保持混凝土表面的湿润，养护持续期应符合《水工混凝土钢筋施工规范》(DL/T 5169—2013)的要求，一般不少于 28 d，有特殊要求的部位宜适应延长养护时间。

5.3.4.4　坝体接缝灌浆注意的问题

(1)接缝灌浆应待灌浆区及以上冷却层混凝土达到坝体稳定温度或设计规定值后进行，在采取有效措施情况下，混凝土龄期不宜短于 4 个月。

(2)同一坝缝内灌浆分区高度为 10 ~ 15 m。

(3)应根据双曲拱坝施工期应力确定封拱灌浆高程和浇筑层顶面间的允许高差。

(4)对空腹坝封顶灌浆，或受气温年变化影响较大的坝体接缝灌浆，宜采用较坝体稳定温度更低的超冷温度。

任务 5.4　其他类型工程施工方案

5.4.1　砌体工程施工方案要点

砌体工程包括护坡、泵站、拦河闸、排水沟、渠道等建筑的浆砌石、干砌石、小骨料混凝土砌石体和房建工程的砌砖等工程。

砌体工程可划分为基础工程施工和主体工程施工两部分。一般的施工顺序如下：地基开挖→做垫层→砌基础→回填土→砌主体。

5.4.1.1　基础工程施工

基础工程施工顺序一般是：挖基础→做垫层→基础施工→回填土。若有桩基，则在开挖前应施工桩基。

基础开挖完成后，立即验槽做垫层，基础开挖时间间隔不能太长，以防止地基土长期暴露，被雨水浸泡而影响其承载力，即所说的“抢基础”。在实际施工中，若由于技术或组织上的因素不能立即验槽做垫层和基础，则在开挖时可留 20 ~ 30 cm 至设计标高，以保护基土，待有条件施工下一步时，再挖去预留的土层。

对于回填土，由于回填土对后续工序的施工影响不大，可视施工条件灵活安排。原则上是在基础工程完工之后一次性分层夯填完毕，可以为主体结构工程阶段施工创造良好的工作条件。特别是在基础比较深、回填土量比较大的情况下，回填土最好在砌主体前填完，在工期紧张的情况下，也可以与砌主体平行施工。

5.4.1.2 主体工程施工

砌筑结构主体施工的主导工序就是砌筑实体。对于整个施工过程主要有搭脚手架、砌筑、安装止水及沉降缝等，砌筑工程可以组织流水施工，使主导工序能连续进行。施工时应注意以下内容：

(1)明确砖墙的砌筑方法和质量要求。

(2)明确砌筑施工中的流水分段和劳动力组合形式等。

(3)确定脚手架搭设方法和技术要求。

5.4.2 土石方工程施工方案要点

土石方工程施工主要包括土体开挖、运送、填筑、压密，以及弃土、排水、土壁支撑等工作。

(1)计算土石方工程量，确定开挖或爆破方法，选择相应的施工机械。当采用人工开挖时应按工期要求确定劳动力数量，并确定如何分区分段施工。当采用机械开挖时应选择机械挖土的方式，确定挖掘机型号、数量和行走线路，以充分利用机械能力，达到最高的挖土效率。

(2)地形复杂的地区进行场地平整时，确定土石方调配方案。

(3)基坑深度低于地下水位时，应选择降低地下水位的方法及相应设备。

(4)当基坑较深时，应根据土的类别确定边坡坡度、土壁支护方法，确保安全施工。

5.4.3 地下工程施工方法

地下工程是建造在地层环境中(岩体或土体)的工程建筑物。地下工程施工受到工程地质、水文地质、建筑物结构特征以及施工条件的制约。施工方法主要有明挖法、暗挖法、沉管法、顶管法、新奥法等。

(1)水工隧洞及地下建筑工程施工时，须先开挖出相应的空间，然后在其中修筑衬砌。施工方法的选择应以地质、地形及环境条件，以及埋置深度为主要依据，其中对施工方法有决定性影响的是埋置深度。埋置较浅的工程，施工时先从地面挖基坑或堑壕，修筑衬砌之后再回填，这就是明挖法。

(2)暗挖法，即不挖开地面，采用在地下挖洞的方式施工。矿山法和盾构法等均属暗挖法。

(3)沉管法是预制管段沉放法的简称，是在水底建筑隧道的一种施工方法。现已成为水底隧道的主要施工方法。

(4)顶管法是指隧道或地下管道穿越铁路、道路、河流或建筑物等各种障碍物时采用的一种暗挖式施工方法。

(5)新奥法是应用岩体力学理论，以维护和利用围岩的自承能力为基点，采用锚杆和喷射混凝土为主要支护手段，及时地进行支护，控制围岩的变形和松弛，使围岩成为支护体系的组成部分，并通过对围岩和支护的量测、监控来指导隧道施工和地下工程设计施工的方法和原则。

5.4.4 地基处理施工方法

水利水电工程建设中,地基作为水工建筑物的载体,需要达到相应的工程地质条件,以满足建筑物对地基承载力和稳定性,沉降、水平位移及不均匀沉降,地基渗透性的要求。当天然地基不能满足建筑物对地基的要求时,需要对地基进行处理。

常用的地基处理方法有:

(1)换填垫层法。适用于浅层软弱地基及不均匀地基的处理。

(2)强夯法。适用于处理碎石土、砂土、低饱和度的粉土与黏性土、湿陷性黄土、素填土和杂填土等地基。

(3)注浆地基法。适用于软黏土、粉土、新近沉积黏性土、砂土提高强度的加固和渗透系数较大的土层的止水加固,以及已建工程局部松软地基的加固。

(4)预压地基法。分为堆载预压法和真空预压法,适用于处理淤泥质土、淤泥和冲填土等饱和黏性土地基。

(5)高压喷射注浆法。适用于处理淤泥,淤泥质土,流塑、软塑或可塑黏性土,粉土,砂土,黄土,素填土和碎石土等地基。

(6)水泥土搅拌法。分为深层搅拌法(湿法)和粉体喷搅法(干法)两种,适用于处理正常固结的淤泥与淤泥质土、粉土、饱和黄土、素填土、黏性土以及无流动地下水的饱和松散砂土等地基。

(7)水泥粉煤灰碎石桩和桩间土、褥垫层一起构成复合地基,适用于处理黏性土、粉土、砂土和已自重固结的素填土等地基。

能力训练

简答题

1. 确定施工流向主要考虑哪些因素?
2. 单位工程施工中应遵循的程序一般是什么?
3. 对于碾压式土石坝工程,土料开采和加工处理主要应注意哪些内容?
4. 对于碾压式土石坝工程,土石料填筑施工方案编制应注意哪些内容?
5. 碾压式土石坝坝体采用不同防渗体时,施工方案编制应分别注意哪些内容?
6. 钢筋混凝土施工方法选择应考虑哪些问题?
7. 混凝土工程施工方案包括哪些内容?
8. 坝体接缝灌浆应考虑哪些问题?
9. 水利工程有哪些工程涉及砌体工程?

项目6　施工进度及资源配置计划编制

【学习目标】

1. 知识目标:①了解施工进度计划的编制要点;②了解施工资源配置方法。
2. 技能目标:①能编制中、小型工程施工进度计划;②能进行中、小型工程资源配置。
3. 素质目标:①认真细致的工作态度;②严谨的工作作风。

任务6.1　施工进度计划

编制施工总进度时,应根据国民经济发展需要,采取积极有效的措施满足主管部门或业主对施工总工期提出的要求。如果确认要求工期过短或过长、施工难以实现或代价过大,则应以合理工期报批。

6.1.1　工程建设分期

工程建设一般划分为四个施工阶段:工程筹建期、工程准备期、主体工程施工期、工程完建期。

6.1.1.1　工程筹建期

工程筹建期是工程正式开工前由业主单位负责为承包单位进场开工创造条件所需的时间。筹建工作有对外交通、施工用电、通信、征地、移民以及招标、评标、签约等。

6.1.1.2　工程准备期

工程准备期是准备工程开工起至河床基坑开挖(河床式)或主体工程开工(引水式)前的工期。所做的必要准备工程一般包括场地平整、场内交通、导流工程、临时建房和施工工厂等。

6.1.1.3　主体工程施工期

主体工程施工期是一般从河床基坑开挖或从引水道或厂房开工起,至第一台机组发电或工程开始受益的期限。

6.1.1.4　工程完建期

工程完建期是自水电站第一台机组投入运行或工程开始受益起,至工程竣工的工期。

工程施工总工期为后三项工期之和。并非所有工程的四个建设阶段均能截然分开,某些工程的相邻两个阶段工作也可交错进行。

6.1.2　施工进度的表示形式

工程设计和施工阶段常采用的施工总进度计划的表示方法包括横道图、工程进度曲线、工程形象进度图、网络进度计划、进度里程碑计划等。

6.1.2.1　横道图

横道图是传统的进度计划表述形式，一般包括两个基本部分，即左侧的工作名称及工作的持续时间等基本数据部分和右侧的横道线部分。图 6-1 即为用横道图表示的施工进度计划。该计划明确表示出各项工作的划分、工作的开始时间和完成时间、工作的持续时间、工作之间的相互搭接关系，以及整个工程项目的开工时间、完工时间等。

序号	项目名称	开始时间(月-日)	完成时间(月-日)	持续时间(d)	180日历天																	
					10	20	30	40	50	60	70	80	90	100	110	120	130	140	150	160	170	180
1	施工准备	04-26	04-30	5																		
2	工程测量	04-27	10-20	177																		
3	材料二次搬运	04-27	10-10	167																		
4	冲沟整治、拦砂坝	04-28	09-15	141																		
5	截洪沟	04-28	10-08	164																		
6	截水坝	05-02	06-08	38																		
7	沉砂池	09-28	10-19	22																		
8	场地清理	10-20	10-22	3																		
9	竣工验收	10-23	10-26	4																		

图 6-1　某防洪工程施工进度横道图

横道图的优点是形象、直观，且易于编制和理解，因而长期以来被广泛应用于建设工程进度控制中。但是横道图也存在下列缺点：

(1)不能明确反映出各项工作之间错综复杂的相互关系，在计划执行的过程中，当某些工作的进度由于某些因素提前或拖延时，不便于分析其对其他工作及总工期的影响程度，不利于建设工程进度的动态控制。

(2)不能明确地反映出影响工期的关键工作和关键线路，无法反映出整个工程项目的关键所在，不便于进度控制人员抓住主要矛盾。

(3)不能反映出工作所具有的机动时间，看不到计划的潜力所在，无法进行最合理的组织和指挥。

(4)不能反映工程费用与工期之间的关系，不便于缩短工期和降低成本。

6.1.2.2　工程进度曲线

该方法是以时间为横轴、以累计完成工作量为纵轴，按计划时间累计完成任务量的曲线作为预定的进度计划。从整个项目的实施进度来看，由于项目的初期进度和后期进度比较慢，因而进度曲线大体呈 S 形。该方法如图 6-2 所示。

按计划时间累计完成任务量的曲线作为预定的进度计划，将工程项目实施过程中各检查时间实际累计完成任务量 S 曲线也绘制于同一坐标系中，对实际进度与计划进度进行比较，如图 6-3 所示。

通过比较可以获得如下信息：

(1)实际工程进展速度。

(2)进度超前或拖延的时间。

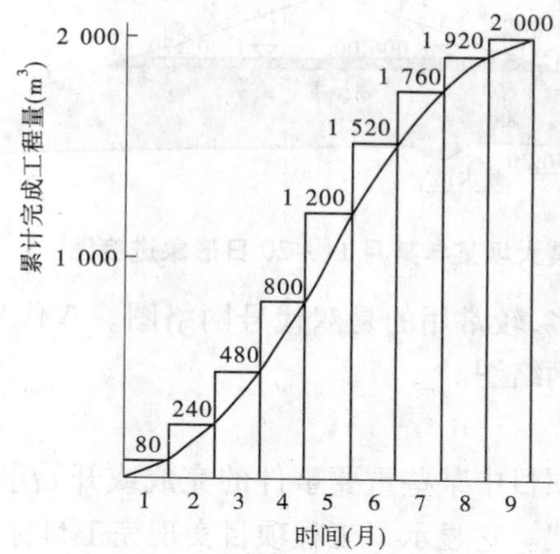

图 6-2　以进度曲线形式表示的进度计划

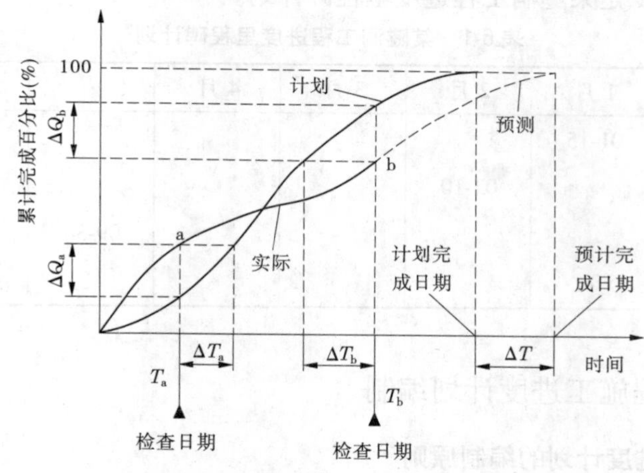

图 6-3　S 曲线比较图

(3)工程量的完成情况。

(4)后续工程进度预测。

6.1.2.3　工程形象进度图

工程形象进度图是把工程进度计划以建筑物的形象进度来表达的一种方法,如图 6-4 所示。这种方法直接将工程项目的进度目标和控制工期标注在工程形象图的相应部位,直观明了,特别适合在施工阶段使用。此方法修改调整进度计划也极为方便,只需修改相应项目的日期、升程,而形象图并不改变。

6.1.2.4　网络进度计划

网络进度计划表示方法有双代号网络图、双代号时标网络图和单代号网络图三种。

网络图是指由箭线和节点组成,用来表示工作流程的有向、有序的网状图形。这种表达方式具有以下优点:能正确地反映工序(工作)之间的逻辑关系;可以进行各种时间参数计算,确定关键工作、关键线路与时差;可以用电子计算机对复杂的计划进行计算、调整

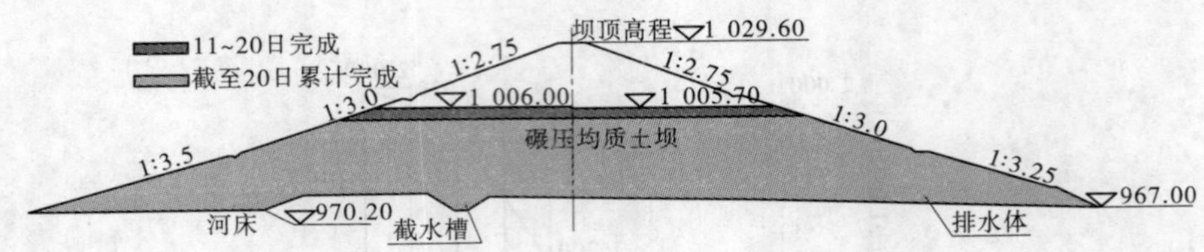

图6-4　某大坝某年某月11~20日形象进度图　(单位:m)

与优化。网络图的种类很多,较常用的是双代号网络图。双代号网络图是以箭线及其两端节点的编号表示工作的网络图。

6.1.2.5　进度里程碑计划

进度里程碑计划是以项目中某些重要事件的完成或开始事件为基准所形成的计划,是一个战略计划或项目框架。它显示了工程项目实现完工目标所必须经过的重要条件和中间状态序列,一般适用于项目的概念性计划阶段,并为详细计划编制中设定里程碑节点提供依据。如表6-1是某隧洞工程进度里程碑计划。

表6-1　某隧洞工程进度里程碑计划

里程碑事件	1月	2月	3月	4月	…	11月	12月
开工(月-日)	01-15						
洞口完成(月-日)		02-10					
隧洞贯通(月-日)					09-30		
衬砌完成(月-日)							12-05

6.1.3　主体工程施工进度计划编制

6.1.3.1　施工总进度计划的编制原则

(1)严格按照竣工投产时间为控制目标,确保工程按期或提前完成。

(2)统筹兼顾,全面安排,主次分明。集中力量,优先保证关键性工程按期完成,并以关键性工程的施工分明和施工程序为主导,协调安排其他单项工程的施工进度,使工程各部分前后兼顾、顺利衔接。

(3)总体先进,又留有余地。从实际出发,在现有的施工力量和技术供应条件下,尽可能选用新技术、新材料、新工艺,优化生产组织和生产工艺流程,力争优质高速施工。同时,要充分认识到水利水电工程施工过程是极其复杂的,其间可能会出现一些不利因素对施工计划的执行造成干扰,因此进度的安排要适当留有余地。尤其是对控制性工程的施工,工期安排不能太紧。

(4)重视各项准备工程的施工进度安排,在主体工程开工前,准备工作应基本完成,及时为主体工程开工创造条件。

(5)把工程质量、工程投资与进度计划的编制结合起来,统一考虑。不能为追求较高的速度而降低施工质量,也不能拖延工期而影响工程及时发挥效益。

6.1.3.2　编制施工总进度计划的具体步骤

在分析研究原始资料的基础上，通常可按下列步骤进行施工总进度的编制。

1. 列出工程项目

列出工程项目，就是将整个工程中的各单项工程、分部分项工程、各项准备工作、辅助设施、结束工作以及工程建设所必需的其他施工项目等一一列出。对一些次要的工程项目，也可以做必要的归并。然后根据这些项目施工的先后顺序和相互联系的密切程度，进行适当的综合排队，依次填入总进度表中。总进度表中工程项目的填写顺序一般是准备工作列第一项，随后列出导流工程（包括基坑排水）、大坝工程及其他各单项工程，最好列出机电设备安装、水库清理及结尾工作。

各单项工程中的分部分项工程一般都按它们的施工顺序列出。例如，大坝工程中可列出基坑开挖、坝基处理、坝身填筑、坝顶工程、金属结构安装等。在列工程项目时，最重要的是不能漏项。

2. 计算工程量

在列出工程项目后，依据列出的项目，计算主要建筑物、次要建筑物、准备工作和辅助设施等的工程量。由于设计阶段基本资料详细程度不同，工程量计算的精确程度也不一样。当没有做出各种建筑物详细设计时，可以根据类似工程或概算指标估算工程量。待有了建筑物设计图纸后，应根据图纸和工程性质，考虑工程分期、施工顺序等因素分别算出工程量。有时根据施工需要，还要算出不同高程、不同桩号的工程量，作出累积曲线，以便分期、分段组织施工。计算工程量通常采用列表方式进行。

3. 初拟各项工程的施工进度

这一步骤是编制施工总进度的主要工作。在初拟各项进度时，一定要抓住关键，合理安排，分清主次，互相配合。要特别注意把与洪水有关、受季节性限制较强的或施工技术复杂的控制性工程的施工进度优先安排好。

对于堤坝式水电枢纽工程，其关键工程一般均位于河床，故施工总进度安排应以导流程序为主线，先将导流工程、围堰截流、基坑排水、坝基开挖、基础处理、施工度汛、坝体拦洪、水库蓄水和机组发电等关键性控制进度安排好，其中还应包括相应的准备工作、结尾工作和辅助工程的进度安排，这样构成整个工程进度计划的轮廓，然后将不直接以水文条件控制的其他工程项目配合安排，即可拟成整个枢纽工程的施工总进度计划草案。

必须指出的是，在初拟控制性进度时，对于围堰截流、蓄水发电等一些关键项目，一定要进行认真的分析论证，在技术措施、组织措施等方面都应该得到可靠的保证。不然延误了截流时机，或者影响了发电计划，将会对整个工期产生巨大的影响，最终造成巨大的国民经济损失。

4. 论证施工强度

在初拟各项工程的进度时，必须根据工程的施工条件和施工方法，对各项工程的施工强度，特别是起控制作用的关键性工程的施工强度进行充分论证，使编制的施工总进度有比较可靠的依据。

论证施工强度一般采用工程类比法，即参考已建的类似工程所达到的施工水平，对比本工程的施工条件，论证进度计划中所拟定施工强度是否合理可靠。

如果没有类似工程可供对比，则应通过施工设计，从施工方法、施工机械的生产能力、施工的现场布置、施工措施等方面进行论证。

在进行论证时，不仅要研究各项工程施工期间所要求达到的平均施工强度，而且要估计施工期间可能出现的不均衡性。因为水利工程施工常受到各种自然条件的影响，如水文、气象等条件，在整个施工期间，要保持均衡施工是比较困难的。

5. 编制劳动力、材料、机械设备等需要量

根据拟定的施工总进度和定额指标，计算劳动力、材料、机械设备等的需要量，并提出相应的计划。这些计划应与器材调配、材料供应、厂家加工制造的交货日期相协调。所有材料、设备尽量均衡供应，这是衡量施工总进度是否完善的一个重要标志。

6. 调整和修改

在完成初拟施工进度后，根据对施工强度的论证和劳动力、材料、机械设备等的平衡，就可以对初拟的总进度做出评价：是否切合实际、各项工程之间是否协调、施工强度是否大体均衡，特别是主体工程要大体均衡。如果有不尽完善的地方，及时进行调整和修改。

以上总进度的具体编制步骤，在实际工作中往往不能机械地划分，而是要相互联系、多次反复修正，才能最后完成。在施工过程中，随施工条件的变化，施工总进度还会不断地调整和修改，用以指导现场施工。

6.1.3.3　坝基开挖与地基处理工程施工进度

(1)坝基岸坡开挖一般与导流工程平行施工，并在河流截流前基本完成。平原地区的水利工程和河床式水电站如施工条件特殊，也可将两岸坝基与河床坝基交叉进行开挖，但以不延长总工期为原则。

(2)基坑排水一般安排在围堰水下部分防渗设施基本完成之后、河床地基开挖前进行。对土石围堰与软质地基的基坑，应控制排水下降速度。

(3)不良地质地基处理宜安排在建筑物覆盖前完成。固结灌浆时间可与混凝土浇筑交叉作业，经过论证，也可在混凝土浇筑前进行。帷幕灌浆可在坝基面或廊道内进行，不占直线工期，并应在蓄水前完成。

(4)两岸岸坡有地质缺陷的坝基，应根据地基处理方案安排施工工期，当处理部位在坝基范围以外或地下时，可考虑与坝体浇筑(填筑)同时进行，在水库蓄水前按设计要求处理完毕。

(5)采用过水围堰导流方案时，应分析围堰过水期限及过水前后对工期带来的影响，在多泥沙河流上应考虑围堰过水后清淤所需工期。

(6)地基处理工程进度应根据地质条件、处理方案、工程量、施工程序、施工水平、设备生产能力和总进度要求等因素研究确定。对处理复杂、技术要求高、对总工期起控制作用的深覆盖层的地基处理应做深入分析，合理安排工期。

(7)根据基坑开挖面积、岩土等级、开挖方法及按工作面分配的施工设备性能、数量等，分析计算坝基开挖强度及相应的工期。

6.1.3.4　混凝土工程施工进度

(1)在安排混凝土工程施工进度时，应分析有效工作天数，大型工程经论证后若需加快浇筑进度，可分别在冬、雨、夏季采取确保施工质量的措施后施工。一般情况下，混凝土

浇筑的月工作日数可按25 d计。对控制直线工期工程的工作日数,宜将气象因素影响的停工天数从设计日历天数中扣除。

(2)混凝土的平均升高速度与坝型、浇筑块数量、浇筑块高、浇筑设备能力以及温控要求等因素有关,一般通过浇筑排块确定。

大型工程宜尽可能应用计算机模拟技术,分析坝体浇筑强度、升高速度和浇筑工期。

(3)混凝土坝施工期历年度汛高程与工程面貌按施工导流要求确定,如施工进度难以满足导流要求,则可相互调整,确保工程度汛安全。

(4)混凝土的接缝灌浆进度(包括厂坝间接缝灌浆)应满足施工期度汛与水库蓄水安全要求,并结合温控措施与二期冷却进度要求确定。

(5)混凝土坝浇筑期的月不均衡系数:大型工程宜小于2、中型工程宜小于2.3。

6.1.3.5　土石坝施工进度

(1)土石坝施工进度应根据导流与安全度汛要求安排,研究坝体的拦洪方案,论证上坝强度,确保大坝按期达到设计拦洪高程。

(2)坝体填筑强度拟定原则如下:

①满足总工期以及各高峰期的工程形象要求,且各强度较为均衡。

②月高峰填筑量与填筑总量比例协调,一般可取1:20～1:40。

③坝面填筑强度应与料场出料能力、运输能力协调。

④水文、气象条件对土石坝各种坝料的施工进度有不同程度的影响,须分析相应的有效施工工日。一般应按照有关规范要求结合本地区水文、气象条件参考附近已建工程综合分析确定。

⑤土石坝上升速度主要受塑性心墙(或斜墙)的上升速度控制,而心墙或斜墙的上升速度又与土料性能、有效工作日、工作面、运输与碾压设备性能以及压实参数有关,一般宜通过现场试验确定。

⑥碾压式土石坝填筑期的月不均衡系数宜小于2.0。

6.1.3.6　地下工程施工进度

地下工程施工进度受工程地质和水文地质影响较大,各单项工程施工程序互相制约,安排时应统筹兼顾开挖、支护、浇筑、灌浆、金属结构、机电设备安装等各个工序。

(1)地下工程一般可全年施工,具体安排施工进度时,应根据各工程项目规模、地质条件、施工方法及设备配套情况,用关键线路法确定施工程序和各洞室、各工序间的相互衔接和最优工期。

(2)地下工程月进度指标根据地质条件、施工方法、设备性能及工作面情况分析确定。

6.1.3.7　金属结构及机电设备安装进度

(1)施工总进度中应考虑预埋件、闸门、启闭设备、引水钢管、水轮发电机组及电气设备的安装工期,妥善协调安装工程与土建工程施工的交叉衔接,并适当留有余地。

(2)对控制安装进度的土建工程(如斜井开挖、支墩浇筑、厂房吊车梁及厂房顶板、副厂房、开关站基础等),交付安装的条件与时间均应在施工进度文件中逐项研究确定。

任务 6.2 施工资源配置计划

6.2.1 劳动力计划

6.2.1.1 劳动力需要量

劳动力需要量指的是在工程施工期间,直接参加生产和辅助生产的整个工程所需总劳动量。水利水电工程施工劳动力包括土建工程、机电设备安装工程、施工工厂、施工交通等方面的施工、管理及后勤服务人员等。劳动力需要量是施工总进度的一项重要指标,也是计算总投资的重要数据之一。

劳动力需要量主要包括施工期高峰劳动力数量(人)、施工期平均劳动力数量(人)和整个工程施工的总劳动量(万工日)。在初步设计阶段,需计算并绘制整个施工期的劳动力需要量曲线,提出以上三项劳动力指标;在方案比较或可行性研究阶段,由于受设计深度限制,一般仅估算高峰和平均劳动力数据。

6.2.1.2 劳动量设计

在设备选择配套基础上,应按工作面、工作班制、施工方法,以混合工种并结合国内平均先进水平进行劳动力优化组合设计。

直接生产人员的计算:根据施工总进度,按分年、分月、分项工程,结合国内平均先进水平配备施工人数,并据此计算施工阶段各年平均和施工总工期年平均直接人员。

间接生产人员的计算:场内主要交通道路、压气、供水、供电主要干线的维护人员,场外运输人员,仓库系统搬运及值班人员,可按有关定额或收集国内类似工程资料分析计算,施工工厂生产人员根据工厂生产规模,按工作班制进行定岗定员计算确定,并据此计算施工阶段各年平均和施工总工期、年平均间接生产人员。

管理人员一般按直接生产人员与间接生产人员之和的6.7% ~10%计列。

施工总人数可取上述三类人员总和乘以系数1.05 ~1.07计列,该系数主要是考虑缺勤人员比例。

施工总工日由施工阶段分年度劳动人数乘各该年工日数之和求得。

6.2.1.3 劳动力定额拟定

劳动力定额是指完成单位工程量所需要的劳动工日。在计算各施工时段所需要的基本劳动力数量时,是以施工总进度为基础,用各施工时段的施工强度乘以劳动定额而定。总进度表上的工程项目,是基本施工工艺环节中各施工工序的综合项目,例如,石方开挖,包括开挖和出渣等;混凝土浇筑,包括砂石料开采、加工和运输,模板,钢筋,混凝土拌和、运输、浇筑和养护等;土石方填筑,包括土料开采、运输、上坝和填筑等;安装工程,包括加工、运输和安装等。所以,计算劳动力所需的劳动力定额主要依据本工程的建筑物特性、施工特性、选定的施工方法、设备规格、生产流程等经过综合分析后拟定。

拟定劳动力定额的步骤如下:

(1)根据施工总进度表上所列的工程项目,分析完成每个项目的全部工序。

(2)根据各工序的施工方法,查国家颁布的有关概预算定额,分列完成单位工程各工序所需要的劳动日数量。

(3)综合各工序的劳动日数量,得单位工程的综合劳动力定额。

为了简化计算工作,可由预算专业提供综合劳动力定额。

6.2.1.4　扩大系数的拟定和选取

用施工强度乘以劳动力定额所求得的劳动力数量为基本劳动力数量,工程实际需要的全部劳动力数量应乘以各项扩大系数。一般情况下,应拟定和选取的扩大系数为:

(1)不均衡系数 K_1。施工总进度表上所表示的施工强度是时段平均强度。实际施工中,施工强度高于或低于平均强度的情况是不可避免的,高峰强度与平均强度之比称为不均衡系数。计算劳动力的不均衡系数不同于工程实际发生的不均衡系数,考虑到劳动力可以灵活调配、施工机械设备效率可以充分发挥等因素,不均衡系数可在 1.10 ~ 1.20 范围内选取。

(2)间接和辅助生产人员系数 K_2。劳动力定额中仅计算了直接参加生产的劳动力,而对外交通运输人员、仓库管理人员、辅助生产技术管理人员等,均未计入劳动力定额,这部分人员的数量用系数 K_2 求得,一般取 0.1 ~ 0.15。对外运输量大、运距远者取大值,机械化程度高者取大值。

(3)其他扩大系数 K_3。总进度表上,一般不能包括全部的工程项目,漏项或不可预见的工程所需要的劳动力用系数 K_3 求得,一般取 0.05 ~ 0.15,根据设计深度和施工总进度安排粗细程度选取。

(4)缺勤增加系数 K_4。基本劳动力需要量曲线是根据施工强度算得的实际需要的出勤劳动力数量,但工人由于请假不能全部出勤,需增加的劳动力数量用系数 K_4 求得,取 0.05 ~ 0.10。高峰时段较短时取小值,单项工程招标时取小值。此系数仅在计算高峰劳动力数量时选用,不乘以劳动力需要量曲线,因为不出勤的人员不创造劳动量。

6.2.1.5　劳动力需要量曲线的计算

1.计算步骤

(1)拟定劳动定额。

(2)以施工总进度表为依据,绘制单项工程的施工进度线,并说明各时段的施工强度。

(3)计算基本劳动力需要量曲线。

(4)乘以各项扩大系数,并列入各时段辅助企业的定员数量。

(5)计算和绘制整个工程的劳动力需要量曲线。

(6)计算和选取劳动力需要量指标。

劳动力需要量曲线计算过程如表 6-2 所示。

表6-2　劳动力需要量曲线计算过程

序号	项目	算式	施工期		
			第一年	第二年	…
【1】	单项工程劳动力数量				
	(1)导流工程				
	(2)大坝工程				
	(3)泄洪工程				
	⋮				
【2】	劳动力需要量基本曲线	(1)+(2)+(3)+…			
【3】	乘以系数 K_1	【2】×K_1			
	乘以系数 K_2	【2】×K_2			
	乘以系数 K_3	【2】×K_3			
【4】	扩大后的劳动力需要量曲线	【2】+【3】			
【5】	辅助企业人员数量				
【6】	最终劳动力需要量曲线	【4】+【5】			

注:1.第【1】项,以施工总进度表为依据,并列出单项工程各施工时段的日平均强度及相应的劳动力定额,以强度乘以定额得单项工程各项目在施工时段的基本劳动力数量,各项目的劳动力数量累加,得单项工程各时段的劳动力数量。

2.辅助企业人员数量,由辅助企业设计提供的施工期历年需要的平均数量。

2.劳动力需要量指标的计算

(1)高峰劳动力数量 N。

$$N = N_1(1 + K_4) \tag{6-1}$$

式中　N_1——劳动力需要量曲线上连续3个月高峰数量的平均值;

K_4——缺勤增加系数。

(2)平均劳动力数量 N_2。

$$N_2 = \sum N / \sum n \tag{6-2}$$

式中　$\sum N$——劳动力需要量曲线上主要施工期内各月的劳动力需要量数量之和;

$\sum n$——主要施工期内的月份数。

施工期历年平均劳动力数量:　$N_3 = \sum N/12$　(6-3)

总劳动量 E(万工日)等于施工期内劳动力曲线所包含的面积。

6.2.1.6　劳动力需要量计划的编制要求

(1)要保持劳动力均衡使用。劳动力使用不均衡不仅会给劳动力调配带来困难,还会出现过多、过大的需求高峰,同时增加了劳动力的管理成本,还会带来住宿、交通、饮食、工具等方面的问题。

(2)根据工程的实物量和定额标准分析劳动需要总工日,确定生产工人、工程技术人员的数量和比例,以便对现有人员进行调整、组织、培训,以保障现场施工的劳动力到位。

(3)要准确计算工程量和施工期限。劳动力管理计划的编制质量不仅与计算的工程量的准确程度有关,而且与工期计划的合理与否有直接的关系。工程量越准确,工期越合理,劳动力使用计划越准确。

6.2.1.7 劳动力配置计划

1.劳动力配置计划的内容

研究制定合理的工作制度与运营班次,根据类型和生产过程特点,提出工作时间、工作制度和工作班次方案。研究员工配置数量,根据精简、高效的原则和劳动定额,提出配备各岗位所需人员的数量,优化人员配置。

2.劳动力配置计划的编制方法

按设备计算定员,即根据机器设备的数量、工人操作设备定额和生产班次等,计算生产定员人数;按劳动定额定员,即根据工作量或生产任务量,按劳动定额计算生产定员人数;按岗位计算定员,即根据设备操作岗位和每个岗位需要的工人数计算生产定员人数;按比例计算定员,即按服务人数占职工总数或者生产人员数量的比例计算所需服务人员的数量;按劳动效率计算定员,根据生产任务和生产人员的劳动效率计算生产定员人数;按组织机构职责范围、业务分工计算管理人员的人数。

6.2.2 材料、构件及半成品需要量计划

6.2.2.1 材料构成

材料计划需要量是材料供应部门和有关加工、生产单位准备并及时供应耗材的依据。水利水电工程使用的材料包括消耗性材料、周转性材料和装置性材料。由于材料品种繁多,且不同设计阶段对材料需要量估算精度的要求不同,一般在初步设计阶段,仅对工程施工影响大,用量多的钢材、木材、水泥、炸药、燃料等材料进行估算。材料构成主要有:

(1)主体工程各单位工程的分项工程量。

(2)各种临时建筑工程的分项工程量。

(3)其他工程的分项工程量。

(4)材料消耗指标一般以定额为准,当有试验依据时以试验指标为准。

(5)各类燃油、燃煤机械设备的使用台班数。

(6)施工方法,原材料本身的物理、化学、几何性质。

6.2.2.2 材料计划的分类

1.按材料使用方向分类

(1)生产材料计划。指施工企业所属工业企业,为完成生产计划而编制的材料需要量计划。例如,周转材料生产和维修、建材产品生产等。其所需材料数量一般是按其生产的产品数量和该产品消耗定额进行计划确定的。

(2)基本建设材料计划。包括企业自身基建项目、承建基建项目的材料计划。其材料计划的编制通常应根据承包协议和分工范围及供应方式编制。

2. 按材料计划用途分类

按照材料计划的用途分类，包括材料需要量计划、临时追加材料计划、申请计划、供应计划、加工订货计划和采购计划。

(1)材料需要量计划。这是材料需用单位根据计划生产建设任务对材料的需求编制的材料计划，是整个国民经济材料计划管理的基础。

(2)临时追加材料计划。由于设计修改或任务调整，原计划品种、规格、数量的错漏，施工中采取临时技术措施，机械设备发生故障需及时修复等，需要采取临时措施解决的材料计划，称为临时追加材料计划。列入临时追加材料计划的材料一般属于急用材料，要作为重点供应。

6.2.2.3 材料分期供应计划

材料分期供应计划按下列步骤进行：

(1)根据施工总进度计划的要求，在主要材料计算和汇总的基础上编制分期供应计划。

(2)材料分期需要量应分材料种类计算分期工程量占总工程量比例，并累计整个工程在各时段中的材料需要量，见表6-3。

表6-3　材料分期需要量

材料种类	单项工程	工程部位材料耗用总量	计算项目	材料分期需要量		
				××××年	××××年	××××年
			分期工程量占总工程量比例			
			材料分期需要量			
			分期工程量占总工程量比例			
			材料分期需要量			
			分期工程量占总工程量比例			
			材料分期需要量			
	小计					

(3)材料供应至工地的时间应早于需要时间，并留有验收、材料质量鉴定、出入库等时间。

(4)如考虑某些材料供应的实际困难，可在适当的时候多供应一定数量，暂时储存以备后用，但储存时间不能超过有关材料管理和技术规程所限定的时间，同时应考虑资金周转等问题。

(5)供应计划应按各种材料品种或规格、产地或来源分列供应数量和小计供应量。

主要材料分期供应量见表6-4。

表 6-4　主要材料分期供应量

材料名称	品种或规格	产地或来源	分期供应量											
			××××年				××××年				××××年			
	小计													
	合计													

6.2.2.4　材料计划的编制原则

1. 综合平衡的原则

编制材料计划必须坚持综合平衡的原则。综合平衡是计划管理工作的一个重要内容，包括产需平衡、供求平衡、各供应渠道间平衡、各施工单位间平衡等。坚持积极平衡，计划留有余地，做好控制协调工作，促使材料合理使用。

2. 实事求是的原则

编制材料计划必须坚持实事求是的原则，材料计划的科学性就在于实事求是，深入调查研究，掌握正确数据，使材料计划可靠合理。

3. 积极可靠、留有余地的原则

做好材料供需原则，是材料计划编制工作中的重要环节。在进行平衡分配时，要做到积极可靠、留有余地。所为积极，就是指标要先进，在充分发挥主观能动性的基础上，经过认真的努力能够完成；所谓可靠，就是必须经过认真的核算，有科学依据；所谓留有余地，就是在分配指标的安排上，要保留一定数量的储备，可以随时应对执行过程中临时增加的需要量。

4. 严肃性和灵活性统一的原则

材料计划对供需两方面都有严格的约束作用，必须具有一定的严肃性，同时建筑施工受着多种主、客观因素的制约，出现变化情况也是在所难免的，所以在执行材料计划中既要讲严肃性，又要适当重视灵活性，只有严肃性和灵活性统一才能保证材料计划的实现。

6.2.2.5　材料计划的编制程序

1. 计算需要量

(1)计算计划期内工程材料需要量。一般均由基层施工用料单位提出，但由于年度计划下达较迟，基层单位任务尚不明确，因此往往由建筑企业材料部门负责计算，具体计算方法有下列几种：

①直接计算法。

直接计算法指用直接资料计算材料需要量的方法，主要有定额计算法和万元比例法两种。

定额计算法：指依据计划任务量和材料消耗定额来确定计划材料需要量的方法。计

算公式为

计划材料需要量 = 计划任务量 × 材料消耗定额

在计划任务量一定的情况下，影响材料需要量的主要因素就是材料消耗定额。如果材料消耗定额不准确，计算出的计划材料需要量就难以准确。

万元比例法：指根据基本建设投资总额和万元消耗材料数量来计算计划材料需要量的方法。这种方法主要是在综合部分使用。计算公式为

计划材料需要量 = 基本建设投资总额 × 万元消耗材料数量

用这种方法计算出的计划材料需要量误差较大，但用于概算基本建设用料，审查基本建设材料计划指标是简便有效的。

②间接计算法。

这是运用一定的比例、系数和经验来估算计划材料需要量的方法。间接计算法分为动态分析法、类比计算法及经验统计法等。

动态分析法：指对历史资料进行分析、研究，找出计划任务量与材料消耗量变化的规律计算计划材料需要量的方法。其计算公式为

计划材料需要量 = 计划任务量/上期预计完成任务量 × 上期预计所消耗材料总量 ×（1 ± 材料消耗增减系数） (6-4)

或 计划材料需要量 = 计划任务量 × 上期预计单位任务材料消耗量 ×（1 ± 材料消耗增减系数）

公式中的材料消耗增减系数，一般根据上期预计消耗量的增减趋势，结合计划期的可能性来确定。

类比计算法：指生产某项产品时，既无消耗定额，也无历史资料参考的情况下，参照同类产品的消耗定额计算计划材料需要量的方法。其计算公式为

计划材料需要量 = 计划任务量 × 类似产品的材料消耗量 ×（1 ± 调整系数） (6-5)

公式中的调整系数可根据两种产品材料消耗量不同的因素来确定。

(2)计算周转材料需要量。周转材料的特点在于周转，根据计划期内的材料分析确定的周转材料总需要量，然后结合工程特点，确定一个计划期内的周转次数，再算出周转材料的实际需要量。

(3)计算施工设备和机械制造的材料需要量。建筑企业自制施工设备一般没有健全的定额消耗管理制度，而且产品也是非定型的多，所以可按各项具体产品，采用直接计算法计算材料的需要量。

(4)计算辅助材料及生产维修用料的需要量。这部分材料数量较小，有关统计和材料定额资料也不齐全，其需要量可采用间接计算法计算。

2. 确定实际需要量

根据各个工程项目计算的需要量，进一步核算各个项目的实际需要量，核算的依据有以下几个方面：

(1)对于一些通用性材料，在工程进行初期阶段，考虑到可能出现的施工进度超额因素，一般都略加大储备，因此其实际需要量就略大于计划需要量。

(2)在工程竣工阶段，因考虑到工完料清场地净，防止工程竣工材料积压，一般是利

用库存控制进料,这样实际需要量要略小于计划需要量。

(3)对于一些特殊材料,为了工程质量要求,往往是要求一批进料,所以计划需要量虽只是一部分,但在申请采购中往往是一次购进,这样实际需要量就要大大增加。

实际需要量的计算公式如下:

$$实际需要量 = 计划需要量 + 计划储备量 - 初期库存量 \tag{6-6}$$

3. 按不同渠道分类编制申请计划

市场开放的经济政策,改变了长期实行统一计划体制的业务程序,不再按行政隶属关系逐级汇总,向上级申请调拨,而是根据工程项目的投资性质和供应渠道,分别按指令性计划渠道、市场采购渠道、建设单位渠道等进行汇总,并分类提出申请计划。

4. 编制供应计划

供应计划是材料计划的实施计划。材料供应部门根据用料单位提报的申请计划及各种资源渠道的到货情况、储备情况,进行总需要量与总供应量的平衡,并在此基础上编制对各用料单位或项目的供应计划,明确供应措施,如利用库存、市场采购、加工订货等。

5. 编制供应措施计划

在供应计划中所明确的供应措施必须有相应的实施计划。例如市场采购,需相应编制采购计划;如加工订货,需有加工订货合同及进货安排计划,以确保供应工作的完成。

6.2.2.6　材料计划的编制方法

1. 项目材料需用计划和申请计划的编制

第一步,材料部门应与生产、技术部门积极配合,掌握施工工艺,了解施工技术组织方案,仔细阅读施工图纸;第二步,根据生产作业计划下达的工作量,结合图纸施工方案,计算施工实物工程量;第三步,查材料消耗定额,计算完成生产任务所需材料品种、规格、数量、质量,完成材料分析;第四步,汇总各操作项目材料分析中材料需要量,编制材料需用计划;第五步,结合项目库存量,计划周转储备量,提出项目用料申请计划,报材料供应部门。

2. 材料供应计划的编制方法

材料供应计划是供应部门把所属需用部门材料申请计划根据生产任务进行核实,结合资源进行汇总,经过综合平衡,提出申请、订货、采购、加工、利库等供应措施。材料供应计划是指导材料供应业务活动的具体行动计划。

材料供应计划综合性强,涉及面广,一般材料供应计划应按以下步骤编制:

(1)做好编制准备工作。

应明确施工任务和生产进度安排,核实项目材料需要量;了解材料预算和分部分项材料需要量及技术要求,掌握现场交通地理条件、材料堆放位置及现场布置。

调查掌握情况,收集信息资料。例如,建安工程合同(协议)和有关供应分工;三大加工构件加工所需原材料的品种、规格型号;根据施工图预算分部分项材料需要量和经营维修材料需要量的品种、规格、型号、颜色、供应时间和施工生产进度、技术要求、施工组织设计和材料预算分析中有关项目,分部分项工程需用的材料数量,三大加工构件加工地点,现场交通地理条件,堆放、布置等;材料质量标准、材料预算单位,以及市场供需动态,商品信息资料等。

分析上期材料供应计划执行情况，通过供应计划执行情况与消耗统计资料，分析供应与消耗动态，检查分析订货合同执行情况、运输情况、到货规律等，以确定本期供应间隔天数与供应进度。分析库存多余和不足，以确定本期库存储备量。

(2)确定材料供应量。

①认真核实汇总各项目材料申请量。了解编制计划所需的技术资料是否齐全；定额采用是否合理；材料申请是否合乎实际，有无粗估冒算、计算差错；材料需用时间、到货时间与生产进度安排是否吻合；品种、规格能否配套。

②预计供应部门现有库存量。由于计划编制均提前，从编制计划时间到计划期初的这段预计期内，材料仍然不断收入和发出，因此预计计划期初库存十分重要。一般计算方法是：

期初预计库存量 = 编制计划时的实际库存 + 预计其计划收入量 - 预计期计划发出量 (6-7)

计划期初库存量预计是否正确，对平衡计算供应量和计划期内的供应效果有一定影响，预计不准确，少了，将造成数量不足，供需脱节而影响施工；反之，数量多了，会造成超储而积压资金。所以，正确预计期初库存量，必须对现场库存实际资源、订货、调剂拨入、采购收入、在途材料、待验收，以及施工进度预计消耗、调剂拨出等数据都要认真核实。

③根据生产安排和材料供应周期计算计划期末库存量，也叫周转储备量。合理地确定材料周转储备量，指计划期末的材料周转储备，即为下一期初考虑的材料储备。要根据供求情况的变化，合理计算间隔天数、市场信息等，以求得合理的储备量。

④确定材料供应量。

材料供应量 = 材料申请量 - 期初库存量 + 期末库存量 (6-8)

上述四个数量也称为编制供应计划的四要素。

⑤根据材料供应量和可能获得资源的渠道确定供应措施，如申请、订货、采购、建设单位供料、利库、加工、改代等，并与资金进行平衡，以利计划实现。

3. 材料采购及加工订货计划的编制

材料采购及加工订货计划是材料供应计划的具体落实计划。按照供应措施，完成采购及加工订货任务。其编制程序为：

(1)了解供应项目需求特点及质量要求，确定采购及加工订货材料品种、规格、质量和数量，了解材料使用时间，确定加工周期和供应时间。

(2)确定加工图纸或加工样品，并提出具体加工要求。如有必要，可由加工厂家先期提供加工试验品，在需用方认同情况下再批量加工。

(3)按照施工进度和经济批量的确定原则，确定采购批量，同时确定采购及加工订货所需资金及到位时间。

6.2.2.7 材料计划的实施

材料计划的编制只是计划工作的开始，而更重要的工作还在计划编制以后，就是材料计划的实施，所以材料计划的实施是材料计划工作的关键。

1. 组织材料计划的实施

材料计划工作是以材料需要量计划为基础的，因此材料管理的首要任务是满足施工

生产需要,材料需要量计划确定了计划期的需要量,其他各个环节就可围绕这个需用总目标,拟定本部门的任务和措施,如采购部门可确定采购量、供应部门可确定供应量、运输部门可确定运输总量、仓储部门可确定资金使用量等,然后通过材料流转计划,把这许多有关部门联系成一个整体。因此,材料流转计划是企业材料经济活动的主导计划,可使企业材料系统的各部门不仅了解本系统的总目标和本部门的具体任务,而且了解各部门在完成任务中的相互关系,组织各部门从满足施工需要总体要求出发,采取有效措施,保证各自任务的完成,从而保证了材料计划的实施。

2. 协调材料计划实施中出现的问题

材料计划在实施中常会受到内部或外部的各种因素的干扰,影响材料计划的实现,一般有以下几种因素:

(1)施工任务的改变。在计划实施中施工任务的改变一般指临时增加任务或临时消减任务。施工任务的改变一般是由于国家基建投资计划的改变、建设单位计划的改变或施工力量的调整等,因而材料计划亦应做相应调整,否则就要影响材料计划的实现。

(2)设计变更。在工程筹措阶段或施工过程中,往往会遇到设计变更,影响材料的需用数量和品种、规格,必须及时采取措施,进行协调,尽可能减少影响,以保证材料计划执行。

(3)到货合同或加工厂的加工情况发生了变化,因而影响材料的及时供应。

(4)施工进度计划的提前或推迟,也会影响到材料计划的正确执行。

为了做好协调工作,必须掌握动态、了解材料系统各个环节的工作进程,一般通过统计检查、实地调查、信息交流等方法,检查各有关部门对材料计划的执行情况,及时进行协调,以保证材料计划的实现。

3. 建立计划分析和检查制度

为了及时发现计划执行中的问题、保证计划的全面完成,建筑企业应从上到下按照计划的分级管理职责,在检查反馈信息的基础上进行计划的检查与分析。一般应建立以下几种计划分析和检查制度:

(1)现场检查制度。是指基层领导人员应经常深入施工现场,随时掌握生产进行过程中的实际情况,了解工程形象进度是否正常,资源供应是否协调,各专业队、组是否达到劳动定额及完成任务的好坏,做到及早发现问题,及时加以处理解决,并按实际情况向上一级生产会议反映。

(2)定期检查制度。是指建筑企业各级组织机构应有定期的生产会议制度,检查与分析计划的完成情况。一般公司级生产会议每月2次,工程处一级生产会议每周1次,施工队则每日应有生产碰头会。通过这些会议检查分析工程形象进度、资源供应及各专业队、组完成定额的情况等,做到统一思想、统一认识、统一目标,及时解决各种问题。

(3)统计检查制度。统计是检查企业计划完成情况的有力工具,是企业经营活动各方面在时间和数量方面的计算反映。它为各级计划管理部门了解情况、决策、指导工作、制订和检查计划提供可靠的数据。通过统计报表和文字分析,及时准确地反映计划完成的程度和计划执行中的问题,作为反映基层施工中的薄弱环节、揭露矛盾、研究措施、监督计划和分析施工动态的依据。

4. 计划的变更和修订

实践证明,材料计划的变更是常见的、正常的。材料计划的多变,是由它本身的性质所决定的。计划总是人们在认识客观世界的基础上制订出来的,它受人们的认识能力和客观条件制约,所以编制出的计划质量就会有差异,计划与实际脱节往往不可能完全避免,一经发现,就应调整原计划。

(1)任务量变化。任务量是确定材料需要量的主要依据之一,任务量的增加或减少,都将相应地引起材料需要量的追加和减少,在编制材料计划时,不可能将计划任务变动的各种因素都考虑在内,只有待问题出现后,通过调整原计划来解决。

(2)设计变更。这里分以下三种情况:

第一,在项目施工过程中,由于技术革新,增加了新的材料品种,原计划需要的材料出现多余,就要减少需要量;或者根据用户的意见对原计划方案进行修订,则需要材料品种和数量都将发生变化。

第二,在基本建设中,由于编制材料计划时,图纸和技术资料尚不齐全,原计划实属匡算需要,待图纸和资料到齐后,材料实际需要量常与原匡算情况有所出入。这时也需要调整材料计划。同时,由于现场地质条件及施工中可能出现的变化因素,需要改变结构,改变设备型号,材料计划调整不可避免。

第三,在工具和设备修理中,编制计划时很难预计修理需要的材料,实际修理需要的材料与原计划中申请材料常常有所出入,调整材料计划完全有必要。

(3)工艺变动。设计变更必然引起工艺变更,当然需要的材料就不一样。设计未变,但工艺变了,加工方法、操作方法变了,材料消耗可能与原来不一样,材料计划也要做相应调整。

材料计划的变更及修订主要有以下三种方法:

第一,全面调整或修订。这主要是指材料资源和需要量发生了大的变化时的调整,如上述的自然灾害、战争或经济调整等,都可能使材料资源和需要量发生重大变化,这时需要全面调整计划。

第二,专项调整或修订。这主要是指由于某项任务的突然增减;或由于某种因素,工程提前或延后施工;或生产建设中出现突然情况等,使局部资源和需要量发生了较大变化,为了保证生产建设不断地进行,需要做专项调整或修订。这种调整属于局部性的,一般用待分配材料安排或在年初解决,必要时通过调整供销计划解决。

第三,经常调整或修订。若生产和施工过程中,临时发生变化,就必须临时调整,这种调整也属于局部性调整,主要通过调整材料供销计划来解决。

6.2.3 施工机械需要量计划

6.2.3.1 施工机械设备的选择

施工机械,尤其是先进的机械设备能保证水利水电工程快速、高效、优质地施工,大型先进的机械设备在现代水利水电工程施工中起着越来越重要的作用。

正确选择施工机械设备能使施工方案技术上先进、经济上合理,能保证施工质量、提高劳动生产率、加快施工进度,施工机械设备的选择主要取决于施工方案。

(1)适应工程条件,符合设计和施工的要求,保证工程质量、生产能力满足施工强度要求。选择的机械类型必须符合施工现场的地质、地形条件及工程量和施工进度的要求等。为保证施工进度和提高经济效益,工程量大的采用大型机械,否则选用小型机械,但这并不是绝对的。

(2)设备性能机动、灵活、高效、能耗低、运行安全可靠。选择机械时要考虑到各种机械的合理组合,这是决定所选的施工机械能否发挥效率的重要因素。合理组合主要包括主机与辅助机械在台数和生产能力的相互适应以及作业线上的各种机械相配套的组合。首先,主机与辅助机械的组合必须保证在主机充分发挥作用的前提下,考虑辅助机械的台数和生产能力;其次,一种机械施工作业线是几种机械联合作业组合成一条龙的机械化施工,几种机械的联合才能形成生产能力。如果其中某一种机械的生产能力不适应作业线上的其他机械的生产能力或机械可靠性不好,都会使整条作业线的机械不能发挥作用。

(3)通用性强,能满足在先后施工的工程项目中重复使用。

(4)设备购置及运行费用较低,易获得零配件,便于维修、保养、管理和调度。施工机械固定资产损耗费(折旧费、大修理费等)与施工机械的投资成正比,运行费(机上人工费、燃油费等)可以看作与完成的工程量成正比。这些费用是在机械运行中重点考虑的因素。大型机械需要的投资大,但如果把它分摊到较大的工程量中,对工程成本的影响就很小。所以,大型工程选择大型施工机械是经济的。为降低施工运行费,不能大机小用,一定要以满足施工需要为目的。

6.2.3.2　机械台班数的确定

1.各施工过程机械台班数计算

机械台班数应当根据工程量、施工方法和现行的施工定额,并结合当时当地的具体情况确定。

$$P = \frac{Q}{S} \quad 或 \quad P = QH \tag{6-9}$$

式中　P——完成某施工过程所需的机械台时数;

Q——完成某施工过程所需的工程量;

S——某施工过程所采取的产量定额;

H——某施工过程所采取的时间定额。

2.每个班组所需机械台数计算

根据要求的开、竣工时间和施工经验,确定各分部分项工程施工时间,然后按分部分项工程所需机械台班数,确定每一分部分项工程每个班组所需的机械台数。

$$R = \frac{P}{tmk} \tag{6-10}$$

式中　R——每班安排在某分部分项工程上的施工机械台数;

p——完成某分部分项施工过程所需的机械台时数;

t——完成某分部分项施工过程的天数;

m——每天工作班次;

k——每班工作时间。

6.2.3.3　**施工机械设备平衡**

施工机械设备平衡的目的是在保证施工总进度计划的实施、满足施工工艺要求的前提下,尽量做到充分发挥机械设备的能效、配备齐全、数量合理、管理方便和技术经济效益显著,并最终反映到机械类型、型号的改变、配置数量上的变化。一般情况下,施工机械设备平衡的主要对象是主要的土石方机械、运输机械、混凝土机械、起重机械、工程船舶、基础处理机械和主要辅助设备等七大类不固定设置的机械。

施工机械设备平衡的主要内容是同类型的机械设备在使用时段上的平衡。在施工机械设备选型后,应进行主要施工机械设备的汇总工作。汇总时按各单位工程或辅助企业汇总机械设备的类型、型号、使用数量,分别了解使用时段、部位、施工特点及机械使用特点等有关资料,同时应注意不同施工部位、不同类型或型号的互换平衡。机械设备平衡内容与平衡原则见表6-5。

表6-5　机械设备平衡内容与平衡原则

<table>
<tr><th colspan="2" rowspan="2">平衡内容</th><th colspan="2">平衡原则</th></tr>
<tr><th>施工单位不明确</th><th>施工单位明确</th></tr>
<tr><td colspan="2">使用的平衡</td><td>由大型、高效机械充当骨干
中、小型机械起填平补齐的作用</td><td>现有大型机械充当骨干,同时注意旧机械更新</td></tr>
<tr><td colspan="2">型号上的平衡</td><td>型号尽力简化,以高效能、灵活机械为主;注意一机多能;大、中、小型机械保持适当比例</td><td>使现有机械配套</td></tr>
<tr><td colspan="2">数量上的平衡</td><td>数量合理</td><td>减少机械数量</td></tr>
<tr><td colspan="2">时间上的平衡</td><td colspan="2">利用同一机械在不同时间、作业场所发挥作用</td></tr>
<tr><td colspan="2">配套平衡</td><td colspan="2">机械设备配套应由施工流程确定。多功能、服务范围广的机械应与大多数作业的其他机械配套选择;施工机械应与相应的检修、装拆设施水平相适应</td></tr>
<tr><td rowspan="3">其他</td><td>机械拆迁</td><td colspan="2">减少重型机械的频繁拆迁、转移</td></tr>
<tr><td>维修保养</td><td colspan="2">配件来源可靠、有与之相应的维修保养能力</td></tr>
<tr><td>机械调配</td><td colspan="2">有灵活、可靠的调配措施</td></tr>
</table>

6.2.3.4　**施工机械设备需要量**

主要工程的机械需要量要根据施工总进度计划、主要单位工程施工方案和工程量,并参考机械产量定额求得;辅助机械需要量可根据建筑安装工程每10万元扩大概算指标求得;运输机具需要量可根据运输量计算。

计算机械总需要量时,应注意以下几个问题:

(1)总需要量应在机械设备平衡后汇总数量的基础上进行计算。

(2)同一作业可由不同类型或型号的机械互代(容量互补),且条件允许时,备用系数可适当降低。

(3)对于生产均衡性差、时间利用率低、使用时间不长的机械,备用系数可以适当降低。

(4)风、水、电机械设备的备用量应专门研究。

(5)确定备用系数时,应考虑设备的新旧程度、维修能力、管理水平等因素,力争做到切合实际情况。

施工机械设备总需要量可按下式计算:

$$N = \frac{N_0}{1 - \eta} \tag{6-11}$$

式中　N——某类型或型号机械设备总需要量;

N_0——某类型或型号机械设备平衡后的历年最高使用数量;

η——备用系数,可参考表6-6选用。

表6-6　备用系数 η 参考值

机械类型	η	机械类型	η
土石方机械	0.10~0.25	运输机械	0.10~0.25
混凝土机械	0.10~0.15	起重机械	0.10~0.20
船舶	0.10~0.15	生产维修设备	0.04~0.08

机械设备平衡后,考虑备用系数确定总需要量后,制定机械设备需要量汇总表,包括主要的、配套的全部机械设备,见表6-7。

表6-7　机械设备需要量汇总表

编号	施工机械设备名称及型号	功率(kW)	制造厂家	总需要量	现有数量	尚缺数量		
						新购	调拨	总数量
设备总量								

6.2.3.5　施工机械设备需要量分期供应计划

制作施工机械设备需要量分期供应计划表时,应注意以下几点:

(1)分年度供应计划在机械设备平衡内容与原则表、平衡后的机械设备需要量汇总表的基础上编制,反映机械进场的时间要求。

(2)分年度供应计划应分类型列表、分类型小计。

(3)供应时间应早于使用时间,从机械设备全部运抵工地仓库时起至能实际运用,应包括清点、组装、试运转等时间。对于技术先进的机械设备,还应包括技术工人培训时间。

(4)考虑设备进场以及其他实际问题,备用数量可分阶段实现,但供应数量不得低于实际使用量。

(5)制订分年度供应计划,应对设备的来源进行调查。当供应型号不能满足要求时,应与专业设计人员协商调整型号。

(6)机械设备来源包括自备、国产、进口、租赁等。

施工机械设备分期需要量表见表6-8。

表6-8 施工机械设备分期需要量表

序号	设备类型	设备名称	设备来源	规格型号	数量	功率(kW)	需要量计划							
							××××年				××××年			
							1	2	3	4	1	2	3	4
1														
2														
⋮														
合计														

能力训练

一、单选题

1. 下列关于编制施工总进度计划说法正确的是(　　)。

A. 安排施工进度要用横道图表达

B. 工程量按施工图纸和预算定额进行计算

C. 各单位工程施工期限要根据施工单位的具体情况确定

D. 工程项目一览表中项目划分应尽量细化

2. 工程设计和施工阶段常采用的施工总进度计划的表示方法包括(　　)等。

A. 横道图　　B. 工程进度曲线　　C. 网络进度计划　　D. 形象进度图

二、简答题

1. 请写出施工总进度计划的编制步骤。

2. 请写出施工总进度计划的表示方法,并查阅资料,练习用其中的一种方法编写施工总进度计划。

3. 施工进度的表示形式有哪些? 各自优缺点是什么?

4. 工程建设如何分期?

5. 简述施工总进度的具体编制步骤。

6. 简述劳动力计划的编制过程。

项目7 施工总体布置

【学习目标】

1. 知识目标:了解各类工程主要施工布置要点。
2. 技能目标:能制定中、小型水利工程施工现场布置方案。
3. 素质目标:①认真细致的工作态度;②严谨的工作作风。

任务7.1 施工总体布置的控制指标、场地选择

施工总体布置方案应遵循因地制宜、因时制宜、有利生产、方便生活、易于管理、安全可靠、经济合理等原则,经全面系统比较论证后选定。

7.1.1 施工总体布置控制指标

(1)交通道路的主要技术指标,包括工程质量、造价、运输费及运输设备需要量。

(2)各方案土石方平衡计算成果,场地平整的土石方工程量和形成时间。

(3)风、水、电系统管线的主要工程量、材料和设备等。

(4)生产、生活福利设施的建筑物面积和占地面积。

(5)有关施工征地移民的各项指标。

(6)施工工厂的土建、安装工程量。

(7)站场、码头和仓库装卸设备需要量。

(8)其他临建工程量。

7.1.2 施工总体布置及场地选择

施工总体布置应该根据施工需要分阶段逐步形成,满足各阶段施工需要,做好前后衔接,尽量避免后阶段拆迁。初期场地平整范围按施工总体布置最终要求确定。

7.1.2.1 施工总体布置应遵循的原则

(1)贯彻执行合理利用土地的方针。

(2)因地制宜、因时制宜、有利生产、方便生活、易于管理、安全可靠、经济合理。

(3)注重环境保护、减少水土流失。

(4)充分体现人与自然的和谐相处。

7.1.2.2 施工总体布置的主要研究事项

(1)施工临时设施项目的组成、规模和布置。

(2)对外交通衔接方式、站场位置、主要交通干线及跨河设施的布置情况。

(3)可利用场地的相对位置、高程、面积。

(4)供生产、生活设施布置的场地。

(5)临建工程和永久设施的结合。

(6)应做好土石方挖填平衡,统筹规划堆渣、弃渣场地;弃渣处理应符合环境保护及水土保持要求。

若枢纽附近场地狭窄、施工布置困难,则可采用适当利用或重复利用库区场地,布置前期施工临建工程,充分利用山坡进行小台阶式布置;提高临时房屋建筑层数和适当缩小间距;利用弃渣填平河滩或冲沟作为施工场地。

7.1.3 施工分区规划

7.1.3.1 施工总体布置分区

(1)主体工程施工区。

(2)施工工厂区。

(3)当地建材开采区。

(4)仓库、站、场、厂、码头等储运系统。

(5)机电设备、金属结构和大型施工机械设备安装场地。

(6)工程弃料堆放区。

(7)施工管理及生活营区。

要求各分区间交通道路布置合理、运输方便可靠、能适应整个工程施工进度和工艺流程要求,尽量避免或减少反向运输和二次倒运。

7.1.3.2 施工分区规划布置原则

(1)以混凝土建筑物为主的枢纽工程,施工区布置宜以砂石料开采、加工及混凝土拌和浇筑系统为主;以当地材料坝为主的枢纽工程,施工区布置宜以土石料采挖、加工、堆料场和上坝运输线路为主。

(2)机电设备、金属结构安装场地宜靠近主要安装地点。

(3)施工管理及生活营区的布置考虑风向、日照、噪声、绿化、水源水质等因素,与生产设施应有明显界限。

(4)主要物资仓库、站、场等储运系统宜布置在场内外交通衔接处。

(5)施工分区规划布置考虑施工活动对周围环境的影响,避免噪声、粉尘等污染对敏感区(如学校、住宅区等)的危害。

(6)油料库、危险品、火工品远离生活和生产区。

(7)计量设备布置在由场外进入场内的道路入口处。

(8)生产设施如预制构件加工、木材加工和钢筋加工一般靠近布置。

(9)堆料场一般与混凝土拌和系统靠近布置,拌和系统宜靠近主体建筑物。

(10)汽车机械修配厂的场址宜靠近施工现场。

任务7.2 施工总体布置实例

三峡水利枢纽是当今世界上最大的水利枢纽工程,它位于长江三峡的西陵峡中段,坝址在湖北宜昌三斗坪。工程由大坝及泄水建筑物、厂房、通航建筑物等组成,具有防洪、发

电、航运、供水等巨大的综合利用效益。坝顶高程 185 m，坝长 2 309.47 m，总库容 1 820 万 m^3，总装机容量 1 820 万 kW。

三峡水利枢纽大坝为混凝土重力坝，左右两岸布置水电站厂房，左岸布置升船机和永久船闸。主体建筑物土石方开挖 10 400 万 m^3、填方 4 149.2 万 m^3、混凝土 2 671.4 万 m^3。

初步设计推荐的施工总进度安排仍按三期施工。施工准备及一期工程 5 年、二期工程 6 年、三期工程 6 年，总工期 17 年。一期工程主要围护右岸，挖明渠，建纵向围堰；二期工程围护左岸，主河床施工，修建溢流坝及左厂房；三期工程围护右岸，主要施工右厂房。

三峡工程施工的总体布置如图 7-1 所示。

7.2.1　场地布置条件

坝址河流宽阔，两岸低山丘陵，沟谷发育。右岸沿江有 75 ~ 90 m 高程带状台地，坝线下游沿江 6 km 范围内有三斗坪、高家冲、白庙子、东岳庙、杨家湾等场地；上游有徐家冲、茅坪等缓坡地可资利用。左岸台地较少，而冲沟较发育，坝线下游 7 km 范围内有覃家沱、许家冲、陈家冲、瓦窑坪、坝河口、杨淌河等较大冲沟，山脊普遍高程为 100 ~ 140 m，沟底高程为 78 ~ 90 m；另有面积约 100 万 m^2 的陈家坝滩地，地面高程 65 m 左右；坝线上游有刘家河、苏家坳等场地。左右岸共有可利用场地 15 km^2，可满足施工场地布置要求。

7.2.2　场地布置原则

(1) 主要施工场地和交通道路布置在 20 年一遇洪水位 77 m 高程以上。

(2) 以宜昌市为后方基地，充分利用已建施工工厂、仓库、车站、码头、生活系统。坝址附近主要布置砂石、混凝土拌和及制冷系统，机电设备、金属结构安装基地，汽车机械保养、中小修配加工企业和办公生活房屋。

(3) 由于两岸都布置有主体建筑物，左岸尤为集中，故采用两岸布置并以左岸为主的方式。

(4) 生产区与生活区相对分开。

(5) 节约用地，多利用荒山坡地布置施工工厂和生活区，利用基坑开挖弃渣填滩造地，布置后期使用的安装基地和施工设施。

(6) 根据主体工程高峰年施工需要，坝区布置相应规模的生产、交通、生活、服务系统，按两岸采用公路运输方式进行施工总体规划。

7.2.3　左岸布置

(1) 覃家沱—古树岭区。

该区是左岸前方施工主要基地。布置有 120 m 高程、82 m 高程及 98.7 m 高程三个混凝土生产系统。120 m 高程混凝土系统设 4 m × 4 m 和 6 m × 4 m 拌和楼各 1 座，供应大坝 120 m 高程以上及临时船闸、升船机和永久船闸一部分混凝土浇筑；82 m 高程混凝土系统设 4 m × 4 m 和 6 m × 3 m 拌和楼各 1 座，供应溢流坝、厂房坝段下游面 120 m 高程以下部位和电厂混凝土浇筑；98.7 m 高程混凝土系统设 2 座 4 m × 3 m 拌和楼，月产量 20 万m^3，供应永久船闸混凝土浇筑。各混凝土系统分设水泥、粉煤灰储存罐及供风站。古

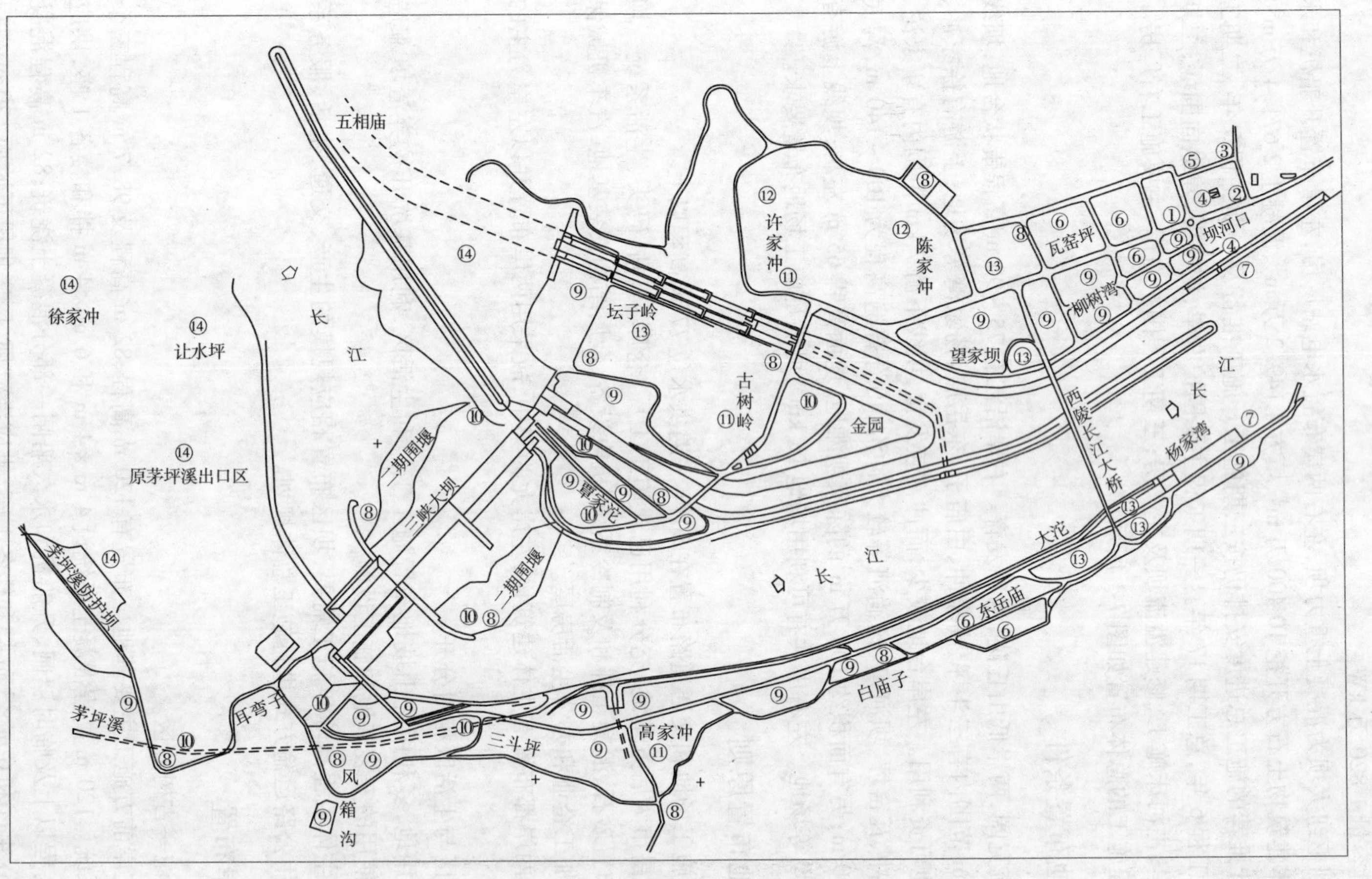

①—建设指挥中心；②—接待中心；③—培训中心；④—体育设施；⑤—急救中心；⑥—办公生活区；⑦—港口码头；⑧—变电所；⑨—生产区；⑩—混凝土拌和系统；⑪—混凝土骨料加工系统；⑫—利用料堆场；⑬—绿化区；⑭—弃渣场

图 7-1 三峡工程施工的总体布置

树岭布置人工骨料加工系统，设备生产能力为2 108 m^3/h，承担左岸4个混凝土生产系统砂石料供应。

(2)刘家河—苏家坳区。

该区是左岸坝上游施工基地，苏家坳90 m高程布置4 m×3 m及4 m×6 m拌和楼各1座，供应溢流坝、厂房坝段上游面和混凝土纵向围堰90 m高程以上混凝土浇筑。刘家河、瞿家湾一带为弃渣场和二期围堰土石料备料堆场，弃渣量约600万 m^3。上游引航道130 m平台至左坝头185 m平台一带在弃渣场上布置有钢筋、混凝土预制、木材加工厂、机械修配厂、汽车停放保养场及承包商营地等。

(3)陈家坝—望家坝区。

除望家坝约1万 m^2地面高程在70 m以上外，其余约在60 m高程，葛洲坝蓄水后常年被淹。作为左岸主要弃渣场，结合主体工程弃渣填筑场地，布置后期使用的企业，如金属结构、压力钢管安装场和机电设备仓库，以及二期围堰土石料堆场，弃渣容量约1 600万 m^3。

(4)许家冲—黎家湾区。

许家冲、陈家冲布置容量约800万 m^3的岩石利用料堆场及220 kV施工变电所，柳树湾布置生产能力为200 m^3/h的前期砂砾料加工系统；黎家湾布置物资仓库、材料仓库和承包商营地等。

(5)瓦窑坪—坝河口区。

该区为左岸主要办公生活区，布置有业主、监理、设计、施工办公、生活各类设施，建有高水准的餐厅、医院、体育场馆、公园、游泳池、接待中心等，是三峡坝区的办公、商业、文化中心。

(6)坝河口—大象溪区。

该区是对外交通与场内交通相衔接的区域，沿江峡大道布置有政府有关部门办事机构、保税仓库、鹰子嘴水厂、临时砂石码头、重件杂货码头；大象溪布置储量为8 000 t的油库；杨淌河布置前期临时货场、临时炸药库和爆破材料储放场地。

7.2.4 右岸布置

(1)徐家冲—茅坪区。

徐家冲弃渣场弃渣容量约1 600万 m^3，谢家坪弃渣容量约450万 m^3。此两处为右岸主要弃渣场。茅坪溪布置围堰备料场、围堰施工土石料堆场和茅坪溪防护大坝施工承包商营地。

(2)三斗坪—高家冲区。

该区是右岸前方主要施工基地。青树湾布置85 m高程和120 m高程混凝土系统。85 m高程布置4 m×3 m拌和楼2座和6 m×3 m拌和楼1座，担负混凝土纵向围堰和导流明渠上游碾压混凝土围堰58 m和50 m高程以下混凝土浇筑，二期拆迁至左岸的75 m和79 m高程混凝土系统安装使用，三期工程在84 m高程布置2座4 m×3 m拌和楼，担负右岸大坝85 m高程以下和水电站厂房及三期上游横向混凝土围堰浇筑，120 m高程新建4 m×3 m和6 m×4 m拌和楼各1座，担负三期碾压混凝土围堰、明渠坝段和厂房的混凝土供应。枫箱沟布置生产能力为 815 m^3/h 的砂石加工系统和砂石料堆场；高家冲、鸡公岭可弃渣 680 万 m^3，布置容量为 3 000 万 m^3 的基岩利用料堆场；三斗坪布置汽车停放场、施工机械停放场、金属结构拼装场、基础处理基地；高家冲口布置生产能力为 200 m^3/h砂砾料加工系统、机电设备库、实验室等。

(3)白庙子—东岳庙区。

白庙子布置混凝土预制、钢筋、木材加工厂、水厂、消防站、建材仓库和物资仓库；东岳庙布置葛洲坝集团办公生活中心营地；江边布置船上水厂基地和砂石码头。

(4)杨家湾区。

该区布置对外交通水运码头、水泥和粉煤灰中转储存系统，右桥头布置有桥头公园。

7.2.5　场内交通

三峡场内运输总量约 53 850 万 t，其中汽车运输量约 38 210 万 t。共兴建公路约 108 km，大、中型公路桥梁 6 座，总长约 1 700 m。根据坝区场地条件，考虑结合城镇发展，布置公路主干线连通施工辅助企业、仓库、生活区。左岸布置有江峡大道、江峡一路两条纵向主干道，坝址上下游交通在临时船闸运行后由苏覃路改经苏黄路；右岸布置西陵大道，在导流明渠边坡加宽马道，以沟通坝区上下游交通。

为满足施工期和未来两岸交通运输需要，在距坝轴线约 4 km 的望家坝—大沱修建西陵长江公路大桥。因三峡工程分期导流及航运需要，要求河床最好不建桥墩，经长期研究、比较，选定悬索桥，主跨约 900 m，跨越下航道隔流堤，总长约 1 450 m。根据泥沙模型试验和实测资料，左岸滩地普遍淤积厚度较大，因此港口集中布置于右岸杨家湾，港区岸线约 1 km，布置水泥、重件、杂货、客运等 4 座码头；左岩设重件码头，兼作杂货码头。

工程施工初期，于右岸茅坪、三斗坪和丝瓜槽，左岸覃家沱、坝河口、小湾和乐天溪共设置 7 座临时简易码头，担负两岸临时交通汽渡和施工机械设备进场运输。

7.2.6　办公生活布置

初步设计文件估算施工高峰期职工人数 42 700 人。在坝区居住的 39 700 人共需修建办公生活房屋建筑面积 66 万 m^2，其中生活 44.5 万 m^2、公共房屋 13.7 万 m^2、办公房屋 7.8 万 m^2。右岸集中布置于东岳庙、高家冲两处，占地面积分别约 25 万 m^2和 7 万 m^2；左岸集中布置于瓦窑坪一带，洞湾布置部分前期办公生活房屋。实施结果比原设计数字少一些，但大多数房屋与永久使用相结合。

7.2.7　场地排水与环保

场内集水面积约 63 km^2，设计排水量采用 10 年一遇小时降雨量 80 mm 标准。以暗排为主，管网结构为箱涵或涵管，分区形成独立排水系统。考虑到施工附属企业一般不产生严重有害废水，施工期暂按混流制，即雨水、污水合用同一排水管道直接排入长江。排污管道与雨水道同时建成，先将排污管道封闭，工程建成后再改分流制，污水经处理后排入长江。各小区利用地形或行道树形成分隔带，降低噪声和减少灰尘，空地尽可能保留原有植被，场地绿化除选择适合地方重点绿化外，生产、生活小区利用零散场地植树种花进

行绿化。晴天或干燥季节施工要求路面洒水降尘。

7.2.8 施工布置的特点与经验教训

三峡工程规模巨大,项目和标段繁多,施工总体布置的核心内容是如何适应这些项目及标段对施工场地、道路等方面的要求。三峡工程的施工总体布置在兼顾诸多因素的条件下满足了区域经济发展和国家宏观经济发展进程。

(1)施工总体布置格局较好地适应了施工管理模式和生产力水平。以左岸为主、右岸为辅,生产区、生活区相对分开。西陵大桥以上布置施工区,主要包括混凝土生产系统、弃渣、综合加工厂、临时营地等;江峡大道以右布置仓储区及辅助工厂;西陵大桥以下,江峡大道与江峡一路间布置办公生活服务设施。右岸高家溪以上布置施工区,高家溪以下布置办公生活区及仓储、服务设施等。

(2)施工交通规划和道路技术标准较合理,施工期间基本无交通堵塞和道路返修现象。

(3)施工场地排水规划保障了坝区排水通畅。雨水与污水排放系统布置考虑近期与远期相结合。

(4)施工景观布置与环境保护相结合。各小区利用行道树形成分隔带,空地尽可能保留原有植被,场地绿化除选择适当地方重点绿化外,生产、生活小区利用零散场地植树种花进行绿化,降低了噪声和减少了灰尘,形成了良好的生产、生活环境。

另外,根据工程施工实践,三峡工程施工总体布置在施工征地和考虑地方交通方面还有待改进。

能力训练

简答题

1. 施工总体布置控制指标有哪些?
2. 施工总体布置应着重研究哪些内容?
3. 施工总体布置一般有哪些分区?
4. 施工分区规划布置原则是什么?

第3部分 施工管理

项目8 施工质量管理

【学习目标】

1. 知识目标：①了解质量管理体系；②了解施工质量管理方法；③了解水利水电工程质量事故及质量评定、验收标准。

2. 技能目标：①能查阅相关标准；②能识别工程质量事故；③能结合质量评定标准进行工程质量评定。

3. 素质目标：①认真细致的工作态度；②严谨的工作作风；③严守纪律、法纪的优良品质。

任务8.1 质量管理体系

8.1.1 ISO9000族质量管理体系

"ISO9000族质量管理体系标准"不是一个标准而是一类标准的统称，是指由国际标准化组织(International Organization for Standardization, ISO)中的质量管理和质量保证技术委员会(简写为ISO/TC176)制定并发布的所有标准，"9000"是标准的编号。

ISO9000族系列标准总结了工业发达国家现今企业的质量管理实践经验，统一了质量管理的术语和概念，给出了一套系统和科学的管理体系实施要求、评价方法和指南，推动了组织的资料管理，在实现组织质量目标方面发挥了显著作用，普遍提高了产品质量和顾客满意程度。

8.1.2 质量管理体系文件

质量管理体系文件的编制应在满足标准要求、确保控制质量、提高组织全面管理水平的情况下，建立一套高效、简单、实用的质量管理体系文件。质量管理体系文件由质量手册、质量管理体系程序、质量计划和质量记录等文件组成。

8.1.2.1 质量手册

质量手册是组织质量管理工作的"基本法"，是组织最重要的质量法规性文件。质量手册应阐述组织的质量方针，概述质量管理体系的文件结构并能反映组织质量管理体系

的总貌,起到总体规划和加强各职能部门间协调的作用。对于组织内部,质量手册起着确立各项质量活动及其指导方针和原则的重要作用,一切质量活动都应遵循质量手册;对于组织外部,它既能正式符合标准要求的质量管理体系的存在,又能向顾客或认证机构描述清楚质量管理体系的状况。

1)质量手册的编制要求

质量手册应说明质量管理体系覆盖的过程和条款,每个过程和条款应开展的控制活动,对每个活动需要控制的程度,以及能提供的质量保证等。质量手册提出的各项条款的控制要求,应在质量管理体系程序和作业文件中做出可操作实施的安排。质量手册对外不属于保密文件,为此编写时要注意适度,既要让外部看清楚质量管理体系的全貌,又不宜涉及控制的细节。

2)质量手册的构成

各组织可以根据实际需要,对质量手册的下述部分做必要的删减:质量管理范围、引用标准、术语和定义、质量管理体系、管理职责、资源管理、产品实现、测量、分析和改进。

2. 质量管理体系程序

质量管理体系程序是质量管理体系的重要组成部分,是质量手册的具体展开和有力支撑。质量管理体系程序可以是质量手册的一部分,也可以是质量手册的具体展开。质量管理体系程序文件的范围和详略程度取决于组织的规模、产品类型、过程的复杂程度、方法和相互作用以及人员素质等因素。程序文件不同于一般的业务工作规范或工作标准所列的具体工作程序,而是对质量管理体系的过程方法所开展的质量活动的描述。对每个质量管理体系程序来说,都应视需要明确何时、何地、何人、做什么、为什么、怎么做、应保留什么记录。

按 ISO9001:2000 标准的规定,质量管理体系程序至少应包括下列 6 个程序文件:①文件控制程序;②质量记录控制程序;③内部质量审核程序;④不合格控制程序;⑤纠正措施程序;⑥预防措施程序。

3. 质量计划

质量计划是指对特定的项目、产品、过程或合同,规定由谁及何时应使用哪些程序相关资源的文件。质量计划是一种工具,它将某产品、项目或合同的特定要求与现行的通用质量管理体系程序相连接。质量计划在顾客特定要求和原有质量管理体系之间架起一座桥梁,从而大大提高了质量管理体系适应各种环境的能力。质量计划在企业内部作为一种管理方法,使产品的特殊质量要求能通过有效的措施得以满足。

4. 质量记录

质量记录是阐明所取得的结果或提供所完成活动的证据文件。它是产品质量水平和企业质量管理体系中各项质量活动结果的客观反映,应如实加以记录,用于证明达到了合同所规定的质量要求,并证明合同中提出的质量保证要求的满足程度。如果出现偏差,则质量记录应反映出针对不足之处采取了哪些纠正措施。

任务 8.2　质量管理体系运行及施工质量分析常用工具

8.2.1　质量管理体系运行

质量管理体系的运行是指在建立质量管理体系文件的基础上，开展质量管理工作，实施文件中规定的内容。

质量保证体系运转方式是按照计划（P）、执行（D）、检查（C）、处理（A）的管理循环进行的。它包括四个阶段和八个步骤。

8.2.1.1　四个阶段

（1）计划阶段。按使用者要求，根据具体生产技术条件，找出生产中存在的问题及其原因，拟订生产对策和措施计划。

（2）执行阶段。按预定对策和生产措施计划组织实施。

（3）检查阶段。对生产成品进行必要的检查和测试，即把执行的工作结果与预定目标对比，检查执行过程中出现的情况和问题。

（4）处理阶段。把经过检查发现的各种问题及用户意见进行处理。凡符合计划要求的予以肯定，成文标准化；对不符合设计要求和不能解决的问题，转入下一循环以进一步研究解决。

8.2.1.2　八个步骤

（1）分析现状，找出问题。不能凭印象和表面做判断，结论要用数据表示。

（2）分析各种影响因素。要把可能因素一一加以分析。

（3）找出主要影响因素。要努力找出主要因素进行解剖，才能改进工作，提高产品质量。

（4）研究对策。针对主要因素拟订措施，制订计划，确定目标。

以上四个步骤属计划（P）阶段工作内容。

（5）执行措施为执行（D）阶段的工作内容。

（6）检查工作成果。对执行情况进行检查，找出经验教训，为检查（C）阶段的工作内容。

（7）巩固措施，制定标准，把成熟的措施定成标准（规程、细则），形成制度。

（8）遗留问题转入下一个循环。

以上步骤（7）和步骤（8）为处理（A）阶段的工作内容。PDCA 管理循环的工作程序如图 8-1 所示。

8.2.1.3　PDCA 循环的特点

（1）四个阶段缺一不可，先后次序不能颠倒。就好像一只转动的车轮，在解决质量问题中滚动前进，逐步使产品质量提高。

（2）企业的内部 PDCA 循环各级都有，整个企业是一个大循环，企业各部门又有自己的循环，如图 8-2 所示。大循环是小循环的依据，小循环又是大循环的具体和逐级贯彻落实的体现。

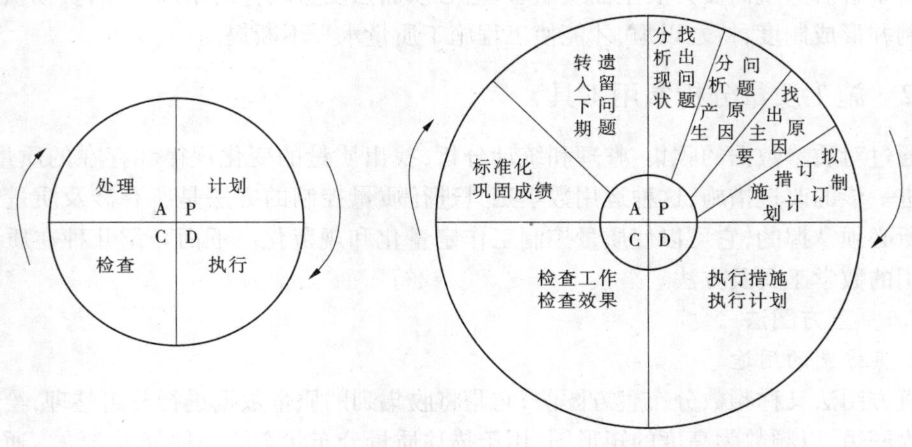

图 8-1 PDCA 管理循环的工作程序

(3)PDCA 循环不是在原地转动,而是在转动中前进。每个循环结束,质量便提高一步。图 8-3 为循环上升示意图,它表明每一个 PDCA 循环都不是在原地周而复始地转动,而是像爬楼梯那样,每转一个循环都有新的目标和内容。这就意味着前进了一步,从原有水平上升到了新的水平,每经过一次循环,也就解决了一批问题,质量水平就有新的提高。

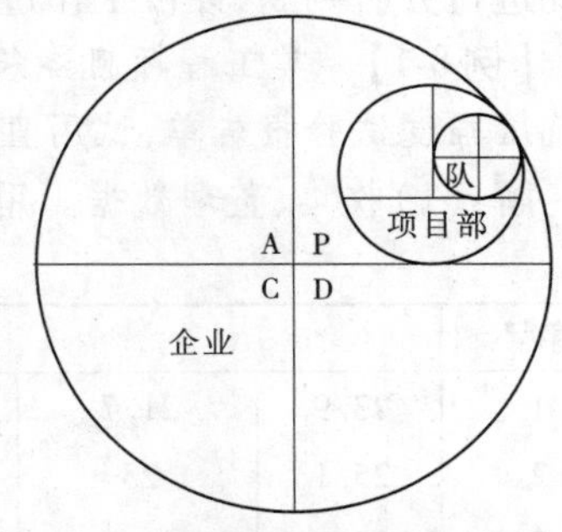

图 8-2 PDCA 循环运转示意图

(4)A 阶段是一个循环的关键,这一阶段(处理阶段)的目的在于总结经验,巩固成果,纠正错误,以利于下一个管理循环。为此,必须把成功和经验纳入标准,定为规程,使之标准化、制度化,以便在下一个循环中遵照办理,使质量水平逐步提高。

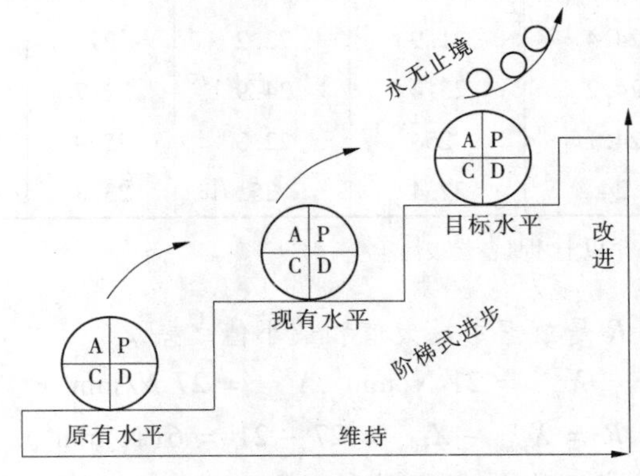

图 8-3 PDCA 循环上升示意图

必须指出,质量的好坏反映了人们质量意识的强弱,也反映了人们对提高产品质量意义的认识水平。有了较强的质量意识,还应使全体人员对全面质量管理的基本思想和方法有所了解。这就需要开展全面质量管理,必须加强质量教育的培训工作,贯彻执行质量责任制并形成制度,持之以恒,才能使工程施工质量水平不断提高。

8.2.2　施工质量分析常用工具

通过对质量数据的收集、整理和统计分析,找出质量的变化规律和存在的质量问题,提出进一步的改进措施,这种运用数学工具进行质量控制的方法是所有涉及质量管理的人员所必须掌握的,它可以使质量控制工作定量化和规范化。下面介绍几种在质量控制中常用的数学工具及方法。

8.2.2.1　直方图法

1. 直方图的用途

直方图法又称频数分布直方图法,它是将收集到的质量数据进行分组整理,绘制成以组距为底边、以频数为高度的矩形图,用于描述质量分布状态的一种分析方法。通过直方图的观察与分析,可以了解产品质量的波动情况,掌握质量特性的分布规律,以便对质量状况进行分析判断,评价工作过程能力等。

【例 8-1】　某工程项目浇筑 C20 混凝土,为对其抗压强度进行质量分析,共收集了 50 份抗压强度试验报告单,试用直方图法进行质量分析。

解:(1)收集、整理数据。用随机抽样的方法抽取数据并整理,见表 8-1。

表 8-1　数据整理结果　(单位:N/mm^2)

序号	抗压强度					最大值	最小值
1	23.9	21.7	24.5	21.8	25.3	25.3	21.7
2	25.1	23	23.1	23.7	23.6	25.1	23
3	22.9	21.6	21.2	23.8	23.5	23.8	21.2
4	22.8	25.7	23.2	21	23	25.7	21
5	22.7	24.6	23.3	24.8	22.9	24.8	22.7
6	22.6	25.8	23.5	23.7	22.8	25.8	22.6
7	24.3	24.4	21.9	22.2	27	27	21.9
8	26	24.2	23.4	24.9	22.7	26	22.7
9	25.2	24.1	25	22.3	25.9	25.9	22.3
10	23.9	24	22.4	25	23.8	25	22.4

注:一般要求收集数据在 50 个以上才具备代表性。

计算极差 R。极差 R 是数据中最大值和最小值之差。

$$X_{min} = 21\ N/mm^2, X_{max} = 27\ N/mm^2$$

$$R = X_{max} - X_{min} = 27 - 21 = 6(N/mm^2)$$

(2)对数据分组,确定组数 K、组距 H 和组限。

①确定组数的原则是分组的结果能正确反映数据的分布规律,组数应根据数据多少来确定。组数过少,会掩盖数据的分布规律;组数过多,使数据过于零乱分散,也不能显示出质量分布状况。一般可参考表 8-2 的经验数值确定。

表 8-2　数据分组参考值

数据总数(*n*)	分组数(*K*)	数据总数(*n*)	分组数(*K*)	数据总数(*n*)	分组数(*K*)
50～100	6～10	100～250	7～12	≥250	10～20

本例中取 $K=7$。

②组距是组与组之间的间隔，即一个组的范围，各组距应相等，于是有：

$$极差\approx组距\times组数$$

即

$$R\approx HK$$

因而组数、组距的确定应结合极差综合考虑、适当调整，还要注意数值尽量取整，使分组结果能包括全部变量值，同时也便于以后的计算分析。

本例中：

$$H = R/K = 6/7 = 0.86 \approx 1(\mathrm{N/mm^2})$$

③确定组限。每组的最大值为上限，最小值为下限，上、下限统称组限，确定组限时应注意使各组之间连续，即较低组上限应为相邻较高组下限，这样才不致使有的数据被遗漏。对恰恰处于组限值上的数据，其解决的办法有两种：一是规定每组上（或下）限不计在该组内，而应计入相邻较高（或较低）组内；二是将组限值较原始数据精度提高半个最小测量单位。

本例采取第一种办法划分组限，即每组上限不计入该组内。

第一组下限：　$X_{\min}-H/2=21-1/2=20.5(\mathrm{N/mm^2})$

第一组上限：　$20.5+H=20.5+1=21.5(\mathrm{N/mm^2})$

第二组下限：　第二组下限＝第一组上限＝21.5 $\mathrm{N/mm^2}$

第二组上限：　$21.5+1=22.5(\mathrm{N/mm^2})$

以此类推，最高组限为26.5～27.5，分组结果覆盖了全部数据。

(3)编制数据频数统计表。统计各组频数，频数总和应等于全部数据个数。本例频数统计结果见表8-3。

表 8-3　频数（频率）统计结果

组号	组限($\mathrm{N/mm^2}$)	频数
1	20.5～21.5	2
2	21.5～22.5	7
3	22.5～23.5	13
4	23.5～24.5	14
5	24.5～25.5	9
6	25.5～26.5	4
7	26.5～27.5	1
合计		50

从表8-3中可以看出，浇筑C20混凝土50个试块的抗压强度是各不相同的，这说明质量特性值是有波动的。为了更直观、更形象地表现质量特征值的这种分布规律，应进一

步绘制出直方图。

(4)绘制直方图。直方图可分为频数直方图、频率直方图、频率密度直方图三种,最常见的是频数直方图。在频数直方图中,横坐标表示质量特征值、纵坐标表示频数。根据表 8-3 可以画出以抗压强度为横坐标,以频数为纵坐标的 K 个直方图,得到混凝土强度的频数直方图,如图 8-4 所示。

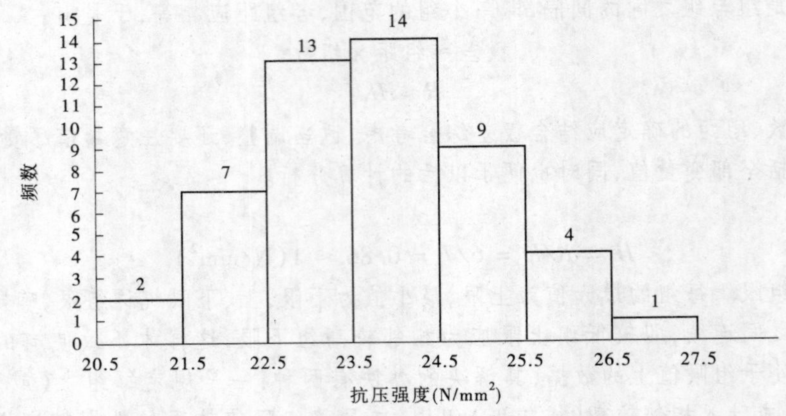

图 8-4　混凝土强度直方图

2. 直方图的观察与分析

(1)观察直方图的形状、判断质量分析状态。

根据直方图的形状来判断质量分布状态,正常型的直方图是中间高、两侧低、左右基本对称的图形,这是理想的质量控制结果,如图 8-5(a)所示;出现非正常型直方图时,表明生产过程或收集数据作图方法有问题,这就要求进一步分析与判断,找出原因,从而采取措施加以纠正。凡属非正常型直方图,其图形分布有各种不同缺陷,归纳起来一般有 5 种类型,如图 8-5 所示。

①折齿型。如图 8-5(b)所示,是由于分组组数不当或者组距确定不当出现的直方图。

②缓坡型。如图 8-5(c)所示,主要是操作中对上限(或下限)控制太严造成的。

③孤岛型。如图 8-5(d)所示,是原材料发生变化,或者临时他人顶班作业造成的。

④双峰型。如图 8-5(e)所示,是由于用两种不同的方法或两台设备或两组工人进行生产,然后把两方面数据混在一起整理产生的。

⑤绝壁型。如图 8-5(f)所示,是由于数据收集不正常,可能有意识地去掉下限以下的数据,或是在检测过程中存在某种人为因素造成的。

(2)将直方图与质量标准比较,判断实际生产过程能力。作出直方图后,将正常型直方图与质量标准相比较,从而判断实际生产过程能力,一般可得出 6 种情况,如图 8-6 所示。

①如图 8-6(a)所示,B 在 T 中间,质量分布中心 $\bar{x}$ 与质量标准中心 M 重合,实际数据分布与质量标准相比较两边还有一定余地。这样的生产过程质量是很理想的,说明生产

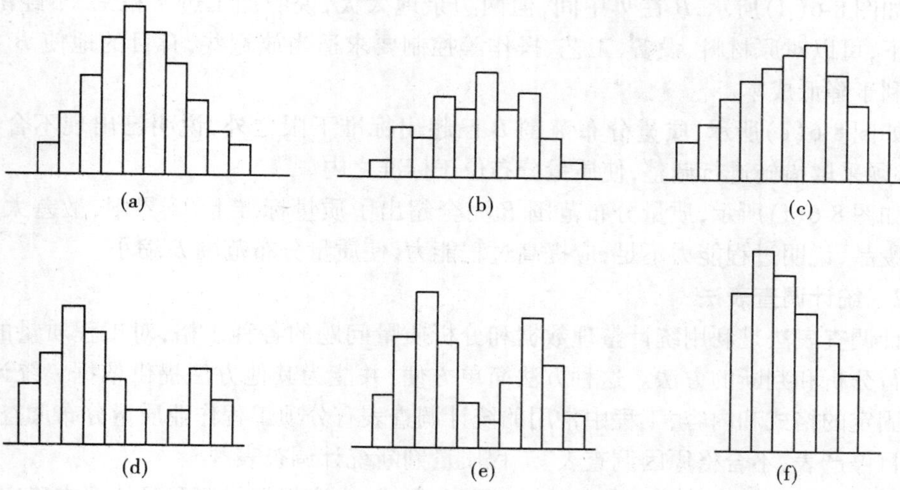

(a)　(b)　(c)

(d)　(e)　(f)

图 8-5　常见的直方图图形

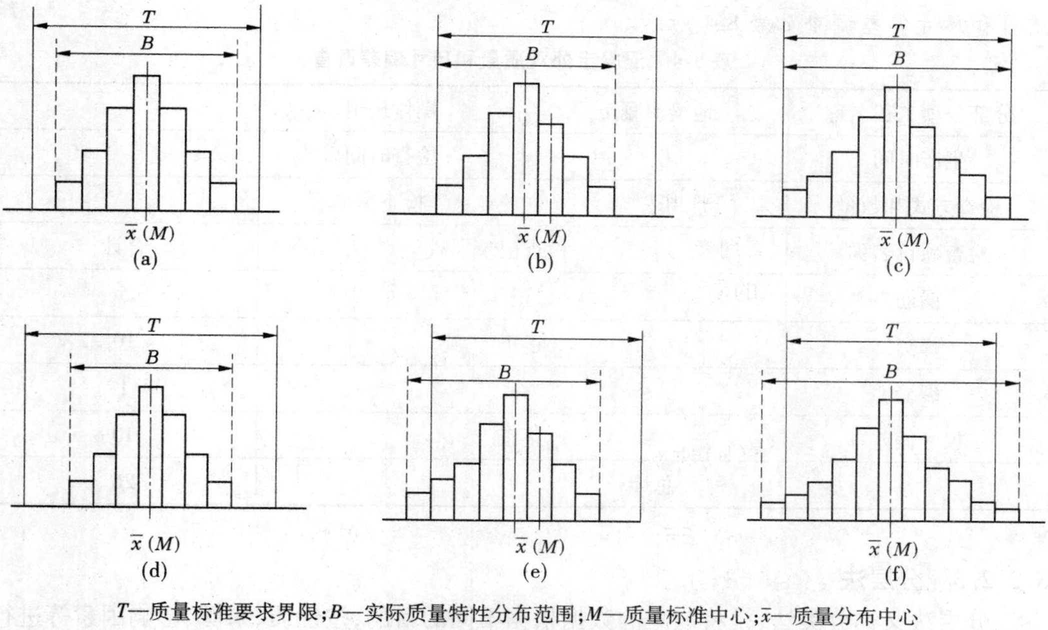

T—质量标准要求界限；B—实际质量特性分布范围；M—质量标准中心；$\bar{x}$—质量分布中心

图 8-6　实际质量与标准比较

过程处于正常的稳定状态，在这种情况下生产出来的产品可认为全部是合格品。

②如图 8-6(b)所示，B 虽然落在 T 内，但质量分布中心 $\bar{x}$ 与 T 的中心 M 不重合，偏向一边。这样如果生产状态一旦发生变化，就可能超出质量标准下限而出现不合格品。出现这种情况时应迅速采取措施，使直方图移到中间来。

③如图 8-6(c)所示，B 在 T 中间，且 B 的范围接近 T 的范围，没有余地，生产过程一旦发生小的变化，产品的质量特性值就可能超出质量标准。出现这种情况时，必须立即采取措施，以缩小质量分布范围。

④如图 8-6(d)所示,B 在 T 中间,但两边余地太大,说明加工过于精细,不经济。这种情况下,可以对原材料、设备、工艺、操作等控制要求适当放宽些,有目的地使 B 扩大,从而有利于降低成本。

⑤如图 8-6(e)所示,质量分布范围 B 已超出标准下限之外,说明已出现不合格品。此时,必须采取措施进行调整,使质量分布位于标准之内。

⑥如图 8-6(f)所示,质量分布范围 B 完全超出了质量标准上、下界限,散差太大,产生许多废品,说明过程能力不足,应提高过程能力,使质量分布范围 B 缩小。

8.2.2.2　统计调查表法

统计调查表法是利用统计整理数据和分析质量问题的各种表格,对工程质量的影响原因进行分析和判断的方法。这种方法简单方便,并能为其他方法提供依据。统计调查表没有固定的格式和内容,工程中常用的统计调查表有分项工程作业质量分布调查表、不合格项目停产表、不合格原因调查表、工程质量判断统计调查表。

统计调查表一般由表头和频数统计两部分组成,内容根据需要和具体要求确定。

【例 8-2】　采用统计调查表法对地梁混凝土外观质量和尺寸偏差调查。混凝土外观质量和尺寸偏差调查如表 8-4 所示。

表 8-4　混凝土外观质量和尺寸偏差调查

分部分项工程名称	地梁混凝土	操作班组	
生产时间		检查时间	
检查方式和数量		检查员	
检查项目名称	检查记录		合计
漏筋	正		5
蜂窝	正正		10
裂缝	一		1
尺寸偏差	正正		10
总计			26

8.2.2.3　分层法

分层法又称分类法,是将收集的数据根据不同的目的,按性质、来源、影响因素等进行分类和分层研究的方法。分层法可以使杂乱的数据条理化,找出主要的问题,采取相应的措施。常用的分层法有:①按工程内容分层;②按时间、环境分层;③按机械设备分层;④按操作者分层;⑤按生产工艺分层;⑥按质量检验方法分层。

【例 8-3】　某批钢筋焊接质量调查,共检查接头数量 100 个,其中不合格 25 个,不合格率为 25%,试分析问题的原因。

经查明,这批钢筋是由 A、B、C 三个工人进行焊接的,采用同样的焊接工艺,焊条由两个厂家提供。采用分层法进行分析,可按焊接操作者和焊条供应厂家进行分层,如表 8-5 和表 8-6 所示。

表8-5 按焊接操作者分层

操作者	不合格	合格	不合格率
A	15	35	30%
B	6	25	19%
C	4	15	21%
合计	25	75	25%

表8-6 按焊条供应厂家分层

供应厂家	不合格	合格	不合格率
甲	4	15	21%
乙	21	60	26%
合计	25%	75%	25%

从表中得知,操作者B的操作水平较高,工厂甲的焊条质量较好。

8.2.2.4 排列图法

排列图法又叫巴雷托图法、主次因素分析图法或ABC分类管理法,是寻找影响质量主次因素的一种有效方法。它是由两个纵坐标、一个横坐标、几个连起来的直方形和一条曲线所组成的,如图8-7所示。左侧的纵坐标表示频数,右侧的纵坐标表示累计频率,横坐标表示影响质量的各个因素或项目,按影响程度大小从左至右排列,直方形的高度示意某个因素的影响大小。

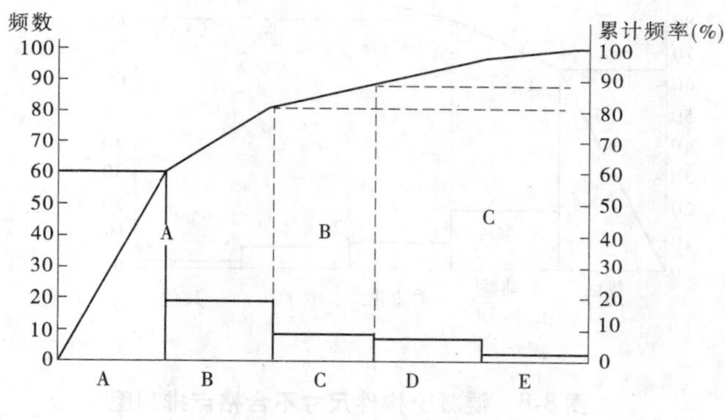

图8-7 排列图

1. 排列图的绘制

下面结合案例说明排列图的绘制。

【例8-4】 某工地现浇混凝土,其构件尺寸质量检查结果整理后见表8-7。为改进并保证质量,应对这些不合格点进行分析,以便找出混凝土构件尺寸质量的薄弱环节。

(1)收集、整理数据。收集、整理混凝土构件尺寸各项目不合格点的数据资料,见表8-7。

表 8-7 不合格点项目频数、频率统计结果

序号	项目	频数	频率(%)	累计频率(%)
1	截面尺寸	65	61	61
2	轴线位置	20	19	80
3	垂直度	10	9	89
4	标高	8	8	97
5	其他	3	3	100
合计		106	100	

(2)绘制排列图。排列图的绘制步骤如下:

①画横坐标。将横坐标按项目数等分,并按项目数从大到小的顺序由左至右排列,该例中横坐标分为五等份。

②画纵坐标。左侧的纵坐标表示项目不合格点数即频数,右侧纵坐标表示累计频率。要求总频数对应累计频率100%。

③画频数直方形。以频数为高画出各项目的直方形。

④画累计频率曲线。从横坐标左端点开始,依次连接各项目直方形右边线及所对应的累计频率值的交点,所得的曲线即为累计频率曲线。

本案例中混凝土构件尺寸不合格点排列图如图 8-8 所示。

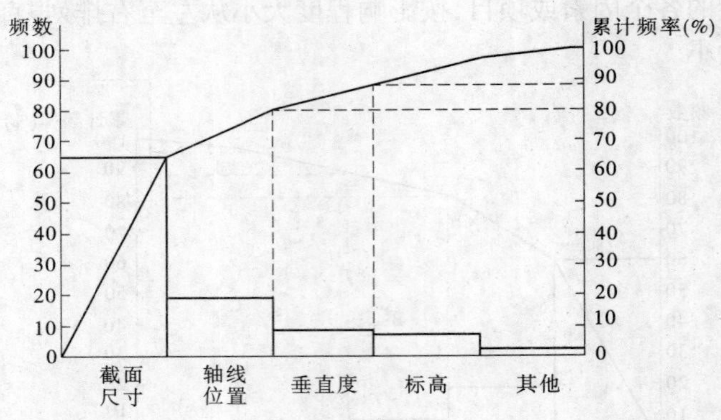

图 8-8 混凝土构件尺寸不合格点排列图

2. 排列图的观察与分析

(1)观察直方形。排列图中的每个直方形都表示一个质量问题或影响因素。影响程度与各直方形的高度成正比。

(2)确定主次因素。实际应用中,通常利用 A、B、C 分区法进行确定,按累计频率划分为 0 ~80%、80% ~90%、90% ~100%三部分,即累计频率在 0 ~80%为 A 类影响因素,A 类为主要因素,是重点要解决的对象;累计频率在 80% ~90%为 B 类影响因素,B 类为

次要因素；累计频率在90%～100%为C类影响因素，C类为一般因素，不作为解决的重点。

例如，在例8-4中，累计频率曲线所对应的A、B、C三类影响因素分别如下：A类为主要因素，是截面尺寸、轴线位置；B类为次要因素，是垂直度；C类为一般因素，有标高和其他。综上分析结果，下步应重点解决A类等质量问题。

3. 排列图的应用

排列图可以形象、直观地反映主、次因素，其主要应用如下：

（1）按不合格点的因素分类，可以判断造成质量问题的主要因素，找出工作中的薄弱环节。

（2）按生产作业分类，可以找出生产不合格品最多的关键工序，进行重点控制。

（3）按生产班组或单位分类，可以分析比较各单位技术水平和质量管理水平。

（4）将采取提高质量措施前后的排列图进行对比，可以分析措施是否有效。

8.2.2.5　因果分析图法

因果分析图法是利用因果分析图来系统整理分析某个质量问题（结果）与其影响因素之间的关系，采取措施解决存在质量问题的方法。因果分析图也称特性要因图，又因其形状被称为树枝图或鱼刺图。

因果分析图的基本形式如图8-9所示。

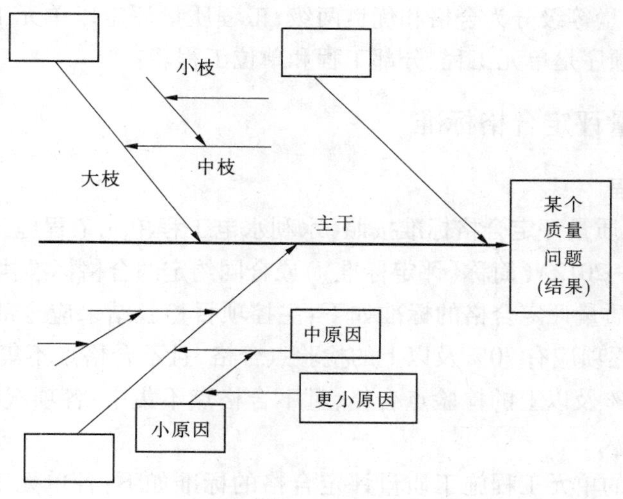

图8-9　因果分析图的基本形式

从图8-9可见，因果分析图由质量特性（质量结果，指某个质量问题）、要因（产生质量问题的主要原因）、枝干（指一系列箭线表示不同层次的原因）、主干（指较粗的直接指向质量结果的水平箭线）等组成。

8.2.2.6 **管理图法**

管理图也称控制图,是反映生产过程随时间变化而变化的质量动态,即反映生产过程中各个阶段质量波动状态的图形,如图 8-10 所示。管理图利用上下控制线,将产品质量特性控制在正常波动范围内,一旦有异常反映,通过管理图就可以发现,并及时处理。

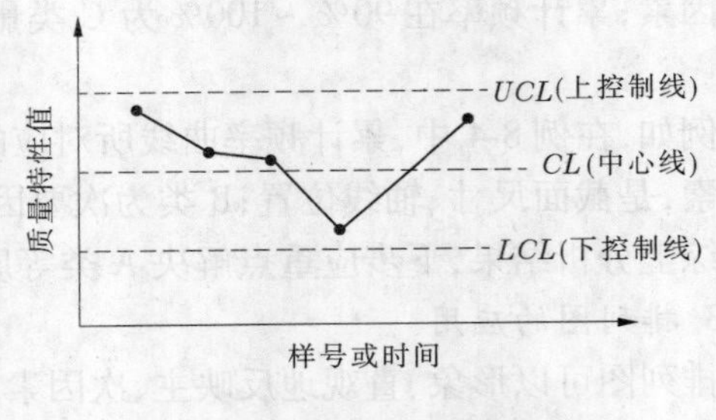

图 8-10 控制图

8.2.2.7 **相关图法**

产品质量与影响质量的因素之间常有一定的相互关系,但不一定是严格的函数关系,这种关系称为相关关系,可利用直角坐标系将两个变量之间的关系表达出来。相关图的形式有正相关、负相关、非线性相关和无相关。

任务 8.3 水利水电工程质量评定

工程质量评定是依据某一质量评定的标准和方法,对照施工质量具体情况,确定其质量等级的过程,是对工程质量是否达到设计和规范要求的重要控制手段和综合评价。水利水电工程施工质量等级分为合格和优良两级,工程质量评定以单元工程质量评定为基础,其评定的先后顺序是单元工程、分部工程和单位工程。

8.3.1 施工质量评定合格标准

8.3.1.1 单元工程

单元工程施工质量评定合格标准按照《水利水电工程单元工程施工质量验收评定标准》(SL 631 ~637—2012)(简称《评定标准》)或合同约定的合格标准执行。

(1)单元施工质量评定合格的标准如下:主控项目检验结果应全部符合《评定标准》的要求;一般项目逐项应有 70% 及以上的检验点合格,且不合格点不集中;对于河道疏浚工程,逐项应有 90% 及以上的检验点合格,且不合格点不集中;各项报验资料应符合《评定标准》要求。

(2)划分工序的单元工程施工质量评定合格的标准如下:各单元工程施工质量验收评定应全部合格;各项报验资料应符合《评定标准》要求。

(3)不划分工序的单元工程施工质量评定合格的标准如下:主控项目检验结果应全部符合《评定标准》的要求;一般项目逐项应有 70% 及以上的检验点合格,且不合格点不应集中;各项报验资料应符合《评定标准》要求。

单元工程施工质量达不到合格标准时,应及时处理。处理后的质量等级按下列规定重新确定:全部返工重做的,可重新评定质量等级;经加固补强并经设计单位和监理单位鉴定能达到设计要求时,其质量评为合格;处理后的工程部分质量指标仍达不到设计要求时,经设计复核,项目法人及监理单位确认能满足安全和使用功能要求的,可不再进行处

理，或经加固补强后改变了外形尺寸或造成工程永久性缺陷的，经项目法人、监理单位及设计单位确认能基本满足设计要求的，其质量可定为合格，但应规定进行质量缺陷备案。

8.3.1.2 **分部工程**

(1)所含单元工程的质量合格。质量事故及质量缺陷已按要求处理，并检验合格。

(2)材料、中间产品及混凝土(砂浆)试件质量全部合格，金属结构及启闭机制造质量合格，机电产品质量合格。

8.3.1.3 **单位工程**

(1)所含分部工程质量全部合格。

(2)质量事故已按要求进行处理。

(3)工程外观质量得分率达到70%以上。

(4)单位工程施工质量检验与评定资料基本齐全。

(5)工程施工期及试运行期，单位工程观测资料分析结果符合国家和行业技术标准以及合同约定的标准要求。

8.3.1.4 **工程质量合格标准**

(1)单位工程施工质量全部合格。

(2)工程施工期及试运行期，各单位工程观测资料分析结果均符合国家和行业技术标准以及合同约定的标准要求。

8.3.2 施工质量评定优良标准

8.3.2.1 **单元工程**

单元工程施工质量评定优良标准按照《评定标准》以及合同约定的优良标准执行。全部返工重做的单元工程，经检验达到优良标准时，可评为优良等级。单元工程中的工序分为主要工序和一般工序，其中：

(1)单元工程施工质量评定优良的标准如下：主控项目检验结果应全部符合《评定标准》的要求；一般项目逐项应有90%及以上的检验点合格，且不合格点不应集中；对于河道疏浚工程，逐项应有95%及以上的检验点合格，且不合格点不集中；各项报验资料应符合《评定标准》要求。

(2)划分工序的单元工程施工质量评定优良的标准如下：各工序施工质量验收评定应全部合格，其中优良工序应达到50%及以上，且主要工序应达到优良等级；各项报验资料应符合《评定标准》要求。

(3)不划分工序的单元工程施工质量评定优良的标准如下：主控项目检验结果应全部符合《评定标准》的要求；一般项目逐项应有90%及以上的检验点合格，且不合格点不应集中；各项报验资料应符合《评定标准》要求。

8.3.2.2 **分部工程**

(1)所含单元工程质量全部合格，其中70%以上达到优良等级，重要隐蔽单元工程和关键部位单元工程质量优良率达到90%以上，且未发生过质量事故。

(2)中间产品质量全部合格,混凝土(砂浆)试件质量达到优良等级(当试件组小于30时,试件质量合格)。原材料质量、金属结构及启闭机制造质量合格,机电产品质量合格。

8.3.2.3 **单位工程**

单位工程施工质量同时满足下列标准时,其质量评为优良:

(1)所含分部工程质量全部合格,其中70%以上达到优良等级,主要分部工程质量全部优良,且施工中未发生过较大质量事故。

(2)质量事故已按要求进行处理。

(3)外观质量得分率达到85%以上。

(4)单位工程施工质量检验与评定资料齐全。

(5)工程施工期及运行期,单位工程观测资料分析结果符合国家和行业技术标准以及合同约定的标准要求。

8.3.2.4 **工程质量优良标准**

(1)单位工程施工质量全部合格,其中70%以上单位工程施工质量达到优良等级,且主要单位工程施工质量全部达到优良。

(2)工程施工期及试运行期,各单位工程观测资料分析结果均符合国家和行业技术标准以及合同约定的标准要求。

8.3.3 工程施工质量评定组织

单元工程施工质量在施工单位自评合格后,由监理单位复核,监理工程师核定质量等级并签证认可。重要隐蔽单元工程及关键部位单元工程质量经由施工单位自评合格、监理单位抽检后,由项目法人、监理、设计、施工、工程运行管理(施工阶段已有)等单位组成联合小组,共同检查核定其质量等级并填写签证表,报工程质量监督机构核定。

分部工程施工质量,在施工单位自评合格后,由监理单位复核,项目法人认定。单位工程验收的质量结论由项目法人报工程质量监督机构核定。

单位工程施工质量,在施工单位自评合格后,由监理单位认定。单位工程验收的质量结论由项目法人报工程质量监督机构核定。

工程项目质量在单位工程施工质量评定合格后,由监理单位认定。单位工程验收的质量结论由项目法人报工程质量监督机构核定。

工程项目质量在单位工程施工质量评定合格后,由监理单位进行统计并评定工程项目质量等级,经项目法人认定后,报工程质量监督机构核定。

阶段验收前,工程质量监督机构应提交工程质量评价意见。工程质量监督机构应按有关规定在工程竣工验收前提交工程质量监督报告,工程质量监督报告应有工程质量是否合格的明确结论。

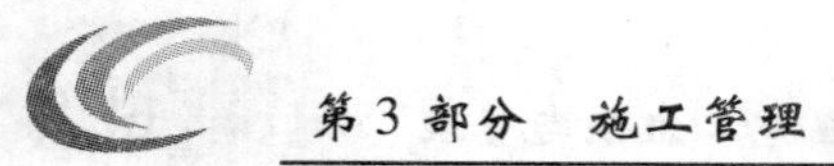

任务 8.4　水利水电工程质量事故

8.4.1　质量事故的概念与分类标准

8.4.1.1　质量缺陷与质量事故

质量缺陷指对工程质量有影响,但小于一般质量事故的质量问题。工程建设中发生的以下质量问题属于质量缺陷:

(1)发生在大体积混凝土、金属结构制作安装及机电设备安装工程中,处理所需物资、器材及设备、人工等直接损失费不超过 20 万元。

(2)发生在土石方工程或混凝土薄壁工程中,处理所需物资、器材及设备、人工等直接损失费不超过 10 万元。

(3)处理后不影响工程正常使用和寿命。

施工项目质量事故指在水利水电工程建设过程中,由于建设管理、监理、勘测、设计、咨询、施工、材料、设备等造成工程质量不符合国家和行业相关标准以及合同约定的质量标准,影响使用寿命和对工程安全运行造成隐患和危害的事件。

引发质量事故的原因,通常可分为直接原因和间接原因两类。直接原因主要有人的行为不规范和材料、机械不符合规定状态,间接原因是指质量事故发生场所外的环境因素,如施工管理混乱,质量检查、监督工作失责等。事故的间接原因将会导致直接原因的发生。质量事故一般原因有违反基本建设程序、工程地质勘测失误或地基处理失误、设计方案和设计计算失误、建筑材料及制品不合格、施工与管理失误等。

8.4.1.2　施工质量事故分类

根据《水利工程质量事故处理暂行规定》(水利部令第 9 号),工程质量事故按直接经济损失的大小,检查、处理事故对工期的影响时间长短和对工程正常使用的影响,分为一般质量事故、较大质量事故、重大质量事故、特大质量事故。

(1)一般质量事故指对工程造成一定经济损失,经处理后不影响正常使用并不影响使用寿命的事故。

(2)较大质量事故是指对工程造成较大经济损失或延误较短工期,经处理后不影响正常使用但对工程寿命有一定影响的事故。

(3)重大质量事故是指对工程造成重大经济损失或较长时间延误工期,经处理后不影响正常使用但对工程寿命有较大影响的事故。

(4)特大质量事故是指对工程造成特大经济损失或较长时间延误工期,经处理后仍对正常使用和工程寿命造成较大影响的事故。

水利工程质量事故分类标准见表 8-8。

8.4.2　质量事故的分析与处理

8.4.2.1　质量事故分析处理过程

质量事故发生后,应坚持"三不放过"原则,即"事故原因不查清不放过,事故主要责任人和职工未受到教育不放过，补救措施不落实不放过"，认真调查事故原因，研究处理措施，做好事故处理工作。

表 8-8　水利工程质量事故分类标准

项目		事故类别			
		特大质量事故	重大质量事故	较大质量事故	一般质量事故
事故处理所需的物资、器材和设备、人工等直接损失费（万元）	大体积混凝土，金属结构制作和机电安装工程	>3 000	>500，≤3 000	>100，≤500	>20，≤100
	土石方工程，混凝土薄壁工程	>1 000	>100，≤1 000	>30，≤100	>10，≤30
事故处理所需合理工期（月）		>6	>3，≤6	>1，≤3	≤1
事故处理后对工程功能和寿命影响		影响工程正常使用，需限制条件运行	不影响正常使用，但对工程寿命有较大影响	不影响正常使用，但对工程寿命有一定影响	不影响正常使用和工程寿命

注：1. 直接损失费为必需条件，其余两项主要适用于大、中型工程。

2. 小于一般质量事故的质量问题称为质量缺陷。

3. 表中的数值范围内，上限值为应小于或等于的数值，下限值为应大于的数值。

（1）发现事故，下达工程施工暂停令。

在出现施工质量缺陷或事故后，应停止有质量缺陷部位和其有关部位及下道工序施工，需要时还应采取适当的防护措施。

事故单位要严格保护现场，采取有效措施抢救人员和财产，防止事故扩大。因抢救人员、疏导交通等需移动现场物件时，应当做出标志、绘制现场简图并做出书面记录，妥善保管现场重要痕迹、物证，并进行拍照或录像。同时，项目法人将事故的简要情况向项目主管部门报告。项目主管部门接到事故报告后，按照管理权限向上级水行政主管部门报告。

有关单位接到事故报告后，必须采取有效措施，防止事故扩大，并立即按照管理权限向上级部门报告或组织事故调查。

（2）组织进行质量事故调查。

发生（发现）较大、重大和特大质量事故，事故单位要在 48 h 内向规定单位写出书面报告；发生（发现）突发性事故，事故单位要在 4 h 内用电话向规定单位报告。

一般事故由项目法人组织设计、施工、监理等单位进行调查，调查结果报项目主管部门核备。较大质量事故由项目主管部门组织调查组进行调查，调查结果报上级主管部门批准并报省级水行政主管部门核备。重大质量事故由省级以上水行政主管部门组织调查组进行调查，调查结果报水利部核备。特大质量事故由水利部组织调查。

事故调查组的主要任务如下：

①查明事故发生的原因、过程、财产损失情况和对后续工程的影响；

②组织专家进行技术鉴定；

③查明事故的责任单位和主要责任者应负的责任；

④提出工程处理和采取措施的建议；

⑤提出对责任单位和责任者的处理建议；

⑥提交事故调查报告。

调查组有权向事故单位、各有关单位和个人了解事故的有关情况。有关单位和个人必须实事求是地提供有关文件或材料，不得以任何方式阻碍或干扰调查组正常工作。

事故调查组提交的调查报告经主持单位同意后，调查工作即告结束。事故调查费用暂由项目法人垫付，待查清责任后，由责任方负担。

调查结果要整理撰写成事故调查报告，其内容包括：

①工程名称、建设规模、建设地点、工期，项目法人、主管部门及负责人电话；

②事故发生的时间、地点、工程部位以及相应的参建单位名称；

③事故发生的简要经过、伤亡人数和直接经济损失的初步估计；

④事故发生原因初步分析；

⑤事故发生后采取的措施及事故控制情况；

⑥事故报告单位、负责人及联系方式。

(3)进行事故原因分析，正确判断事故原因。

事故原因分析是确定事故处理措施方案的基础。正确的处理来源于对事故原因的正确判断。避免情况不明就主观分析判断事故的原因，尤其是有些事故，其原因错综复杂，往往涉及勘察、设计、施工、材质、使用管理等几方面，只有对调查提供充分的调查资料、数据，并进行详细、深入的分析后，才能由表及里、去伪存真，找出造成事故的真正原因。

(4)提出事故处理方案。

发生质量事故后，必须针对事故原因提出工程处理方案，经有关单位审定后实施。质量事故处理报告的主要内容如下：

①工程质量事故概况；

②质量事故的调查与检查情况，包括调查的有关资料；

③质量事故原因分析；

④质量事故处理的依据；

⑤质量缺陷处理方案及技术措施、界定责任；

⑥质量处理中的有关原始数据、记录、资料；

⑦对处理结果的检查、鉴定和验收；

⑧结论意见。

对于一般事故，由项目法人负责组织有关单位制订处理方案并实施，报上级主管部门备案。对于较大质量事故，由项目法人负责组织有关单位制订处理方案，经上级主管部门审定后实施，报省级水行政主管部门或流域机构备案。对于重大质量事故，由项目法人负责组织有关单位提出处理方案，征得事故调查组意见后，报省级水行主管部门或流域机构审定后实施。对于特大质量事故，由项目法人负责组织有关单位提出处理方案，征得事故调查组意见后，报省级水行政主管部门或流域机构审定后实施，报水利部门备案。

事故处理需要进行设计变更的，需原设计单位或有资质的单位提出设计变更方案。事故处理需要进行重大设计变更的，必须经原设计审批部门审定后实施。事故部位处理完成后,必须按照管理权限经过质量评定与验收后,方可投入使用或进入下一阶段施工。

(5)组织检查验收。

在质量事故处理完毕后,应组织有关人员对处理结果进行严格的检查、鉴定和验收。

8.4.2.2 质量事故处理鉴定

质量问题处理是否达到预期的目的、是否留有隐患,需要通过检查验收做出结论。事故处理质量检查验收,必须严格按施工验收规范中有关规定进行;必要时,还要通过实测实量、荷载试验、取样试压、仪表检测等方法来获取可靠的数据。这样才可能对事故做出明确的处理结论。

事故处理结论的内容有以下几种:

(1)事故已排除,可以继续施工。

(2)隐患已经消除,结构安全可靠。

(3)经修补处理后,完全满足使用要求。

(4)基本满足使用要求,但附有限制条件,如限制使用荷载、限制使用条件等。

(5)对耐久性影响的结论。

(6)对建筑外观影响的结论。

(7)对事故责任的结论等。

此外,对一时难以做出结论的事故,还应进一步提出观测检查的要求。

事故处理后,还必须提交完整的事故处理报告,其内容包括事故调查的原始资料、测试数据;事故的原因分析、论证;事故处理的依据;事故处理方案、方法及技术措施;检查验收记录;事故无须处理的论证;事故处理结论等。

任务 8.5 水利水电工程建设项目验收

水利水电工程项目质量验收依据有《水利工程建设项目验收管理规定》(水利部令第30号)、《水利水电建设工程验收规程》(SL 223—2008)、《水利水电工程施工质量检验与评定规程》(SL 176—2007)、《水利水电工程单元工程施工质量验收评定标准》(SL 631~637—2012)。

水利工程建设项目具备验收条件时,应当及时组织验收。未经验收或者验收不合格的,不得交付使用或者进行后续工程施工。水利工程建设项目验收,按验收主持单位性质不同分为法人验收和政府验收两类。

法人验收是指在项目建设过程中由项目法人组织进行的验收,包括分部工程验收、单位工程验收、水电站(泵站)中间机组启动验收、合同完工验收等。法人验收工作应由项目法人组织成立的验收工作负责。法人验收是政府验收的基础。

政府验收是指由有关人民政府、水行政主管部门或者其他有关部门组织进行的验收,包括专项验收(如项目竣工环境保护验收、建设项目档案验收、竣工验收等)、阶段验收[包括枢纽导(截)流验收、水库下闸蓄水验收、部分工程投入使用验收]和竣工验收等。政府验收由验收主持单位组织成立的验收委员会负责。

8.5.1　法人验收

8.5.1.1　一般规定

(1)工程建设完成分部工程、单位工程、单项合同工程,或者中间机组启动前应当组织法人验收。项目法人可以根据工程建设的需要增设法人验收的环节。

(2)项目法人应当在开工报告批准后60个工作日内,制订法人验收工作计划,报法人验收监督管理机关和竣工验收主持单位备案。

(3)施工单位在完成相应工程后,应当向项目法人提出验收申请。项目法人经检查认为建设项目具备相应的验收条件的,应当及时组织验收。

(4)法人验收由项目法人主持。验收工作组由项目法人、监理设计、施工等单位的代表组成;必要时,可以邀请工程运行管理单位等参建单位以外的代表及专家参加。项目法人可以委托监理单位主持分部工程验收,有关委托权限应当在监理合同或者委托书中明确。

(5)分部工程验收的质量结论应当报该项目的质量监督机构核备;未经核备的,项目法人不得组织下一阶段的验收。

单位工程以及大型枢纽主要建筑物的分部工程验收的质量结论应当报该项目的质量监督机构核定;未经核定的,项目法人不得通过法人验收;核定不合格的,项目法人应当重新组织验收。质量监督机构应当自收到核定材料之日起20个工作日内完成核定。

(6)项目法人应当自法人验收通过之日起30个工作日内,制定法人验收鉴定书,发送参加验收单位并报送法人验收监督管理机关备案。

(7)单位工程投入使用验收和单项合同工程完工验收通过后,项目法人应当与施工单位办理工程的有关交接手续。

8.5.1.2　分部工程验收

(1)分部工程验收应由项目法人(或委托监理单位)主持。验收工作组由项目法人、勘测、设计、监理、施工、主要设备制造(供应)商等单位的代表组成,运行管理单位可根据具体情况决定是否参加。质量监督机构宜派代表列席大型枢纽工程主要建筑物的分部工程验收会议。

(2)大型工程分部工程验收工作组成员应具有中级及以上技术职称或相应执业资格;其他工程的验收工作组成员应具有相应的专业知识或执业资格。参加分部工程验收的每个单位代表人数不宜超过2名。

(3)分部工程具备验收条件时,施工单位应向项目法人提交验收申请报告。项目法人应在收到验收申请报告之日起10个工作日内决定是否同意进行验收。

(4)分部工程验收应具备以下条件:所有单元工程已完成;已完单元工程施工质量经评定全部合格,有关质量缺陷已处理完毕或有监理机构批准的处理意见;合同约定的其他条件。

(5)分部工程验收应包括以下主要内容:检查工程是否达到设计标准或合同约定标准的要求;评定工程施工质量等级;对验收中发现的问题提出处理意见。

(6)分部工程验收工作主要程序:

①听取施工单位工程建设和单元工程质量评定情况的汇报;

②现场检查工程完成情况和工程质量；

③检查单元工程质量评定及相关档案资料；

④讨论并通过分部工程验收鉴定书。

(7)项目法人应在分部工程验收通过之日后10个工作日内，将验收质量结论和相关资料报质量监督机构核备。大型枢纽工程主要建筑物分部工程的验收质量结论应报质量监督机构核定。

(8)质量监督机构应在收到验收质量结论之日后20个工作日内，将核备(定)意见书面反馈项目法人。

(9)当质量监督机构对验收质量结论有异议时，项目法人应组织参加验收单位进一步研究，并将研究意见报质量监督机构。当双方对验收质量结论仍然有分歧意见时，应报上一级质量监督机构协调解决。

(10)分部工程验收遗留问题处理情况应有书面记录并有相关责任单位代表签字，书面记录应随分部工程验收鉴定书一并归档。

(11)分部工程验收鉴定书格式见《水利水电建设工程验收规程》(SL 223—2008)附录F。正本数量可按参加验收单位、质量和安全监督机构各一份以及归档所需要的份数确定。自验收鉴定书通过之日起30个工作日内，由项目法人发送有关单位，并报送法人验收监督管理机关备案。

8.5.1.3 单位工程验收

(1)单位工程验收应由项目法人主持。验收工作组由项目法人、勘测、设计、监理、施工、主要设备制造(供应)商、运行管理等单位的代表组成；必要时，可邀请上述单位以外的专家参加。

(2)单位工程验收工作组成员应具有中级及以上技术职称或相应执业资格，每个单位代表人数不宜超过3名。

(3)单位工程完工并具备验收条件时，施工单位应向项目法人提出验收申请报告，项目法人应在收到验收申请报告之日起10个工作日内决定是否同意进行验收。

(4)项目法人组织单位工程验收时，应提前10个工作日通知质量和安全监督机构。主要建筑物单位工程验收应通知法人验收监督管理机关。法人验收监督管理机关可视情况决定是否列席验收会议，质量和安全监督机构应派员列席验收会议。

(5)单位工程验收应具备以下条件：所有分部工程已完建并验收合格；分部工程验收遗留问题已处理完毕并通过验收，未处理的遗留问题不影响单位工程质量评定并有处理意见；合同约定的其他条件。

(6)单位工程验收应包括以下主要内容：

①检查工程是否按批准的设计内容完成；

②评定工程施工质量等级；

③检查分部工程验收遗留问题处理情况及相关记录；

④对验收中发现的问题提出处理意见。

(7)单位工程验收应按以下程序进行：

①听取工程参建单位工程建设有关情况的汇报；

②现场检查工程完成情况和工程质量；

③检查分部工程验收有关文件及相关档案资料；

④讨论并通过单位工程验收鉴定书。

(8)需要提前投入使用的单位工程应进行单位工程投入使用验收。单位工程投入使用验收由项目法人主持，根据工程具体情况，经竣工验收主持单位同意，单位工程投入使用验收也可由竣工验收主持单位或其委托的单位主持。

(9)单位工程投入使用验收除满足(8)的条件外，还应满足以下条件：工程投入使用后，不影响其他工程正常施工，且其他工程施工不影响该单位工程安全运行；已经初步具备运行管理条件，需移交运行管理单位的，项目法人与运行管理单位已签订提前使用协议书。

(10)项目法人应在单位工程验收通过之日起10个工作日内，将验收质量结论和相关资料报质量监督机构核定。

(11)质量监督机构应在收到验收质量结论之日起20个工作日内，将核定意见反馈项目法人。

(12)单位工程验收鉴定书自通过之日起30个工作日内，由项目法人发送有关单位并报法人验收监督管理机关备案。

8.5.1.4 单项合同工程完工验收

(1)合同工程完成后，应进行合同工程完工验收。当合同工程仅包含一个单位工程(分部工程)时，宜将单位工程(分部工程)验收与合同工程完工验收一并进行，但应同时满足相应的验收条件。

(2)合同工程完工验收应由项目法人主持。验收工作组由项目法人以及与合同工程有关的勘测、设计、监理、施工、主要设备制造(供应)商等单位的代表组成。

(3)合同工程具备验收条件时，施工单位应向项目法人提出验收申请报告，项目法人应在收到验收申请报告之日起20个工作日内决定是否同意进行验收。

(4)合同工程完工验收应具备以下条件：

①合同范围内的工程项目已按合同约定完成；

②工程已按规定进行了有关验收；

③观测仪器和设备已测得初始值及施工期各项观测值；

④工程质量缺陷已按要求进行处理；

⑤工程完工结算已完成；

⑥施工现场已经进行清理；

⑦需移交项目法人的档案资料已按要求整理完毕；

⑧合同约定的其他条件。

(5)合同工程完工验收应包括以下主要内容：

①检查合同范围内工程项目和工作完成情况；

②检查施工现场清理情况；

③检查已投入使用工程运行情况；

④检查验收资料整理情况；

⑤鉴定工程施工质量；

⑥检查工程完工结算情况；

⑦检查历次验收遗留问题的处理情况；

⑧对验收中发现的问题提出处理意见；

⑨确定合同工程完工日期；

⑩讨论并通过合同工程完工验收鉴定书。

(6)合同工程完工验收的工作程序可参照《水利水电建设工程验收规程》(SL 223—2008)第4.0.7条的规定进行。

(7)合同工程完工验收鉴定书格式见《水利水电建设工程验收规程》(SL 223—2008)附录H。正本数量可按参加验收单位、质量和安全监督机构以及归档所需要的份数确定。自验收鉴定书通过之日起30个工作日内，由项目法人发送有关单位，并报送法人验收监督管理机关备案。

8.5.1.5 工程项目完工验收

(1)当工程建设项目有两个以上合同时，全部合同工程完成后项目法人应组织进行工程项目完工验收。

(2)工程项目完工验收由项目法人主持，验收工作组由项目法人、设计、监理、施工、设备供应单位以及运行管理单位的代表组成。

(3)工程项目完工验收的主要工作如下：

①检查各合同工程的完成及验收情况；

②检查各合同工程之间的联动性；

③解决各合同工程之间存在的影响整个工程项目发挥整体效益的问题；

④讨论并通过验收成果文件。

(4)项目法人组织工程项目完工验收前，应当提前10个工作日通知项目工程质量监督机构和工程安全监督机构，同时报法人验收监督管理机关，法人验收监督管理机关可自行决定是否参加，工程质量监督机构和工程安全监督机构应参加工程项目完工验收，但上述参加验收人员不在有关验收鉴定书上签字。

(5)项目法人应在通过项目完工验收之日起10个工作日内，将验收的质量结论和相关资料报工程质量监督机构核备。

(6)工程项目完工验收的主要成果文件是《工程项目完工验收鉴定书》，验收工作组成员应当在鉴定书上签字。正本数量按参加验收单位、项目工程质量监督和工程安全监督机构、法人验收监督管理机关各一份以及归档所需要的份数确定。

(7)项目法人应当自工程项目完工验收通过之日起30个工作日内，将《工程项目完工验收鉴定书》报法人验收监督管理机关和竣工验收主持单位备案。

8.5.1.6 水电站(泵站)机组启动验收

(1)水电站(泵站)每台机组投入运行前，应进行机组启动验收。

(2)首(末)台机组启动验收应由竣工验收主持单位或其委托单位组织的机组启动验收委员会负责；中间机组启动验收应由项目法人组织的机组启动验收工作组负责。验收委员会(工作组)应由所在地区电力部门的代表参加。根据机组规模情况，竣工验收主持单位也可委托项目法人主持首(末)台机组启动验收。

(3)机组启动验收前,项目法人应组织成立机组启动试运行工作组开展机组启动试运行工作。首(末)台机组启动试运行前,项目法人应将试运行工作安排报验收主持单位备案;必要时,验收主持单位可派专家到现场收集有关资料,指导项目法人进行机组启动试运行工作。

(4)机组启动试运行工作组应主要进行以下工作:审查批准施工单位编制的机组启动试运行试验文件和机组启动试运行操作规程等;检查机组及相应附属设备安装、调试、试验以及分部试运行情况,决定是否进行充水试验和空载试运行;检查机组充水试验和空载试运行情况;检查机组带主变压器与高压配电装置试验和并列及负荷试验情况,决定是否进行机组带负荷连续运行;检查机组带负荷连续运行情况;检查带负荷连续运行结束后消缺处理情况;审查施工单位编写的机组带负荷连续运行情况报告。

(5)首(末)台机组启动验收前,验收主持单位应在机组启动试运行完成后,具备以下条件时组织进行技术预验收:

①与机组启动运行有关的建筑物基本完成,满足机组启动运行要求;

②与机组启动运行有关的金属结构及启闭设备安装完成,并经过调试合格,可满足机组启动运行要求;

③过水建筑物已具备过水条件,满足机组启动运行要求;

④压力容器、压力管道以及消防系统等已通过有关主管部门的检测或验收;

⑤机组、附属设备以及油、水、气等辅助设备安装完成,经调试合格并经分部试运转,满足机组启动运行要求;

⑥必要的输配电设备安装调试完成,并通过电力部门组织的安全性评价或验收,送(供)电准备工作已就绪,通信系统满足机组启动运行要求;

⑦机组启动运行的测量、监测、控制和保护等电气设备已安装完成并调试合格;

⑧有关机组启动运行的安全防护措施已落实,并准备就绪;

⑨按设计要求配备的仪器、仪表、工具及其他机电设备已能满足机组启动运行的需要;

⑩机组启动运行操作规程已编制,并得到批准;

⑪水库水位控制与发电水位调度计划已编制完成,并得到相关部门的批准;

⑫运行管理人员的配备可满足机组启动运行的要求;

⑬水位和引水量满足机组启动运行最低要求;

⑭机组按要求完成带负荷连续运行。

(6)技术预验收应包括以下主要内容:听取有关建设、设计、监理、施工和试运行情况报告;检查评价机组及其辅助设备质量、有关工程施工安装质量;检查试运行情况和消缺处理情况;对验收中发现的问题提出处理意见;讨论形成机组启动技术预验收工作报告。

(7)首(末)台机组启动验收应具备以下条件:技术预验收工作报告已提交;技术预验收工作报告中提出的遗留问题已处理。

(8)首(末)台机组启动验收应包括以下主要内容:听取工程建设管理报告和技术预验收工作报告;检查机组和有关工程施工、设备安装以及运行情况;鉴定工程施工质量;讨论并通过机组启动验收鉴定书。

(9)机组启动验收的工作要求如下:

①水电站机组带负荷连续运行时间72 h;泵站机组带额定负荷连续运行时间为24 h或7 d内累计运行时间为48 h,包括机组无故障停机次数不少于3次。

②受水位或水量限制无法满足上述要求时,经过项目法人组织论证并提出专门报告报验收主持单位批准后,可适当降低机组启动运行负荷以及减少连续运行的时间。

③机组分别完成单台启动验收后,应当进行机组联合运行,联合运行时间按设计要求进行。机组联合运行可以和最后一台机组启动验收合并进行。

(10)项目法人应当在机组启动验收通过之日起10个工作日内,将验收的质量结论和相关资料报工程质量监督机构核定。

(11)工程质量监督机构在收到机组启动验收的质量结论之日起10个工作日内,将核定意见返回项目法人。

(12)当工程质量监督机构对验收的质量结论有异议并提出处理意见时,项目法人应当组织参加验收单位及时处理并将结果反馈给工程质量监督机构。

(13)机组启动验收的主要成果文件是机组启动验收鉴定书,验收工作组成员应当在鉴定书上签字。机组启动验收鉴定书是机组交接和投入使用运行的依据。正本数量按参加验收单位、项目工程质量监督机构和工程安全监督机构、法人验收监督管理机关各一份以及归档所需要的份数确定。

(14)项目法人应当自机组通过验收之日起30个工作日内,将机组启动验收鉴定书报法人验收监督管理机关备案。

8.5.2　政府验收

8.5.2.1　阶段验收

阶段验收应包括枢纽工程导(截)流验收、水库下闸蓄水验收、引(调)排水工程通水验收、水电站(泵站)首(末)台机组启动验收、部分工程投入使用验收以及竣工验收主持单位根据工程建设需要增加的其他验收。

阶段验收应由竣工验收主持单位或其委托的单位主持。阶段验收委员会由验收主持单位、质量和安全监督机构、运行管理单位的代表以及有关专家组成;必要时,可邀请地方人民政府以及有关部门参加。工程参建单位应派代表参加阶段验收,并作为被验收单位在验收鉴定书上签字。

工程建设具备阶段验收条件时,项目法人应向竣工验收主持单位提出阶段验收申请报告。竣工验收主持单位应自收到阶段验收申请报告之日起20个工作日内决定是否同意进行阶段验收。

阶段验收应包括以下主要内容:检查已完工程的形象面貌和工程质量;检查在建工程的建设情况;检查后续工程的计划安排和主要技术措施落实情况,以及是否具备施工条件;检查拟投入使用工程是否具备运行条件;检查历次验收遗留问题的处理情况;鉴定已完工程施工质量; 对验收中发现的问题提出处理意见;讨论并通过阶段验收鉴定书。

1. 枢纽工程导(截)流验收

(1)枢纽工程导(截)流前,应进行导(截)流验收。

(2)导(截)流验收应具备以下条件:

①导流工程已基本完成,具备过流条件,投入使用(包括采取措施后)不影响其他未完工程继续施工;

②满足截流要求的水下隐蔽工程已完成;

③截流设计已获批准,截流方案已编制完成,并做好各项准备工作;

④工程度汛方案已经有管辖权的防汛指挥部门批准,相关措施已落实;

⑤截流后壅高水位以下的移民搬迁安置和库底清理已完成并通过验收,有航运功能的河道,碍航问题已得到解决。

(3)导(截)流验收应包括以下主要内容:

①检查已完水下工程、隐蔽工程、导(截)流工程是否满足导(截)流要求;

②检查建设征地、移民搬迁安置和库底清理完成情况;

③审查导(截)流方案,检查导(截)流措施和准备工作落实情况;

④检查为解决碍航等问题而采取的工程措施落实情况;

⑤鉴定与截流有关已完工程施工质量;

⑥对验收中发现的问题提出处理意见;

⑦讨论并通过阶段验收鉴定书。

2.水库下闸蓄水验收

(1)水库下闸蓄水前,应进行下闸蓄水验收。

(2)下闸蓄水验收应具备以下条件:挡水建筑物的形象面貌满足蓄水位的要求;蓄水淹没范围内的移民搬迁安置和库底清理已完成并通过验收;蓄水后需要投入使用的泄水建筑物已基本完成,具备过流条件;有关观测仪器、设备已按设计要求安装和调试,并已测得初始值和施工期观测值;蓄水后未完工程的建设计划和施工措施已落实;蓄水安全鉴定报告已提交;蓄水后可能影响工程安全运行的问题已处理,有关重大技术问题已有结论;蓄水计划、导流洞封堵方案等已编制完成,并做好各项准备工作;年度度汛方案(包括调度运用方案)已经有管辖权的防汛指挥部门批准,相关措施已落实。

(3)下闸蓄水验收应包括以下主要内容:检查已完工程是否满足蓄水要求;检查建设征地、移民搬迁安置和库区清理完成情况;检查近坝库岸处理情况;检查蓄水准备工作落实情况;鉴定与蓄水有关的已完工程施工质量;对验收中发现的问题提出处理意见;讨论并通过阶段验收鉴定书。

(4)工程分期蓄水时,宜分期进行下闸蓄水验收。

3.部分工程投入使用验收

(1)项目施工工期因故拖延,并预期完成计划不确定的工程项目,部分已完成工程需要投入使用的,应进行部分工程投入使用验收。

(2)在部分工程投入使用验收申请报告中,应包含项目施工工期拖延的原因、预期完成计划的有关情况和部分已完成工程提前投入使用的理由等内容。

(3)部分工程投入使用验收应具备以下条件:

①拟投入使用工程已按批准设计文件规定的内容完成并已通过相应的法人验收;

②拟投入使用工程已具备运行管理条件;

③工程投入使用后,不影响其他工程正常施工,且其他工程施工不影响部分工程安全

运行(包括采取防护措施);

④项目法人与运行管理单位已签订部分工程提前使用协议;

⑤工程调度运行方案已编制完成,度汛方案已经有管辖权的防汛指挥部门批准,相关措施已落实。

(4)部分工程投入使用验收应包括以下主要内容:

①检查拟投入使用工程是否已按批准设计完成;

②检查工程是否已具备正常运行条件;

③鉴定工程施工质量;

④检查工程的调度运用、度汛方案落实情况;

⑤对验收中发现的问题提出处理意见;

⑥讨论并通过部分工程投入使用验收鉴定书。

(5)部分工程投入使用验收鉴定书是部分工程投入使用运行的依据,也是施工单位向项目法人交接和项目法人向运行管理单位移交的依据。

8.5.2.2　专项验收

工程竣工验收前,应按有关规定进行专项验收。专项验收主持单位应按国家和相关行业的有关规定确定。

项目法人应按国家和相关行业主管部门的规定,向有关部门提出专项验收申请报告,并做好有关准备和配合工作。

专项验收应具备的条件、验收主要内容、验收程序以及验收成果性文件的具体要求等应执行国家及相关行业主管部门的有关规定。

专项验收成果性文件应是工程竣工验收成果性文件的组成部分。项目法人提交竣工验收申请报告时,应附相关专项验收成果性文件复印件。

8.5.2.3　竣工验收

1. 一般规定

(1)竣工验收应在工程建设项目全部完成并满足下列运行条件后1年内进行。不能按期进行竣工验收的,经竣工验收主持单位同意,可适当延长期限,但最长不得超过6个月:

①泵站工程经过一个排水或抽水期;

②河道疏浚工程完成后;

③其他工程经过6个月(经过一个汛期)至12个月。

(2)工程具备验收条件时,项目法人应向竣工验收主持单位提出竣工验收申请报告,竣工验收申请报告应经法人验收监督管理机关审查后报竣工验收主持单位,竣工验收主持单位应自收到申请报告后20个工作日内决定是否同意进行竣工验收。

(3)工程未能按期进行竣工验收的,项目法人应提前30个工作日向竣工验收主持单位提出延期竣工验收专题申请报告。申请报告应包括延期竣工验收的主要原因及计划延长的时间等内容。

(4)项目法人编制完成竣工财务决算后,应报送竣工验收主持单位财务部门进行审查和审计部门进行竣工审计。审计部门应出具竣工审计意见。项目法人应对审计意见中提出的问题进行整改并提交整改报告。

(5)竣工验收分为竣工技术预验收和竣工验收两个阶段。大型水利工程在竣工技术预验收前，应按照有关规定进行竣工验收技术鉴定。对于中型水利工程，竣工验收主持单位可以根据需要决定是否进行竣工验收技术鉴定。

(6)竣工验收应具备以下条件：

①工程已按批准设计全部完成；

②工程重大设计变更已经有审批权的单位批准；

③各单位工程能正常运行；

④历次验收所发现的问题已基本处理完毕；

⑤各专项验收已通过；

⑥工程投资已全部到位；

⑦竣工财务决算已通过竣工审计，审计意见中提出的问题已整改并提交了整改报告；

⑧运行管理单位已明确，管理养护经费已基本落实；

⑨质量和安全监督工作报告已提交，工程质量达到合格标准；

⑩竣工验收资料已准备就绪。

(7)工程有少量建设内容未完成，但不影响工程正常运行，且能符合财务有关规定，项目法人已对尾工做出安排的，经竣工验收主持单位同意，可进行竣工验收。

(8)竣工验收应按以下程序进行：

①项目法人组织进行竣工验收自查；

②项目法人提交竣工验收申请报告；

③竣工验收主持单位批复竣工验收申请报告；

④进行竣工技术预验收；

⑤召开竣工验收会议；

⑥印发竣工验收鉴定书。

2.竣工验收自查

(1)申请竣工验收前，项目法人应组织竣工验收自查。自查工作由项目法人主持，由勘测、设计、监理、施工、主要设备制造(供应)商以及运行管理等单位的代表参加。

(2)竣工验收自查应包括以下主要内容：

①检查有关单位的工作报告；

②检查工程建设情况，评定工程项目施工质量等级；

③检查历次验收、专项验收的遗留问题和工程初期运行所发现问题的处理情况；

④确定工程尾工内容及其完成期限和责任单位；

⑤对竣工验收前应完成的工作做出安排；

⑥讨论并通过竣工验收自查工作报告。

(3)项目法人组织工程竣工验收自查前，应提前10个工作日通知质量和安全监督机构，同时向法人验收监督管理机关报告。质量和安全监督机构应派员列席自查工作会议。

(4)项目法人应在完成竣工验收自查工作之日起10个工作日内，将自查的工程项目质量结论和相关资料报质量监督机构核备。

(5)竣工验收自查工作报告格式见《水利水电建设工程验收规程》(SL 223—2008)附

录O。参加竣工验收自查的人员应在自查工作报告上签字。项目法人应自竣工验收自查工作报告通过之日起30个工作日内,将自查报告报法人验收监督管理机关。

3.竣工技术预验收

(1)竣工技术预验收应由竣工验收主持单位组织的专家组负责。竣工技术预验收专家组成员应具有高级技术职称或相应执业资格,2/3 以上成员应来自工程非参建单位。工程参建单位的代表应参加技术预验收,负责回答专家组提出的问题。

(2)竣工技术预验收专家组可下设专业工作组,并在各专业工作组检查意见的基础上形成竣工技术预验收工作报告。

(3)竣工技术预验收应包括以下主要内容:

①检查工程是否按批准的设计完成;

②检查工程是否存在质量隐患和影响工程安全运行的问题;

③检查历次验收、专项验收的遗留问题和工程初期运行中所发现问题的处理情况;

④对工程重大技术问题做出评价;

⑤检查工程尾工安排情况;

⑥鉴定工程施工质量;

⑦检查工程投资、财务情况;

⑧对验收中发现的问题提出处理意见。

(4)竣工技术预验收应按以下程序进行:

①现场检查工程建设情况并查阅有关工程建设资料;

②听取项目法人、设计、监理、施工、质量和安全监督机构、运行管理等单位工作报告;

③听取竣工验收技术鉴定报告和工程质量抽样检测报告;

④专业工作组讨论并形成各专业工作组意见;

⑤讨论并通过竣工技术预验收工作报告;

⑥讨论并形成竣工验收鉴定书初稿。

4.组织竣工验收

(1)竣工验收委员会可设主任委员1名、副主任委员以及委员若干名,主任委员应由验收主持单位代表担任。竣工验收委员会由竣工验收主持单位、有关地方人民政府和部门、有关水行政主管部门和流域管理机构、质量和安全监督机构、运行管理单位的代表以及有关专家组成。工程投资方代表可参加竣工验收委员会。

(2)项目法人、勘测、设计、监理、施工和主要设备制造(供应)商等单位应派代表参加竣工验收,负责解答竣工验收委员会提出的问题,并作为被验收单位代表在竣工验收鉴定书上签字。

(3)竣工验收会议应包括以下主要内容和程序:

①现场检查工程建设情况及查阅有关资料。

②召开大会,宣布竣工验收委员会组成人员名单;观看工程建设声像资料;听取工程建设管理工作报告;听取竣工技术预验收工作报告;听取竣工验收委员会确定的其他报告;讨论并通过竣工验收鉴定书;竣工验收委员会委员和被验收单位代表在竣工验收鉴定书上签字。

(4)工程项目质量达到合格以上等级的,竣工验收的质量结论意见为合格。

(5)竣工验收鉴定书数量按竣工验收委员会组成单位、工程主要参建单位各1份以及归档所需要份数确定。自竣工验收鉴定书通过之日起30个工作日内,由竣工验收主持单位发送有关单位。

能力训练

一、单选题

1. 在工程项目质量管理中,起决定性作用的影响因素是(　　)。

A. 人　　B. 材料　　C. 机械　　D. 方法

2. 在直方图中,横坐标表示(　　)。

A. 影响产品质量的各因素　　B. 产品质量特性值

C. 不合格产品的频数　　D. 质量特性值出现的频数

3. 质量控制统计方法中,排列图法又称(　　)。

A. 管理图法　　B. 分层法

C. 频数分布直方图法　　D. 主次因素分析图法

4. (　　)又称树枝图或鱼刺图,是用来寻找某种质量问题的所有可能原因的有效方法。

A. 控制图法　　B. 因果分析图法　　C. 直方图法　　D. 统计分析表法

5. 质量控制统计方法中的(　　),可以使杂乱的数据和错综复杂的因素系统化、条理化,从而找出主要原因,采取相应措施。

A. 排列图法　　B. 控制图法　　C. 分层法　　D. 散布图法

6. 在质量管理过程中,通过抽样检查或检验试验所得到的质量问题、偏差、缺陷、不合格等统计数据,以及造成质量问题的原因分析统计数据,均可采用(　　)进行状况描述,它具有直观、主次分明的特点。

A. 排列图法　　B. 因果分析图法　　C. 控制图法　　D. 直方图法

7. 根据《水利水电工程施工质量检验与评定规程》(SL 176—2007),单元工程施工质量达不到《评定标准》合格规定时,经加固补强并经鉴定能达到设计要求,其质量可评为(　　)。

A. 合格　　B. 优良　　C. 优秀　　D. 部分优良

二、简答题

1. 什么是质量管理?什么是水利水电工程质量?
2. 什么是质量控制点?设置质量控制点时要考虑哪些方面?
3. 查阅《水利工程质量管理规定》,找出其他参建单位的质量管理内容有哪些?
4. 质量事故调查报告的主要内容要有哪些?
5. 施工项目质量事故的处理程序是什么?
6. 事故调查报告中包括的内容有哪些?

项目 9 施工进度管理

【学习目标】

1. 知识目标:①了解影响施工进度的因素;②了解施工进度计划的实施;③了解施工进度计划的检查与比较方法。

2. 技能目标:①能组织按计划实施工作;②能采取相应措施进行施工进度控制;③能进行施工进度计划的比较,并分析偏差。

3. 素质目标:①认真细致的工作态度;②严谨的工作作风。

任务 9.1 施工进度管理概述

9.1.1 施工进度管理的概念

9.1.1.1 施工进度的概念

进度通常是指工程项目实施结果的进展情况,在工程项目实施过程中要消耗时间(工期)、劳动力、材料、成本等才能完成项目的任务。项目实施结果应该以项目任务的完成情况,如工程的数量来表达。但由于工程项目对象系统(技术系统)的复杂性,常常很难选定一个恰当的、统一的指标来全面反映工程的进度。有时时间和费用与计划都吻合,但工程实物进度(工作量)未达到目标,则后期就必须投入更多的时间和费用。

在现代工程项目管理中,人们已赋予进度以综合的含义,它将工程项目任务、工期、成本有机地结合起来,形成一个综合的指标,能全面反映项目的实施状况。进度控制已不只是传统的工期控制,还将工期与工程实物、成本、劳动消耗、资源等统一起来。

9.1.1.2 施工进度表示指标

1. 持续时间

持续时间(工程活动的或整个项目的)是进度的重要指标,常用已经使用的工期与计划工期相比较来描述工程完成程度。例如计划工期两年,现已经进行了一年,则工期进度为 50%;一个工程活动,计划持续时间为 30 d,现已经进行了 15 d,则已完成 50%,但通常还不能说工程进度已达 50%,因为工期与人们通常概念上的进度是不一致的,工程的效率和速度不是一条直线,如通常工程项目开始时工作效率很低、进度慢,到工程中期投入最大、进度最快,而后期投入又较少,所以工期过半,并不能表示进度达到了一半,何况在已进行的工期中还存在各种停工、窝工、干扰作用,实际效率可能远低于计划的效率。

2. 按工程活动的结果状态数量描述

按工程活动的结果状态数量描述主要针对专门的领域,其生产对象简单、工程活动简单。例如,对设计工作按资料数量(图纸、规范等),混凝土工程按体积(墙、基础、柱),设备安装按吨位,管道、道路按长度,预制件按数量或重量、体积,运输量按吨、千米,土石方

按体积或运载量等。

特别当项目的任务仅为完成这些分部工程时，以它们作指标比较反映实际。

3. 已完工程的价值量

已完工程的价值量即用已经完成的工作量与相应的合同价格（单价）或预算价格计算。它将不同种类的分项工程统一起来，能够较好地反映工程的进度状况，这是常用的进度指标。

4. 资源消耗指标

资源消耗指标最常用的有劳动工时、机械台班、成本的消耗等，它们有统一性和较好的可比性，即各个工程活动直至整个项目部都可用它们作为指标，这样可以统一分析尺度。但在实际工程中要注意以下问题：

(1)投入资源数量和进度有时会有背离、会产生误导。例如，某活动计划需 100 工时，现已用了 60 工时，则进度已达 60%。这仅是偶然的，计划劳动效率和实际效率不会完全相等。

(2)由于实际工作量和计划经常有差别，如计划 100 工时，由于工程变更、工作难度增加、工作条件变化，应该需要 120 工时，现完成 60 工时，实质上仅完成 50%，而不是 60%，所以只有当计划正确（或反映最新情况），并按预定的效率施工时才得到正确的结果。

(3)用成本反映工程进度是经常的，但这里有以下因素要剔除：

①不正常原因造成的成本损失，如返工、窝工、工程停工。

②由于价格（如材料涨价、工资提高）造成的成本增加。

③考虑实际工程量、工程（工作）范围的变化造成的影响。

9.1.1.3　施工进度计划

所谓施工进度计划，是指在项目实施之前，先对工程项目各建设阶段的工作内容、工作程序、持续时间和衔接关系等制订出一个切实可行的、科学的进度计划，然后按计划逐步实施。进度计划是一项系统性工程，一个完整的项目进度计划既要反映关键设计或者施工工序以及前后其他工序之间的逻辑关系，还要覆盖项目组织设计、施工管理，既要反映项目生产要素配置问题，又要力求保证项目实施的连续性和均衡性。项目进度计划可以划分为总体进度计划、分项进度计划、年度进度计划。

9.1.1.4　施工进度控制

所谓施工进度控制，是指在项目进度计划制订之后，在项目实施过程中，针对项目进展情况进行检验、比对、分析、调整，以确保项目进度计划总体目标得以实现的过程，即在实施过程中经常检查实际进度是否按照计划要求顺利进行，对出现的偏差分析缘由，采取纠正措施或调整、修改原计划，直至竣工，交付使用。

施工进度控制的最终目的是确保项目进度计划目标的实现，实现施工合同约定的竣工日期，其总目标是建设工期。

施工进度控制的步骤如下。

1. 制订进度计划

进度计划是施工项目中各个单位工程或各个分项工程的施工顺序、开工和竣工时间以及相互衔接关系的计划。项目投标时虽然已按照招标文件的要求编制了初步进度计划,但在中标后还应该按照现场施工的具体条件和合同中的工期等具体要求编制出更为翔实的进度计划。

2. 进度计划的实施

要保证实现材料、人力和设备等资源的最优配置,施工过程中要及时检查、发现和记录影响进度的问题,努力找出问题发生的原因,根据其发生的原因采取相应的组织和技术措施,以便做好剩余工程的进度计划,保证项目各项工作按照计划要求进行。

3. 进度检查

进度检查与计划实施往往是同时进行的。进度检查是进度控制中最关键的一步,它将实际进度与计划进度进行比对,找出存在的偏差,采取相应的措施来进行调整,以保证工期目标的顺利实现。偏差一般通过与网络计划和横道图计划进行比较来确定。

4. 计划进度的调整

在进度控制中,一般是利用网络计划的方法来对项目计划进行纠偏,当发现实际进度与计划进度不相符时,改变关键线路上工作执行的时间,对非关键线路上的工作资源进行重新配置,以保证最合理的资源配置,进而保证工期目标的顺利实现。

9.1.1.5 施工进度管理

施工进度管理又称工期管理,是指在限定的时间范围内,以合同进度计划为依据,对整个建设过程进行监督、检查、指导和修正的过程,是在项目实施过程中针对项目各阶段进展程度以及最后完成的期限进行的管理。其目的是保证项目能在满足其时间约束条件的前提下实现其总体目标,是保证项目如期完成和合理安排资源供应、节约工程成本的重要措施之一。它是一项系统性的工程,具有阶段性和不均衡性,是一个动态的管理。

9.1.2 施工进度控制原理

9.1.2.1 动态控制原理

施工进度控制是一个不断进行的动态控制,也是一个循环进行的过程。实际进度按照计划进度进行时,两者相吻合;当实际进度与计划进度不一致时,便产生超前或落后的偏差。分析偏差的原因,采取相应的措施,调整原来计划,使两者在新的起点上重合,继续按其进行施工活动,并且尽量发挥组织管理的作用,使实际工作按计划进行。但是在新的干扰因素作用下,又会产生新的偏差。施工进度计划控制就是采用这种动态循环的控制方法。

9.1.2.2 系统原理

1. 施工项目计划系统

为了对施工项目实行进度计划控制,首先必须编制施工项目的各种进度计划。其中有施工项目总进度计划、单位工程进度计划、分部分项工程进度计划、季度和路桥月(旬)作业计划,这些计划组成一个施工项目进度计划系统。计划的编制对象由大到小,计划的内容从粗到细。编制时从总体计划到局部计划,逐层进行控制目标分解,以保证计划控制目标落实。执行计划时,从月(旬)作业计划开始实施,逐级按目标控制,从而达到对施工项目整体进度目标控制。

2. 施工进度实施组织系统

施工项目实施全过程的各专业队伍都是遵照计划规定的目标去努力完成的,施工项目经理和有关劳动调配、材料设备、采购运输等各职能部门都按照施工进度规定的要求进行严格管理、落实和完成各自的任务。施工组织各级负责人,从项目经理、施工队长、班组长到其所属全体成员组成施工项目实施的完整组织系统。

3. 施工进度控制组织系统

施工进度控制组织系统是为了保证施工项目进度实施的一个检查控制系统。自公司经理、项目经理到作业班组都设有专门职能部门或人员负责检查汇报,统计整理实际施工进度的资料,与计划进度比较分析并进行调整。不同层次人员负有不同进度控制职责,分工协作,形成一个纵横连接的施工进度控制组织系统。

9.1.2.3　信息反馈原理

信息反馈是施工项目进度控制的主要环节,施工的实际进度通过信息反馈给基层施工项目进度控制的工作人员,在分工的职责范围内,经过对其加工,再将信息逐级向上反馈,直到主控制室,主控制室整理统计各方面的信息,经比较分析做出决策,调整进度计划,仍使其符合预定工期目标。若不应用信息反馈原理,不断地进行信息反馈,则无法进行计划控制。施工项目进度控制的过程就是公路信息反馈的过程。

9.1.2.4　弹性原理

施工项目进度计划工期长、影响进度的因素多,其中有的已被人们掌握,根据统计经验估计出影响的程度和出现的可能性,并在确定进度目标时,进行实现目标的风险分析。在计划编制者具备了这些知识和实践经验之后,编制施工项目进度计划时就会留有余地,使施工进度计划具有弹性。在进行施工项目进度控制时,可以利用这些弹性,缩短有关工作的时间,或者改变它们之间的搭接关系,使检查之前拖延了工期,通过缩短剩余计划工期的方法,仍然达到预期的计划目标。这就是施工项目进度控制中对弹性原理的应用。

9.1.2.5　封闭循环原理

项目进度计划控制的全过程是计划—实施—检查—比较分析—确定调整措施—再计划。从编制项目施工进度计划开始,经过实施过程的跟踪检查,收集有关实际进度的信息,比较分析实际进度与施工计划进度之间的偏差,找出产生的原因和解决办法,确定调整措施,再修改原进度计划,形成一个封闭的循环系统。

9.1.2.6　网络计划技术原理

在施工项目进度的控制中利用网络计划技术原理编制进度计划,根据收集的实际进度信息,比较分析进度计划,又利用网络计划的工期优化、工期与成本优化和资源优化的理论调整计划。网络计划技术原理是施工项目进度控制的完整的计划管理和路桥分析计算的理论基础。

9.1.3　影响施工进度的因素

由于水利水电工程项目的施工特点,尤其是大型和复杂的施工项目,工期较长,影响进度因素较多,编制和控制计划时必须充分认识和考虑这些因素,才能克服其影响,使施工进度尽可能按计划进行。工程项目进度的主要影响因素有以下几点。

9.1.3.1 工程建设相关单位的影响

影响工程项目施工进度的单位不只是施工承包单位。事实上,只要是与工程建设有关的单位(如政府有关部门、业主、设计单位、物资供应单位、资金贷款单位,以及运输、通信、供电等部门等),其工作进度的拖后必将对施工进度产生影响。因此,控制施工进度仅仅考虑施工承包单位是不够的,必须充分发挥监理的作用,协调各相关单位之间的进度关系。而对于那些无法进行协调控制的进度关系,在进度计划的安排中应留有足够的机动时间。

9.1.3.2 物资供应进度的影响

施工过程中需要的材料、构配件、机具和设备等如果不能按期运抵施工现场或者运抵施工现场后发现其质量不符合有关标准的要求,都会对施工进度产生影响。因此,项目进度控制人员应严格把关,采取有效措施控制好物资供应进度。

9.1.3.3 资金的影响

工程施工的顺利进行必须有足够的资金做保障。一般来说,资金的影响主要来自业主,或者是由于没有及时给足工程预付款,或者是由于拖欠了工程进度款,这些都会影响到承包单位流动资金的周转,进而拖延施工进度。项目进度控制人员应根据业主的资金供应能力,安排好施工进度计划,并督促业主及时拨付工程预付款和工程进度款,以免因资金供应不足而拖延进度,导致工期索赔。

9.1.3.4 设计变更的影响

在施工过程中,出现设计变更是难免的,或者是由于原设计有问题需要修改,或者是由于业主提出了新的要求。项目进度控制人员应加强图纸审查,严格控制随意变更,特别对业主的变更要求应格外重视。

9.1.3.5 施工条件的影响

在施工过程中,一旦遇到气候、水文、地质及周围环境等方面的不利因素,必然会影响到施工进度。此时,承包单位应利用自身的技术组织能力予以克服。监理工程应积极疏通关系,协助承包单位解决那些自身不能解决的问题。

9.1.3.6 各种风险因素的影响

风险因素包括政治、经济、技术及自然等方面的各种预见的因素。政治方面的有战争、内乱、罢工、拒付债务、制裁等;经济方面的有延迟付款、汇率浮动、换汇控制、通货膨胀、分包单位违约等;技术方面有工程事故、试验失败、标准变化等;自然方面的有地震、洪水等。

9.1.3.7 承包单位自身管理水平的影响

施工现场的情况千变万化,如果承包单位的施工方案不当、计划不周、管理不善、解决问题不及时等,都会影响工程项目的施工进度。

9.1.4 影响施工进度的责任及处理

工程进度的推迟一般分为工期延误和工程延期,其责任及处理方法不同。

9.1.4.1 工期延误

承包商自身原因造成的工期延长,称为工期延误。由于工期延误造成的一切损失由承包商自己承担，包括承包商在监理工程师的同意下采取加快工程进度的措施所增加的费用。同时，由于工期延误所造成的工期延长，承包商还要向业主支付误期损失补偿费。由于工期延误所延长的时间不属于合同工期的一部分。

9.1.4.2　**工程延期**

由于承包商以外的因素造成施工期的延长，称为工程延期。经过监理工程师批准的延期，所延长的时间属于合同工期的一部分，即工程竣工的时间等于标书中规定的时间加上监理工程师批准的工程延期时间。可能导致工程延期的原因有工程量增加、未按时向承包商提供图样、恶劣的气候条件、业主的干扰和阻碍等。判断工程延期总的原则是承包商自身以外的任何原因造成的工程延长或中断，工程中出现的工程延长是否为工程延期对承包商和业主都很重要。因此，应按照有关的合同条件，正确地区分工期延误和工程延期，合理地确定工程延期的时间。

任务9.2　施工进度控制内容及措施

9.2.1　施工进度控制内容

进度控制是指管理人员为了保证实际工作进度与计划进度一致，有效地实现目标而采取的一切行动。建设项目管理系统及其外部环境是复杂多变的，管理系统在运行中会出现大量的管理主体不可控制的随机因素，即系统的实际运行轨迹是由预期量和干扰量共同作用而决定的。在项目实施过程中，得到的中间结果可能与预期进度目标不符甚至相差甚远，因此必须及时调整人力、时间及其他资源，改变施工方法，以期达到预期的进度目标，必要时应修正进度计划。这个过程称为施工进度动态控制。

根据进度控制方式的不同，可以将进度控制过程分为预先进度控制、同步进度控制和反馈进度控制。

9.2.1.1　**预先进度控制**

预先进度控制是指项目正式施工前所进行的进度控制，其行为主体是监理单位和施工单位的进度控制人员，其具体内容如下。

1. 编制施工阶段进度控制工作细则

施工阶段进度控制工作细则是进度管理人员在施工阶段对项目实施进度控制的一个指导性文件。其总的内容应包括以下几点：

(1)施工阶段进度目标系统分解图。

(2)施工阶段进度控制的主要任务和管理组织部门机构划分与人员职责分工。

(3)施工阶段与进度控制有关的各项相关工作的时间安排，项目总的工作流程。

(4)施工阶段进度控制所采取的具体措施(包括进度检查日期、信息采集方式、进度报表形式、信息分配计划、统计分析方法等)。

(5)进度目标实现的风险分析。

(6)尚待解决的有关问题。

施工阶段进度控制工作细则使项目在开工之前的一切准备工作(包括人员挑选与配

置、材料物资准备、技术资金准备等）皆处于预先控制状态。

2. 编制或审核施工总进度计划

施工阶段进度管理人员的主要任务是保证施工总进度计划的开、竣工日期与项目合同工期的时间要求一致。当采用多标发包形式施工时，施工总进度计划的编制要保证标与标之间的施工进度保持衔接关系。

3. 审核单位工程施工进度计划

承包商根据施工总进度计划编制单位工程施工进度计划，监理工程师对承包商提交的施工进度计划进行审核认定后方可执行。

4. 进行进度计划系统的综合

施工进度计划进行审核以后，往往要把若干个有相互关系的处于同一层次或不同层次的施工进度综合成一个多阶施工总进度计划，以利于进行总体控制。

9.2.1.2 同步进度控制

同步进度控制是指项目施工过程中进行的进度控制，这是施工进度计划能否付诸实现的关键过程。进度控制人员一旦发现实际进度与目标偏离，必须及时采取措施以纠正这种偏差。项目施工过程中进度控制的执行主体是工程施工单位，进度控制主体是监理单位。施工单位按照进度要求及时组织人员、设备、材料进场，并及时上报分析进度资料确保进度的正常进行，监理单位同步进行进度控制。

对收集的进度数据进行整理和统计，并将计划进度与实际进度进行比较，从中发现是否出现进度偏差。分析进度偏差将会带来的影响并进行工程进度预测，从而提出可行的修改措施。组织定期和不定期的现场会议，及时分析、通报工程施工进度状况，并协调各承包商之间的生产活动。

9.2.1.3 反馈进度控制

反馈进度控制是指完成整个施工任务后进行的进度控制工作，具体内容有：及时组织验收工作；处理施工索赔；整理工程进度资料；根据实际施工进度，及时修改和调整验收阶段进度计划及监理工作计划，以保证下一阶段工作的顺利开展。

9.2.2 施工进度控制措施

施工进度控制措施主要有组织措施、管理措施、经济措施和技术措施。

9.2.2.1 组织措施

组织是目标能否实现的决定性因素，为实现项目的进度目标，应充分重视健全项目管理的组织体系。工程项目进度控制的组织措施主要有：

（1）进行项目分解，如按项目结构分解、按项目进展阶段分解、按合同结构分解，并建立编码体系。

（2）落实进度控制部门人员、具体控制任务和管理职责分工。在项目组织结构中应有专门的工作部门和符合进度控制岗位资格的专人负责进度控制工作。

（3）确定进度协调工作制度，包括协调会议举行的时间、协调会议的参加人员等。

（4）对影响进度目标实现的干扰和风险因素进行分析。风险分析要有依据，主要是根据多年统计资料的积累，对各种因素影响进度的概率及进度拖延的损失值进行计算和

预测,并应考虑有关项目审批部门对进度的影响等。

9.2.2.2　管理措施

管理措施涉及管理的思想、管理的方法、承发包模式、合同管理和风险管理等。

(1)树立正确的管理观念,包括进度计划系统观念、动态管理观念、进度计划多方案比较和选优观念。

(2)运用科学的管理方法,将工程网络计划的方法应用于进度管理,实现进度管理的科学化。用工程网络计划的方法编制进度计划时,必须严谨地分析和考虑工作之间的逻辑关系,通过工程网络的计算发现关键工作和关键线路,也可明确非关键工作可使用的时差。

(3)选择合适的承发包模式;重视合同管理在进度管理中的应用。承发包模式的选择直接关系到工程实施的组织和协调。为了实现进度目标,应选择合理的合同结构,以避免过多的合同交界面而影响工程的进展。工程物资的采购模式对进度也有直接的影响,对此应分析比较。

(4)注意进行工程进度的风险分析,在分析的基础上采取风险管理措施,以减少进度失控的风险量。

(5)重视信息技术在进度控制中的应用。

9.2.2.3　经济措施

经济措施涉及资金需要量计划、资金供应的条件和经济激励措施等。为确保进度目标的实现,应编制与进度计划相适应的资源需要量计划,以反映工程实施的各时段所需要的资源。通过资源需求分析,发现所编制的进度计划实现的可能性,若资源条件不具备,则应调整进度计划。

资金供应条件包括可能的资金总供应量、资金来源以及资金供应的时间。在工程预算中应考虑加快工程进度所需要的资金,其中包括为实现进度目标将要采取的经济激励措施所需要的费用。

9.2.2.4　技术措施

技术措施主要指对实现施工进度目标有利的设计技术和施工技术的选用。不同的设计理念、设计技术路线、设计方案会对工程进度产生不同的影响,在设计工作的前期,特别是在设计方案评审和选用时,应对设计技术、设计方案与工程进度的匹配做分析比较。在工程进度受阻时,应分析是否存在设计技术或设计方案的影响因素,确定为实现进度目标有无设计变更,改变施工技术、施工方法和施工机械的可能性。

任务 9.3　施工进度计划实施及其检查

9.3.1　施工进度计划实施

施工进度计划实施就是施工活动的开展,就是用施工进度计划指导施工活动、落实和完成计划。施工进度计划逐步实施的过程就是施工项目建造逐步完成的过程。为了保证施工进度计划的实施和各进度目标的实现,应做好以下工作。

9.3.1.1　施工进度计划的审核

项目经理应进行施工进度计划的审核,其主要内容包括:

(1)进度安排是否符合施工合同确定的建设项目总目标和分目标的要求,是否符合其开、竣工日期的规定。

(2)施工进度计划中的内容是否有遗漏,分期施工是否满足分批交工的需要和配套交工的要求。

(3)施工顺序安排是否符合施工程序的要求。

(4)资源供应计划是否能保证施工进度计划的实现,供应是否均衡,分包人供应的资源是否能满足进度要求。

(5)施工图设计的进度是否满足施工进度计划要求。

(6)总分包之间的进度计划是否相协调,专业分工与计划的衔接是否明确、合理。

(7)对实施进度计划的风险是否分析清楚、是否有相应的对策。

(8)各项保证进度计划实现的措施设计是否周到、可行、有效。

9.3.1.2　施工进度计划的贯彻

(1)检查各层次的计划,形成严密的计划保证系统。

施工项目所有的施工总进度计划、单项工程施工进度计划、分部分项工程施工进度计划都是围绕一个总任务编制的,它们之间关系是高层次计划为低层次计划提供依据,低层次计划是高层次计划的具体化。在其贯彻执行时,应当首先检查是否协调一致,计划目标是否层层分解、互相衔接,组成一个计划实施的保证体系,以施工任务书的方式下达施工队,保证施工进度计划的实施。

(2)层层明确责任并充分利用施工任务书。

施工项目经理、作业队和作业班组之间分别签订责任状,按计划目标规定工期、质量标准、承担的责任、权限和利益。用施工任务书将作业任务下达到作业班组,明确具体施工任务、技术措施、质量要求等内容,使施工班组必须保证按作业计划时间完成规定的任务。

(3)进行计划交底,促进计划全面、彻底实施。

施工进度计划的实施是全体工作人员的共同行动,要使有关部门人员都明确各项计划的目标、任务、实施方案和措施,使管理层和作业层协调一致,将计划变成全体员工的自觉行动,在计划实施前可以根据计划的范围进行计划交底工作,使计划得到全面、彻底的实施。

9.3.1.3　施工项目进度计划的实施

1.编制月(旬)作业计划

为了实施施工计划,将规定的任务结合现场施工条件,如施工场地的情况、劳动力、机械等资源条件和实际的施工进度,在施工开始前和过程中不断地编制本月(旬)作业计划,这是使施工计划更具体、更实际和更可行的重要环节。在月(旬)作业计划中要明确本月(旬)应完成的任务、所需要的各种资源量及提高劳动生产率和节约措施等。

2.签发施工任务书

编制好月(旬)作业计划以后,将每项具体任务通过签发施工任务书的方式下达班组进一步落实、实施。施工任务书是向班组下达任务，实行责任承包、全面管理和原始记录的综合性文件。施工班组必须保证指令任务的完成。它是计划和实施的纽带。

施工任务书应由工长编制并下达。在实施过程中要做好记录，任务完成后回收，作为原始记录和业务核算资料。

施工任务书应按班组编制和下达。它包括施工任务单、限额领料单和考勤表。施工任务单包括分项工程施工任务、工程量、劳动量、开工日期、完工日期、工艺、质量、安全要求。限额领料单是根据施工任务书编制的控制班组领用材料的依据，应具体列明材料名称、规格、型号、单位、数量和领用记录、退料记录等。考勤表可附在施工任务书背面，按班组人名排列，供考勤时填写。

3. 做好施工进度记录，填好施工进度统计表

在计划任务完成的过程中，各级施工进度计划的执行者都要跟踪做好施工记录，即记载计划中的每项工作开始日期、每日完成数量和完成日期；记录施工现场发生的各种情况、干扰因素的排除情况；跟踪做好工程形象进度、工程量、总产值及耗用的人工、材料和机械台班等的数量统计与分析，为施工项目进度检查和控制分析提供反馈信息。因此，要求实事求是记载，并填好上报统计报表。

4. 做好施工中的调度工作

施工中的调度是组织施工中各阶段、环节、专业和工种的配合，进度协调的指挥核心。调度工作内容主要有：督促作业计划的实施，调整协调各方面的进度关系；监督检查施工准备工作；督促资源供应单位按计划供应劳动力、施工机具、运输车辆、材料构配件等，并对临时出现的问题采取调配措施；按施工平面图管理现场，结合实际情况进行必要的调整，保证文明施工；了解气候、水、电、气的情况，采取相应的防范和保证措施；及时发现和处理施工中各种事故和意外事件；调节各薄弱环节；定期及时召开现场调度会议，贯彻施工项目主管人员的决策，发布调度令。

9.3.2　施工进度计划检查

在施工项目的实施过程中，为了进行进度控制，进度控制人员应经常地、定期地跟踪检查施工实际进度情况，主要是收集施工进度材料，进行统计整理和对比分析，确定实际进度与计划进度之间的关系，其主要工作包括有以下几点。

9.3.2.1　跟踪检查施工实际进度

为了对施工进度计划的完成情况进行统计、进行进度分析和给调整计划提供信息，应对施工进度计划依据其实施记录进行跟踪检查。

跟踪检查施工实际进度是项目施工进度控制的关键措施。一般检查的时间间隔与施工项目的类型、规模、施工条件和对进度执行要求程度有关。通常可以确定每月、半月、旬或周进行一次。若施工中遇到天气、资源供应等不利因素的严重影响，检查的时间间隔可临时缩短，次数应频繁，甚至可以每日进行检查，或派人员驻现场督阵。检查和收集资料的方式一般采用进度报表方式或定期召开进度工作汇报会。为了保证汇报资料的准确性，进度控制人员要经常到现场察看施工项目的实际进度情况，从而保证经常地、定期地准确掌握施工项目的实际进度。

根据不同需要，进行日检查或定期检查的内容包括以下几点：

(1)检查期内实际完成和累计完成工程量。

(2)实际参加施工的人力、机械数量和生产效率。

(3)窝工人数、窝工机械台班数及其原因分析。

(4)进度偏差情况。

(5)进度管理情况。

(6)影响进度的特殊原因及分析。

(7)整理统计检查数据。

收集到的施工项目实际进度数据要进行必要的整理，按计划控制工作项目进行统计，形成与计划进度具有可比性的数据、相同的量纲和形象进度。一般按实物工程量、工作量和劳动消耗量以及累计百分比整理和统计实际检查的数据，以便与相应的计划完成量相对比。

9.3.2.2　**对比实际进度与计划进度**

将收集的资料整理和统计成具有与计划进度可比性的数据后，用施工项目实际进度与计划进度进行比较。通常采用的比较方法有横道图比较法、S曲线比较法、香蕉形曲线比较法、前锋线比较法和列表比较法等。通过比较得出实际进度与计划进度相一致、超前、拖后三种情况。

9.3.2.3　**施工进度检查结果的处理**

施工进度检查的结果按照检查报告制度的规定，形成进度控制报告向有关主管人员和部门汇报。

施工进度控制报告是把检查比较结果、有关施工进度现状和发展趋势，提供给项目经理及各级业务职能负责人的最简单的书面形势报告。

施工进度控制报告是根据报告对象不同，确定不同的编制范围和内容而分别编制的。一般分为：项目概要级进度控制报告，是报给项目经理、企业经理或业务部门以及建设单位的，它是以整个施工项目为对象说明进度计划执行情况的报告；项目管理级进度报告，是报给项目经理及企业业务部门的，它是以单位工程或项目分区为对象说明进度计划执行情况的报告；业务管理级进度报告，是就某个重点部位或重点问题为对象编写的报告，供项目管理者及各业务部门为其采取应急措施而使用的。

进度报告由计划负责人或进度管理人员与其他项目管理人员协作编写。报告时间一般与进度检查时间相协调，也可按月、旬、周等间隔时间进行编写上报。

通过检查应向企业提供施工进度报告的内容主要包括：项目实施概况、管理概况、进度概要的总说明；项目施工进度、形象进度及简要说明；施工图纸提供进度；材料物资、构配件供应进度；劳务记录及预测；日历计划；对建设单位、监理和施工者的工程变更指令、价格调整、索赔及工程款收支情况；进度偏差的状况和导致偏差的原因分析；解决的措施；计划调整意见等。

任务 9.4　实际进度与计划进度的比较方法

9.4.1　横道图比较法

横道图比较法是指将项目实施过程中检查实际进度收集到的数据，经加工整理后直接用横道线平行绘于原计划的横道线处，比较实际进度与计划进度的方法。采用横道图比较法，可以形象、直观地反映实际进度与计划进度的比较情况。

例如，某水利工程项目溢洪道工程的计划进度和截止到第 8 周末的实际进度如图 9-1 所示，其中双线条表示该工程计划进度，粗实线表示实际进度。从图 9-1 中实际进度与计划进度的比较可以看出，到第 8 周末进行实际进度检查时，挖土方已经完成；支模板按计划也应该完成，但实际只完成了 75%，任务量拖欠 25%；绑扎钢筋按计划应该完成 60%，而实际只完成了 40%，任务量拖欠 20%；浇筑混凝土实际进度与计划进度一致，完成了 25%，无拖欠。

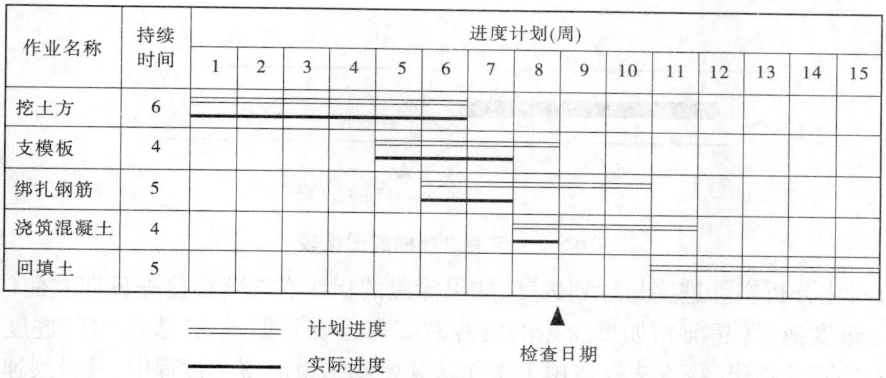

作业名称	持续时间	进度计划(周)														
		1	2	3	4	5	6	7	8	9	10	11	12	13	14	15
挖土方	6															
支模板	4															
绑扎钢筋	5															
浇筑混凝土	4															
回填土	5															

计划进度　　实际进度　　检查日期

图 9-1　某溢洪道工程实际进度与计划进度比较

根据各项工作的进度偏差，进度控制者可以采取相应的纠偏措施对进度计划进行调整，以确保该工程按期完成。

图 9-1 所表达的比较方法仅适用于工程项目中的各项工作都是匀速进展的情况，即每项工作在单位时间内完成的任务量都相等的情况。事实上，工程项目中各项工作的进展不一定是匀速的。根据工程项目中各项工作的进展是否匀速，可分别采用以下两种方法进行实际进度与计划进度的比较。

9.4.1.1　匀速进展横道图比较法

匀速进展是指在工程项目中，每项工作在单位时间内完成的任务量都是相等的，即每项工作累计完成的任务量与时间呈线性关系，如图 9-2 所示。完成的任务量可以用实物工程量、劳动消耗量或费用支出表示。为了便于比较，常用上述物理量的百分比表示。

采用匀速进展横道图比较法的步骤如下：

(1)编制横道图进度计划；

(2)在进度计划上标出检查日期；

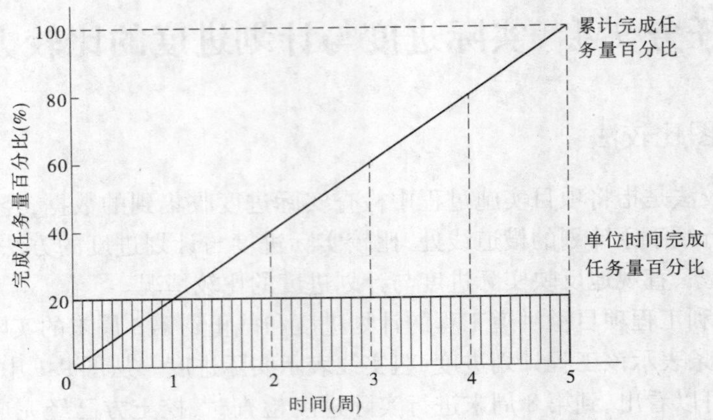

图 9-2 工作匀速进展时任务量与时间关系曲线

(3)将检查收集到的实际进度数据经过加工整理后按比例用粗黑线标于计划进度的下方,如图 9-3 所示。

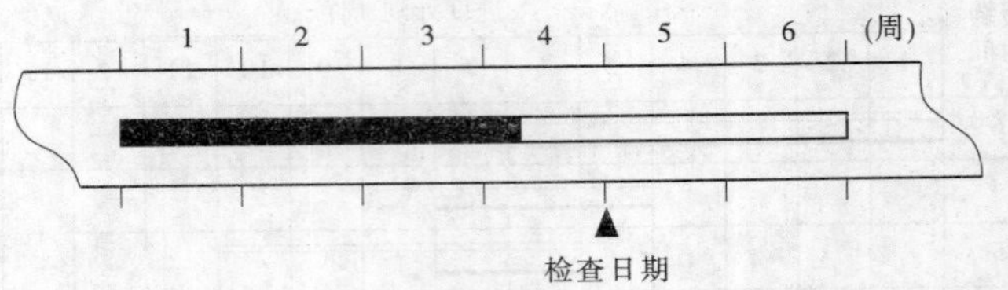

图 9-3 匀速进展横道图比较

(4)对比分析实际进度与计划进度:如果涂黑的粗线右端落在检查日期左侧(右侧),表明实际进度拖后(超前);如果涂黑的粗线右端与检查日期重合,表明实际进度与计划进度一致。必须指出,该方法仅适用于工作从开始到结束的整个过程中,其进展速度均为固定不变的情况。如果工作的进展速度是变化的,则不能采用这种方法进行实际进度与计划进度的比较;否则,会得出错误的结论。

9.4.1.2 非匀速进展横道图比较法

当工作在不同单位时间里的进展速度不相等时,累计完成的任务量与时间的关系就不可能是线性关系。此时,应采用非匀速进展横道图比较法进行工作实际进度与计划进度的比较。

非匀速进展横道图比较法在用涂黑粗线表示工作实际进度的同时,还要标出其对应时刻完成任务量的累计百分比,并将该百分比与其同时可计划完成任务量的累计百分比相比较,判断工作实际进度与计划进度之间的关系。

下面以一简例说明非匀速进展横道图比较法的步骤。

【例 9-1】 某水利工程项目中的隧洞开挖工作按施工进度计划安排需要 6 周完成,每周计划完成的任务量百分比如图 9-4 所示。

(1)编制横道图进度计划,如图 9-5 所示。

(2)在横道线上方标出隧洞开挖工作每周计划累计完成任务量百分比,分别为 10%、

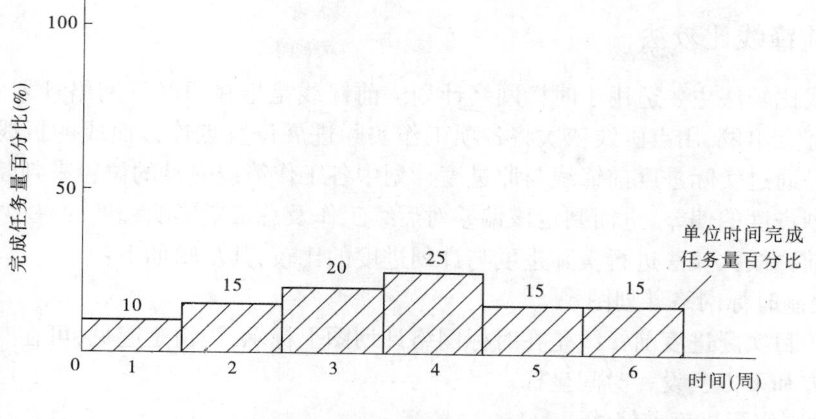

图 9-4　隧洞开挖工作进展时间与完成任务量关系

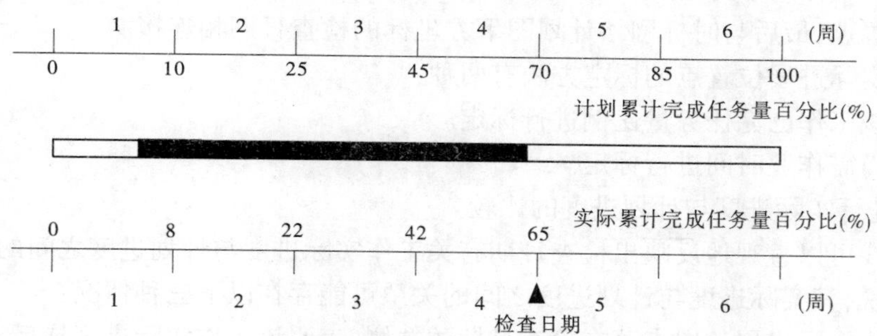

图 9-5　非匀速进展横道图

25%、45%、70%、85%和 100%。

(3)在横道线下方标出第 1 周至检查日期(第 4 周)每周实际累计完成任务量百分比,分别为 8%、22%、42%和 65%。

(4)用涂黑粗线标出实际投入的时间。图 9-5 表明,该工作在第 1 周实际进度比计划进度拖后 2%,以后各周累计拖后分别为 3%、3%和 5%。

由于工作进展速度是变化的,因此在图中的横道线,无论是计划的还是实际的,只能表示工作的开始时间、完成时间和持续时间,并不表示计划完成的任务量和实际完成的任务量。此外,采用非匀速进展横道图比较法,不仅可以进行某一时刻(如检查日期)实际进度与计划进度的比较,而且能进行某一时间段实际进度与计划进度的比较。当然,这需要实施部门按规定的时间记录当时的任务完成情况。

横道图比较法虽有记录和比较简单、形象直观、易于掌握、使用方便等优点,但由于其以横道计划为基础,因而带有不可克服的局限性。在横道计划中,各项工作之间的逻辑关系表达不明确,关键工作和关键线路无法确定。一旦某些工作实际进度出现偏差时,难以预测其后续工作和工程总工期的影响,也就难以确定相应的进度计划调整方法。因此,横道图比较法主要用于工程项目中某些工作实际进度与计划进度的局部比较。

9.4.2　前锋线比较法

前锋线比较法主要适用于时标网络计划。前锋线是指在原时标网络计划上,从检查时刻的时标点出发,用点画线依次将各项工作实际进展位置点连接而成的折线。前锋线比较法就是通过实际进度前锋线与原进度计划中各工作箭线交点的位置来判断工作实际进度与计划进度的偏差,进而判定该偏差对后续工作及总工期影响程度的一种方法。

采用前锋线比较法进行实际进度与计划进度的比较,其步骤如下:

(1)绘制时标网络计划图。

工程项目实际进度前锋线是在时标网络计划图上标示,为清楚起见,可在时标网络计划图的上方和下方各设一时间坐标。

(2)绘制实际进度前锋线。

一般从时标网络计划图上方时间坐标的检查日期开始绘制,依次连接相邻工作的实际进展位置点,最后与时标网络计划图下方坐标的检查日期相连接。

工作实际进展位置点的标定方法有两种:

①按该工作已完任务量比例进行标定。

②按尚需作业时间进行标定。

(3)进行实际进度与计划进度的比较。

前锋线可以直观地反映出检查日期有关工作实际进度与计划进度之间的关系。对某项工作来说,其实际进度与计划进度之间的关系可能存在以下三种情况:

①工作实际进展位置点落在检查日期的左侧,表明该工作实际进度拖后,拖后的时间为两者之差;

②工作实际进展位置点与检查日期重合,表明该工作实际进度与计划进度一致;

③工作实际进展位置点落在检查日期的右侧,表明该工作实际进度超前,超前的时间为两者之差。

(4)预测进度偏差对后续工作及总工期的影响。

通过实际进度与计划进度的比较确定进度偏差后,还可根据工作的自由时差和总时差预测该进度偏差对后续工作及项目总工期的影响。由此可见,前锋线比较法既适用于工作实际进度与计划进度之间的局部比较,又可用来分析和预测工程项目整体进度状况。

【例 9-2】　某分部工程施工网络计划如图 9-6 所示,在第 6 天下班检查时,发现工作 A 和 B 已经全部完成,工作 D 和 E 分别完成计划任务量的 20% 和 50%,工作 C 尚需 3 d 完成,试用前锋线比较法进行实际进度与计划进度的比较。

解:根据第 6 天实际进度的检查结果绘制前锋线,如图 9-6 中点画线所示。通过比较可以看出:

(1)工作 D 实际进度拖后 2 d,将使其后续工作 F 最早开始时间推迟 2 d,并使总工期延长 1 d。

(2)工作 E 实际进度拖后 1 d,既不影响总工期,也不影响其后续工作的正常进行。

(3)工作 C 实际进度拖后 2 d,将使其后续工作 G、H、J 的最早开始时间推迟 2 d。由于工作 G、J 开始时间的推迟,从而使总工期延长 2 d。

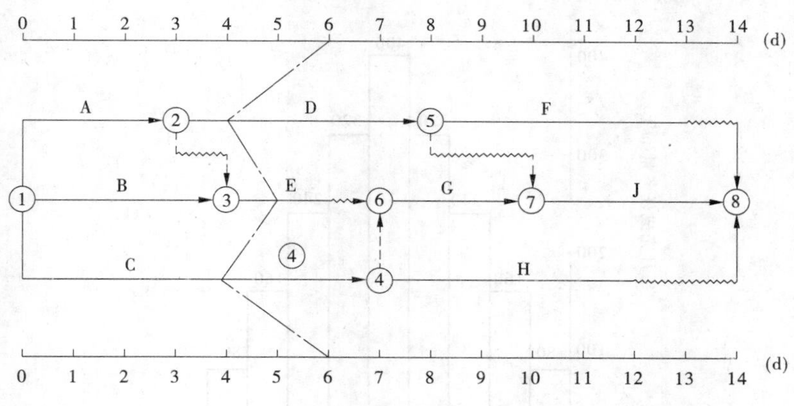

图 9-6 某分部工程前锋线比较图

综上所述,如果不采取措施加快进度,该工程项目的总工期将延长 2 d。

9.4.3 S 曲线比较法

S 曲线比较法是以横坐标表示时间、纵坐标表示累计完成任务量,绘制一条按计划时间累计完成任务量的 S 曲线;然后将工程项目实施过程中各检查时间实际累计完成任务量曲线也绘制在同一坐标系中,进行实际进度与计划进度比较的一种方法。

从整个工程项目进展全过程来看,单位时间投入的资源量一般是开始和结束时较少,中间阶段较多,与其相对应,单位时间完成的任务量也呈现相同的变化规律,如图 9-7(a)所示;而随工程进展累计完成的任务量则应呈 S 形变化,如图 9-7(b)所示。

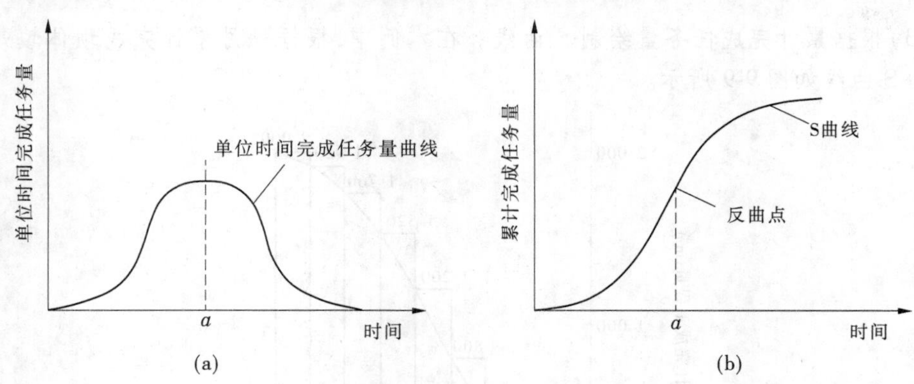

图 9-7 时间与完成任务量关系曲线

9.4.3.1 S 曲线的绘制方法

下面以一简例说明 S 曲线的绘制方法。

【例 9-3】 某大坝工程的坝体填筑总量为2 000 m^3,按照施工方案,计划 9 个月完成,每月计划完成的坝体填筑量如图 9-8 所示,试绘制该大坝工程的计划 S 曲线。

解:根据已知条件:

(1)确定单位时间完成任务量。在本例中,将每月完成坝体填筑量列于表 9-1 中。

(2)计算不同时间累计完成任务量。在本例中,依次计算每月累计完成的坝体填筑

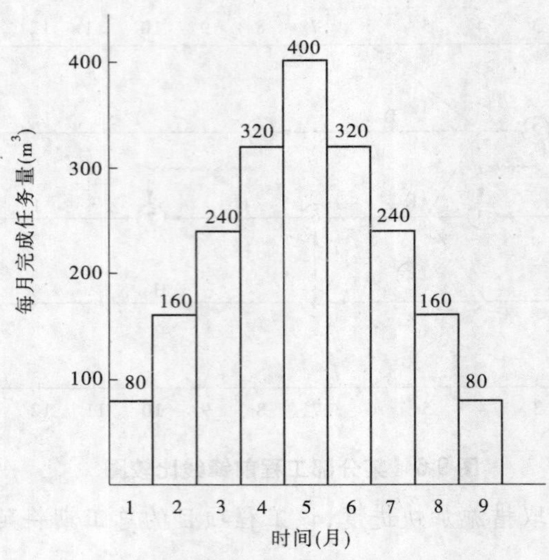

图 9-8　时间与完成任务量的关系曲线

量，结果列于表 9-1 中。

表 9-1　完成工程量汇总

时间(月)	1	2	3	4	5	6	7	8	9
每月完成任务量(m^3)	80	160	240	320	400	320	240	160	80
累计完成任务量(m^3)	80	240	480	800	1 200	1 520	1 760	1 920	2 000

(3)根据累计完成任务量绘制 S 曲线。在本例中，根据每月累计完成坝体填筑量而绘制的 S 曲线如图 9-9 所示。

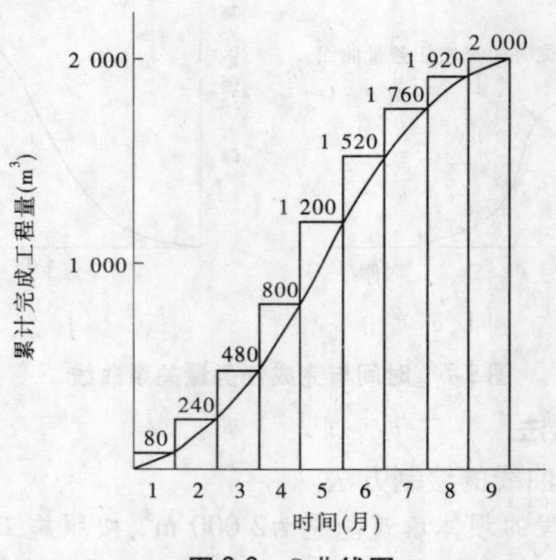

图 9-9　S 曲线图

9.4.3.2　实际进度与计划进度比较

与横道图比较法一样，S 曲线比较法也是在图上进行工程项目实际进度与计划进度的直观比较。在工程项目实施过程中，按照规定时间将检查收集到的实际累计完成任务量绘制在原计划S曲线图上,即可得到实际进度S曲线,如图9-10所示。

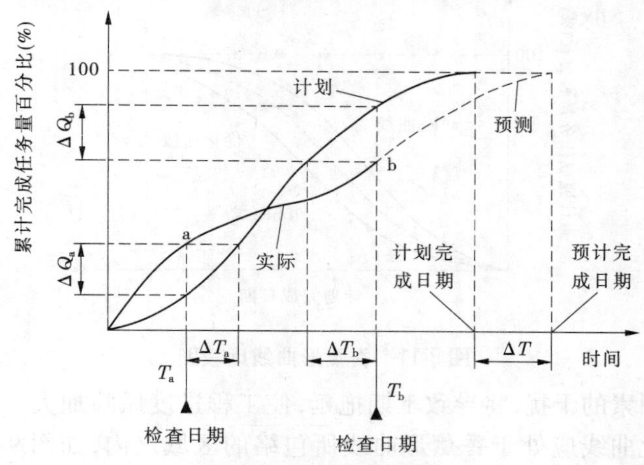

图9-10　S曲线比较图

通过比较实际进度S曲线和计划进度S曲线,可以获得如下信息:

(1)工程项目实际进展状况。如果工程实际进展点落在计划进度S曲线左侧,表明此时实际进度比计划进度超前,如图9-10中的a点;如果工程实际进展点落在计划进度S曲线右侧,表明此时实际进度拖后,如图9-10中的b点;如果工程实际进展点正好落在计划进度S曲线上,则表示此时实际进度与计划进度一致。

(2)工程项目实际进度超前或拖后的时间。在S曲线比较图中可以直接读出实际进度比计划进度超前或拖后的时间。如图9-10所示,ΔT_a表示T_a时刻实际进度超前的时间;ΔT_b表示T_b时刻实际进度拖后的时间。

(3)工程项目实际超额或拖欠的任务量。在S曲线比较图中也可直接读出实际进度比计划进度超额或拖欠的任务量。如图9-10所示,ΔQ_a表示ΔT_a时刻超额完成的任务量,ΔQ_b表示ΔT_b时刻拖欠的任务量。

(4)后期工程进度预测。如果后期工程按原计划速度进行,则可做出后期工程计划S曲线,如图9-10中虚线所示,从而可以确定工期拖延预测值ΔT。

9.4.4　香蕉形曲线比较法

香蕉形曲线是两种S曲线组合的闭合曲线。一般来说,按任何一个计划都可以绘制出两种曲线:一是以各项工作最早开始时间安排进度而绘制的S曲线,称为ES曲线;二是以各项工作最迟开始时间安排进度而绘制的S曲线,称为LS曲线。两条S曲线都是从计划的开始时间开始和完成时间结束,因此两条曲线是闭合的。一般情况下,ES曲线上的各点均落在LS曲线相应的左侧,形成一个形如香蕉的曲线闭合,如图9-11所示。

9.4.4.1　香蕉形曲线比较法的作用

香蕉形曲线比较法能直观地反映工程项目的实际进展情况,并可以获得比S曲线更多的信息。其主要作用有以下几点:

(1)合理安排工程项目进度计划。如果工程项目中的各项工作均按其最早开始时间安排进度,将导致项目的投资加大;而如果各项工作都按其最迟开始时间安排进度,则一

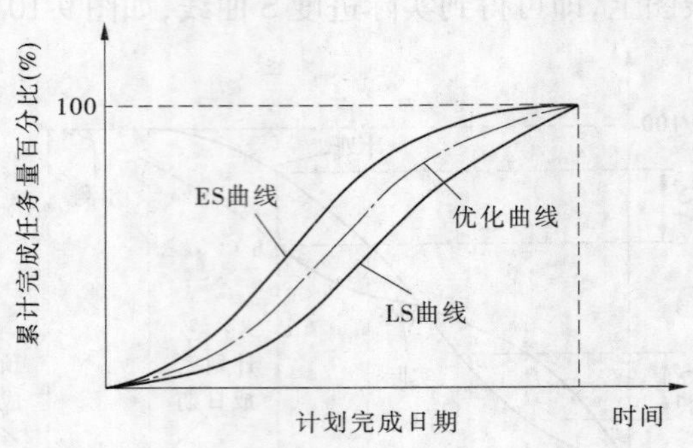

图 9-11　香蕉形曲线比较图

旦受到进度影响因素的干扰，将导致工期拖延，使工程进度风险加大。因此，一个科学合理的进度计划优化曲线应处于香蕉形曲线所包络的区域之内，如图 9-11 中的点画线所示。

(2)定期比较工程项目的实际进度与计划进度。在工程项目的实施过程中，根据每次检查收集到的实际完成任务量，绘制出实际进度 S 曲线，便可以与计划进度进行比较。工程项目实施进度的理想状态是任一时刻工程实际进展点应落在香蕉形曲线图的范围之内。如果工程实际进展点落在 ES 曲线的左侧，表明此刻实际进度比各项工作按其最早开始时间安排的计划进度超前；如果工程实际进展点落在 LS 曲线的右侧，则表明此刻实际进度比各项工作按其最迟开始时间安排的计划进度落后。

(3)预测后期工程进展趋势。利用香蕉形曲线可以对后期工程的进展情况进行预测。例如在图 9-12 中，该工程项目在检查日期实际进度超前。检查日期之后的后期工程进度安排如图 9-12 中虚线所示，预计该工程项目将提前完成。

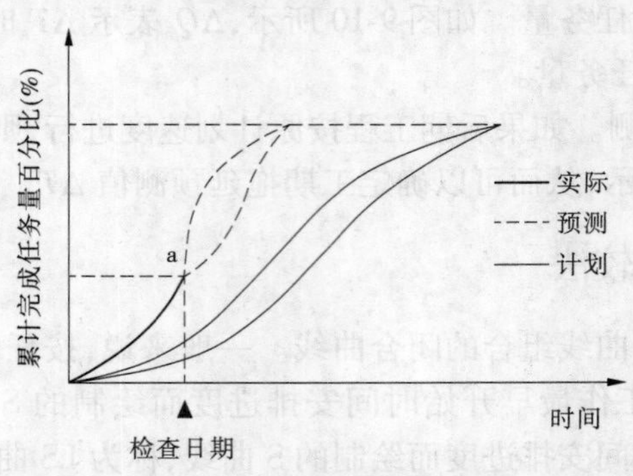

图 9-12　工程进展趋势预测图

9.4.4.2　香蕉形曲线的绘制方法

香蕉形曲线的绘制方法与 S 曲线的绘制方法基本相同，不同之处在于香蕉形曲线是以工作按其最早开始时间安排进度和按最迟开始时间安排进度分别绘制的两条 S 曲线组合而成。

在工程项目实施过程中，根据检查得到的实际累计完成任务量，在原计划香蕉形曲线图上绘出实际进度曲线，便可以进行实际进度与计划进度的比较。

【例 9-4】 某工程项目网络计划如图 9-13 所示,图中箭线上方括号内数字表示各项工作计划完成的任务量,以劳动消耗量表示;箭线下方数字表示各项工作的持续时间(周)。试绘制香蕉形曲线。

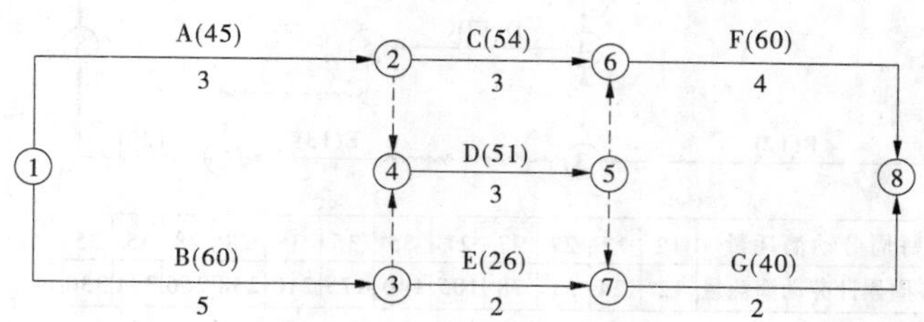

图 9-13 某工程项目网络计划

解:假设各项目工作都以匀速进展,即各项工作每周的劳动消耗量相等。

(1)确定各项工作每周的劳动消耗量。

工作 A:45 ÷ 3 = 15 工作 B:60 ÷ 5 = 12

工作 C:54 ÷ 3 = 18 工作 D:51 ÷ 3 = 17

工作 E:26 ÷ 2 = 13 工作 F:60 ÷ 4 = 15 工作 G:40 ÷ 2 = 20

(2)计算工程项目劳动消耗量。

$$Q = 45 + 60 + 54 + 51 + 26 + 60 + 40 = 336$$

(3)根据各项工作按最早开始时间安排的进度计划,确定工程项目每周劳动消耗量及各周累计劳动消耗量,如图 9-14 所示。

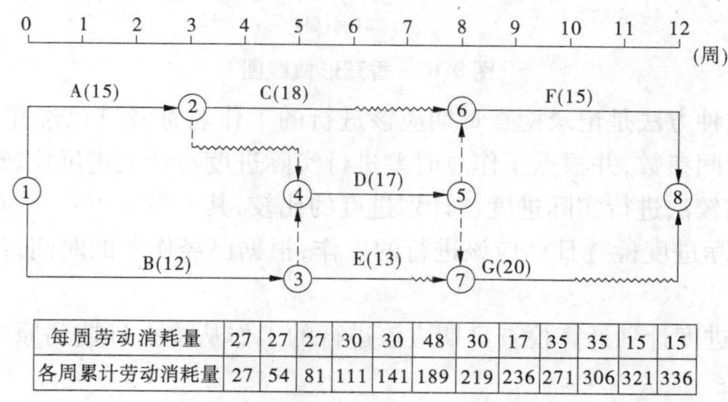

每周劳动消耗量	27	27	27	30	30	48	30	17	35	35	15	15
各周累计劳动消耗量	27	54	81	111	141	189	219	236	271	306	321	336

图 9-14 按工作最早开始时间安排的进度计划及劳动消耗量

(4)根据各项工作按最迟开始时间安排的进度计划,确定工程项目每周劳动消耗量及各周累计劳动消耗量,如图 9-15 所示。

(5)根据不同的累计劳动消耗量分别绘制 ES 曲线和 LS 曲线,便得到香蕉形曲线,如图 9-16 所示。

9.4.5 列表比较法

当工程进度计划用非时标网络图表示时,可以采用列表比较法进行实际进度与计划

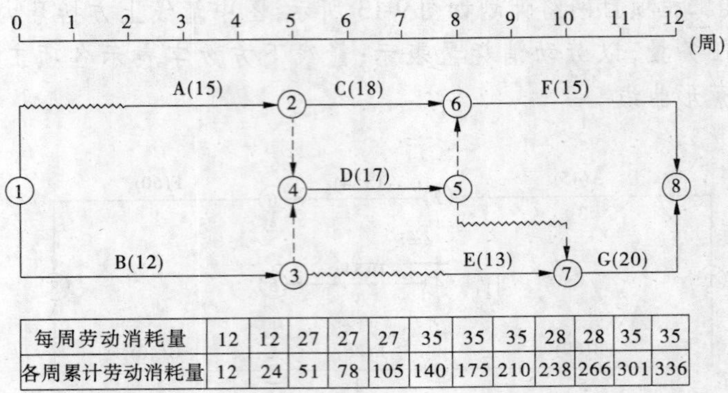

每周劳动消耗量	12	12	27	27	27	35	35	35	28	28	35	35
各周累计劳动消耗量	12	24	51	78	105	140	175	210	238	266	301	336

图 9-15　按工作最迟开始时间安排的进度计划及劳动消耗量

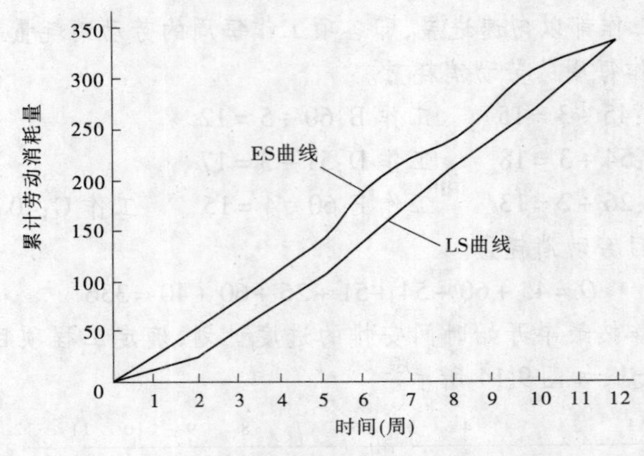

图 9-16　香蕉形曲线图

进度的比较。这种方法是记录检查日期应该进行的工作名称及其已经作业的时间，然后列表计算有关时间参数，并根据工作总时差进行实际进度与计划进度比较的方法。

采用列表比较法进行实际进度与计划进度的比较，其步骤如下：

(1)对于实际进度检查日期应该进行的工作，根据已经作业的时间，确定其尚需作业的时间。

(2)根据原进度计划计算检查日期应该进行的工作从检查日期到原计划最迟完成时尚余时间。

(3)计算工作尚有总时差，其值等于工作从检查日期到原计划最迟完成尚余时间与该工作尚需作业时间之差。

(4)比较实际进度与计划进度，可能有以下几种情况：

①如果工作尚有总时差与原有总时差相等，则说明该工作实际进度与计划进度一致。

②如果工作尚有总时差大于原有总时差，则说明该工作实际进度超前，超前的时间为两者之差。

③如果工作尚有总时差小于原有总时差，且仍为非负值，则说明该工作实际进度拖后，拖后的时间为两者之差，但不影响总工期。

④如果工作尚有总时差小于原有总时差，且为负值，则说明该工作实际进度拖后，拖后的时间为两者之差，此时工作实际进度偏差将影响总工期。

【例9-5】　已知网络计划如图9-6所示，该计划执行到第10天下班时检查，发现工作A、B、C、D、E已经全部完成，工作F已进行了1 d，工作G和工作H均已进行了2 d，试用列表比较法进行实际进度与计划进度的比较（见表9-2）。

表9-2　工程进度检查比较结果

工作代号	工作名称	检查计划时尚需作业天数(d)	到计划最迟完成时尚余天数(d)	原有总时差(d)	尚有总时差(d)	情况判断
5—8	F	4	4	1	0	拖后1 d，但不影响总工期
6—7	G	1	0	0	-1	拖后1 d，影响工期1 d
4—8	H	3	4	2	1	拖后1 d，但不影响工期

任务9.5　施工进度计划实施中的调整

9.5.1　分析偏差对后续工作及总工期的影响

工程项目实施过程中，通过实际进度与计划进度的比较，发现有进度偏差时，需要分析该偏差对后续工作及总工期的影响，从而采取相应的调整措施对原进度计划进行调整，以确保工期目标的顺利实现。进度偏差的大小及其所处的位置不同，对后续工作和总工期的影响程度是不同的，分析时需要利用网络计划中工作总时差和自由时差的概念进行判断。分析步骤如下：

（1）分析出现进度偏差的工作是否为关键工作。如果出现进度偏差的工作为关键工作，则无论其偏差有多大，都将对后续工作和总工期产生影响，必须采取相应的调整措施；如果出现偏差的工作是非关键工作，则需要根据进度偏差值与总时差和自由时差的关系做进一步分析。

（2）分析进度偏差是否超过总时差。如果工作的进度偏差大于该工作的总时差，则此进度偏差必将影响其后续工作和总工期，必须采取相应的调整措施；否则，此进度偏差不影响总工期。至于对后续工作的影响程度，还需要根据偏差值与其自由时差的关系做进一步分析。

（3）分析进度偏差是否超过自由时差。如果工作的进度偏差大于该工作的自由时差，则此进度偏差将对其后续工作产生影响，此时应根据后续工作的限制条件确定调整方法；如果工作的进度偏差小于该工作的自由时差，则此进度偏差不影响后续工作。因此，原进度计划可以不做调整。

通过分析，进度控制人员可以根据进度偏差的影响程度，制订相应的纠偏措施进行调整，以获得符合实际进度情况和计划目标的新进度计划。具体的判断分析过程如图9-17

所示。

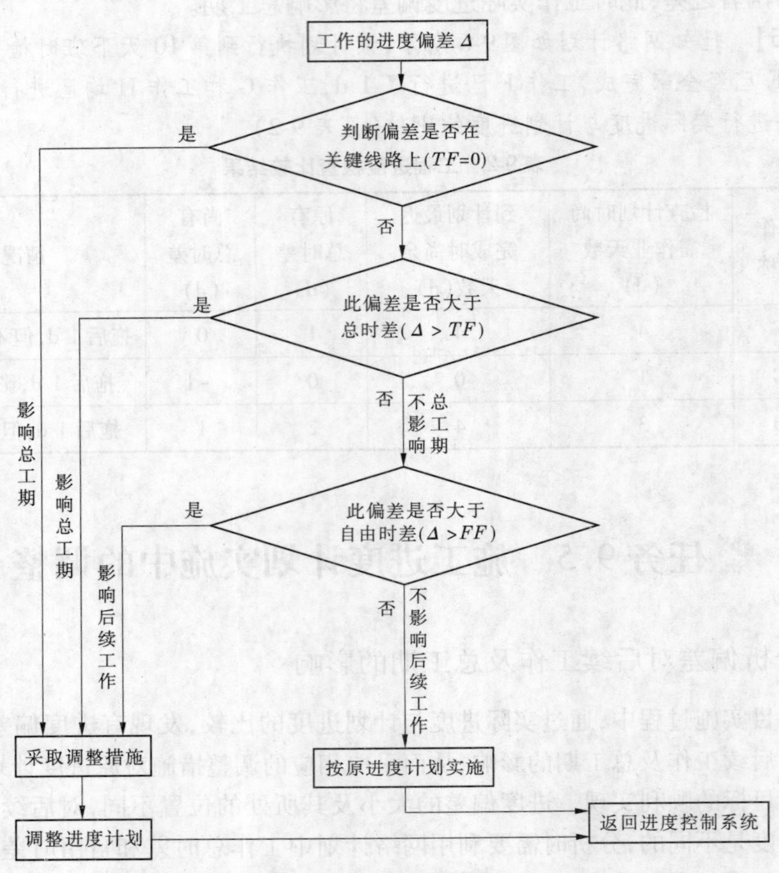

图 9-17 进度偏差对后续工作和工期影响分析过程

9.5.2 施工进度计划的调整方法

当实际进度偏差影响到后续工作、总工期而需要调整进度计划时,其调整方法主要有四种。

9.5.2.1 调整工作顺序,改变某些工作间的逻辑关系

当工程项目实施中产生的进度偏差影响到总工期,且有关工作的逻辑关系允许改变时,可以改变关键线路和超过计划工期的非关键线路上的有关工作之间的逻辑关系,达到缩短工期的目的。例如,将顺序进行的工作改为平行作业、搭接作业以及分段组织流水作业等,都可以有效地缩短工期。

【例 9-6】 某建设项目分部工程包括 A、B、C、D 四个工作,各工作的持续时间分别为 18 d、12 d、9 d 和 6 d,如果采取顺序作业方式进行施工,则其总工期为 45 d。为缩短该分部工程总工期,在工作面及资源供应允许的条件下,将分部工程划分为工程量大致相等的 3 个施工段组织流水作业,试绘制该分部工程流水作业网络计划,并确定其计算工期。

解:该分部工程流水施工网络计划如图 9-18 所示。通过组织流水作业,使得该分部

工程的计算工期由45 d缩短为27 d。

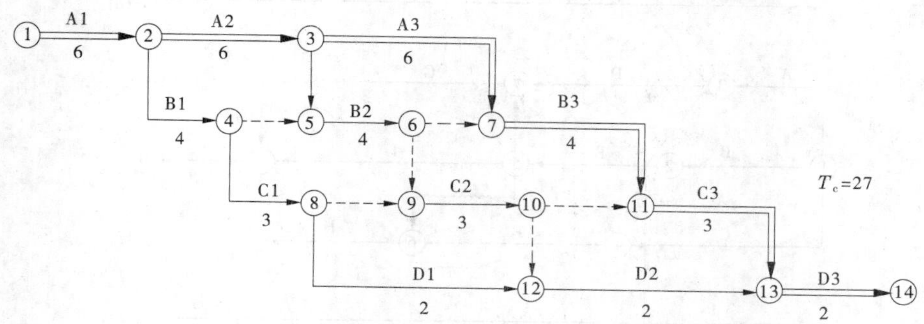

图9-18　某分部工程流水施工网络计划

9.5.2.2　缩短某些工作的持续时间

这种方法是不改变工作之间的逻辑关系,而是缩短某些工作的持续时间,使施工进度加快,并保证实现计划工期的方法。这些被压缩持续时间的工作是位于关键线路和超过计划工期的非关键线路上的工作。同时,这些工作又是持续时间可被压缩的工作。这种方法实际上就是网络计划优化中的工期优化方法和工期与费用优化的方法,通常可以在网络图上直接进行。其调整方法视限制条件及对其后续工作的影响程度的不同而有所区别,一般可分为以下三种情况:

(1)网络计划中某项工作进度拖延的时间已超过其自由时差但未超过其总时差。

如前所述,此时该工作的实际进度不会影响总工期,而只对其后续工作产生影响。因此,在进行调整前,需要确定其后续工作允许拖延的时间限制,并以此作为进度调整的限制条件。该限制条件的确定常常较复杂,尤其是当后续工作由多个平行的承包单位负责实施时更是如此。后续工作如不能按原计划进行,在时间上产生的任何变化都可能使合同不能正常履行,而导致蒙受损失的一方提出索赔。因此,必须寻求合理的调整方案,把进度拖延对后续工作的影响减少到最低程度。

【例9-7】　某工程项目双代号时标网络计划如图9-19所示,该计划执行到第35天下班时刻检查时,其实际进度如图9-19中前锋线所示。试分析目前实际进度对后续工作和总工期的影响,并提出相应的进度调整措施。

解:从图9-19中可以看出,目前只有工作D的开始时间拖后15 d,而影响其后续工作G的最早开始时间,其他工作的实际进度均正常。由于工作D的总时差为30 d,故此时工作D的实际进度不影响总工期。

该进度计划是否需要调整取决于工作D和工作G的限制条件。

(1)后续工作拖延的时间无限制。

如果后续工作拖延的时间完全被允许,则可将拖后的时间参数代入原计划,并简化网络图(去掉已执行部分,以进度检查日期为起点,将实际数据代入,绘制出未实施部分的进度计划),即可得调整方案。例如,在本例中,以检查时刻第35天为起点,将工作D的实际进度数据及工作G被拖延后的时间参数代入原计划(此时工作D、G的开始时间分别为第35天和第65天),可得如图9-20的调整方案。

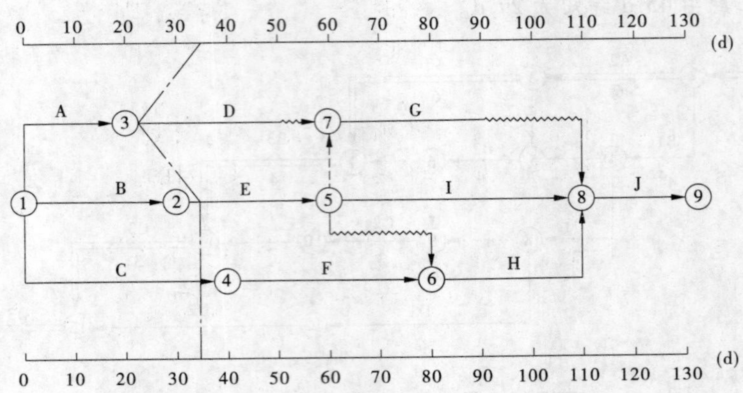

图 9-19　某工程项目双代号时标网络计划

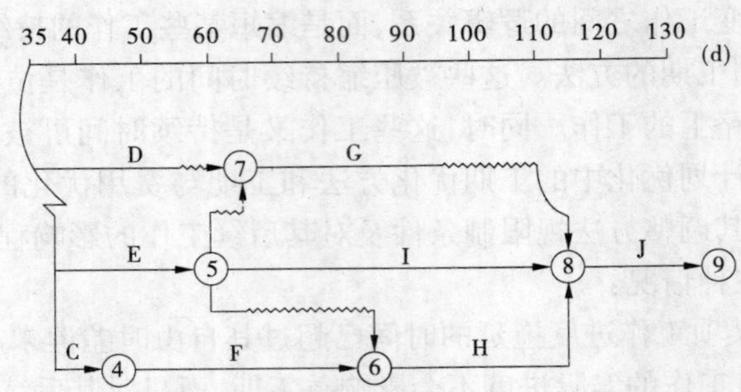

图 9-20　后续工作拖延的时间无限制时网络进度计划

(2)后续工作拖延的时间有限制。

如果后续工作不允许拖延或拖延的时间有限制,则需要根据限制条件对网络计划进行调整,寻求最优方案。例如,在本例中,如果工作 G 的开始时间不允许超过第 60 天,则只能将其紧前工作 D 的持续时间压缩为 25 d,调整后的网络计划如图 9-21 所示。

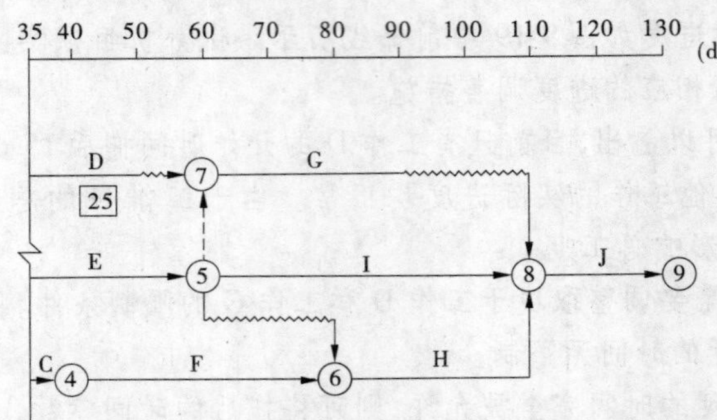

图 9-21　后续工作拖延的时间有限制时网络进度计划

如果在工作 D、G 之间还有多项工作,则可以利用工期优化的原理确定应压缩的工作,得到满足工作 G 限制条件的最优调整方案。

(2)网络计划中某项工作进度拖延的时间超过其总时差。

如果网络计划中某项工作进度拖延的时间超过其总时差，则无论该工作是否为关键工作，其实际进度都将对后续工作和总工期产生影响。此时，进度计划的调整方法又可分为以下三种情况：

①项目总工期不允许拖延。如果工程项目必须按照原计划工期完成，则只能采取缩短关键线路上后续工作持续时间的方法来达到调整计划的目的。这种方法实质上就是工期优化的方法。

【例 9-8】 仍以例 9-7 为例，如果在计划执行到第 40 天下班时刻检查，则其实际进度如图 9-22 中前锋线所示，试分析目前实际进度对后续工作和总工期的影响，并提出相应的进度调整措施。

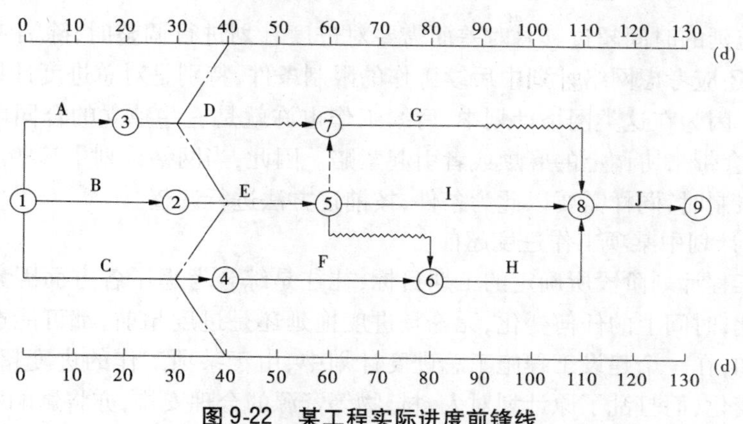

图 9-22 某工程实际进度前锋线

解：从图 9-22 中可看出：

工作 D 实际进度拖后 10 d，但不影响其后续工作，也不影响总工期。

工作 E 实际进度正常，既不影响后续工作，也不影响总工期。

工作 C 实际进度拖后 10 d，由于其为关键工作，故其实际进度将使总工期延长 10 d，并使其后续工作 F、H 和工作 J 的开始时间推迟 10 d。

如果该工程项目总工期不允许拖延，则为了保证其按原计划工期 130 d 完成，必须采用工期优化的方法，缩短关键线路上后续工作的持续时间。现假设工作 C 的后续工作 F、H 和工作 J 均可压缩 10 d，通过比较，压缩工作 H 的持续时间所需付出的代价最小，故将工作 H 的持续时间由 30 d 缩短为 20 d。调整后的网络计划如图 9-23 所示。

②项目总工期允许拖延。如果项目总工期允许拖延，则此时只需以实际数据取代原计划数据，并重新绘制实际进度检查日期之后的简化网络计划即可。

③项目总工期允许拖延的时间有限。如果项目总工期允许拖延，但允许拖延的时间有限，则当实际进度拖延的时间超过此限制时，也需要对网络计划进行调整，以便满足要求。

具体的调整方法是以总工期的限制时间作为规定工期，对检查日期之后尚未实施的网络计划进行工期优化，即通过缩短关键线路上后续工作持续时间的方法使总工期满足规定工期的要求。

以上三种情况均是以总工期为限制条件调整进度计划的。值得注意的是，当某项工

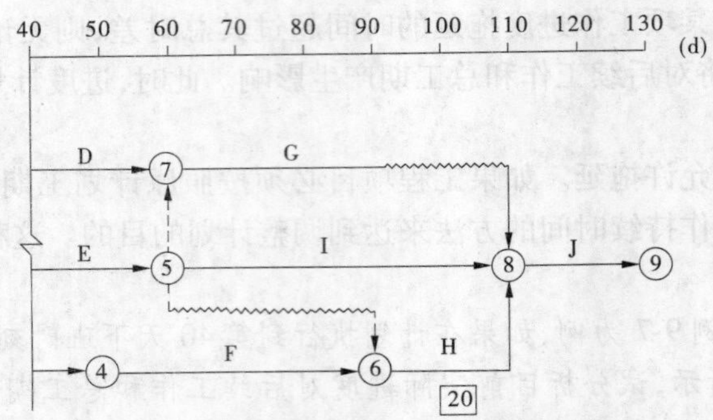

图 9-23　调整后工期不拖延的网络计划

作实际进度拖延的时间超过其总时差而需要对进度计划进行调整时,除需考虑总工期的限制条件外,还应考虑网络计划中后续工作的限制条件,特别是对总进度计划的控制更应注意这一点。因为在这类网络计划中,后续工作也许就是一些独立的合同段。时间上的任何变化,都会带来协调上的麻烦或者引起索赔。因此,当网络计划中某些后续工作对时间的拖延有限制时,同样需要以此为条件,按前述方法进行调整。

(3)网络计划中某项工作进度超前。

在建设工程计划阶段所确定的工期目标,往往是综合考虑了各方面因素而确定的合理工期。因此,时间上的任何变化,无论是进度拖延还是进度超前,都可能造成其他目标的失控。例如,在一个建设工程施工总进度计划中,由于某项工作的进度超前,致使资源的需求发生变化,而打乱了原计划对人、材、物等资源的合理安排,亦将影响资金计划的使用和安排;特别是当多个平行的承包单位进行施工时,由此引起后续工作时间安排的变化势必给监理工程师的协调工作带来许多麻烦。因此,如果建设工程实施过程中出现进度超前的情况,进度控制人员必须综合分析进度超前对后续工作产生的影响,并同承包单位协商,提出合理的进度调整方案,以确保工期总目标的顺利实现。

9.5.2.3　增、减工作项目

(1)增、减工作项目应做到不打乱原计划总的逻辑关系,只对局部逻辑关系进行调整。

(2)在增、减工作项目以后,应重新计算时间参数,分析对原网络计划的影响。当对工期有影响时,应采取调整措施,以保证计划工期不变。

9.5.2.4　调整项目进度计划

重新安排工作次序,调整力量,重新编制网络计划。

能力训练

一、单选题

1. 建设工程进度控制的总目标是(　　)。

A. 建设工期　　B. 合同工期

C. 定额工期　　D. 确保提前交付使用

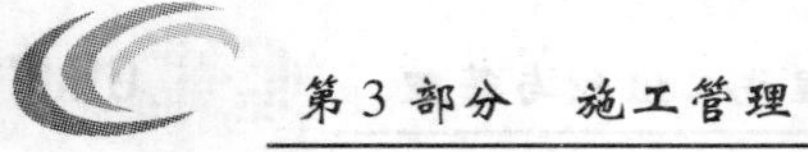

2. 下列对工程进度造成影响的因素中，属于业主因素的有(　　)。

A. 不能及时向施工承包单位付款　　B. 不明的水文气象条件

C. 施工安全措施不当　　D. 临时停水、停电、断路

3. 当采用匀速进展横道图比较工作实际进度与计划进度时，如果表示实际进度的横道线右端点落在检查日期的右侧，则该端点与检查日期的距离表示工作(　　)。

A. 实际多投入的时间　　B. 进度超前的时间

C. 实际少投入的时间　　D. 进度拖后的时间

4. 当利用S曲线进行实际进度与计划进度比较时，如果检查日期实际进展点落在计划S曲线的左侧，则该实际进展点与计划S曲线的垂直距离表示工程项目(　　)。

A. 实际超额完成的任务量　　B. 实际拖欠的任务量

C. 实际进度超前的时间　　D. 实际进度拖后的时间

5. 当利用S曲线比较工程项目的实际进度与计划进度时，如果检查日期实际进展点落在计划S曲线的左侧，则该实际进展点与计划S曲线在水平方向的距离表示工程项目(　　)。

A. 实际超额完成的任务量　　B. 实际拖欠的任务量

C. 实际进度拖后的时间　　D. 实际进度超前的时间

6. 采用非匀速进展横道图比较法比较工作实际进度与计划进度时，涂黑粗线的长度表示该工作的(　　)。

A. 计划完成任务量　　B. 实际完成任务量

C. 实际进度偏差　　D. 实际投入的时间

7. 在建设工程进度计划的实施过程中，监理工程师控制进度的关键步骤是(　　)

A. 加工处理收集到的实际进度数据　　B. 调查分析进度偏差产生的原因

C. 实际进度与计划进度的对比分析　　D. 跟踪检查进度计划的执行情况

8. 关于横道图的说法，错误的是(　　)。

A. 横道图上所能表达的信息量较少，不能表示活动的重要性

B. 横道图不能确定计划的关键工作、关键线路与时差

C. 横道图适用于手工编制计划

D. 横道图能清楚表达工序(工作)之间的逻辑关系

9. 在应用前锋线比较法进行工程实际进度与计划进度比较时，工作实际进展点可以按该工作的(　　)进行标定。

A. 尚余自由时差　　B. 已消耗劳动量　　C. 尚需作业时间　　D. 尚余总时差

10. 下列关于双代号时标网络计划的表述中，正确的有(　　)。

A. 工作箭线左端节点中心所对应的时标值为该工作的最早开始时间

B. 工作箭线中波形线的水平投影长度表示该工作与其紧后工作之间的时距

C. 工作箭线中不存在波形线时，表明该工作的总时差为零

D. 工作箭线中不存在波形线时，表明该工作与其紧后工作之间的时间间隔为零

11. 图9-24所示的某工程双代号时标网络计划，在执行到第4周末和第10周末时，检查其实际进度如图9-24中前锋线所示，检查结果表明(　　)。

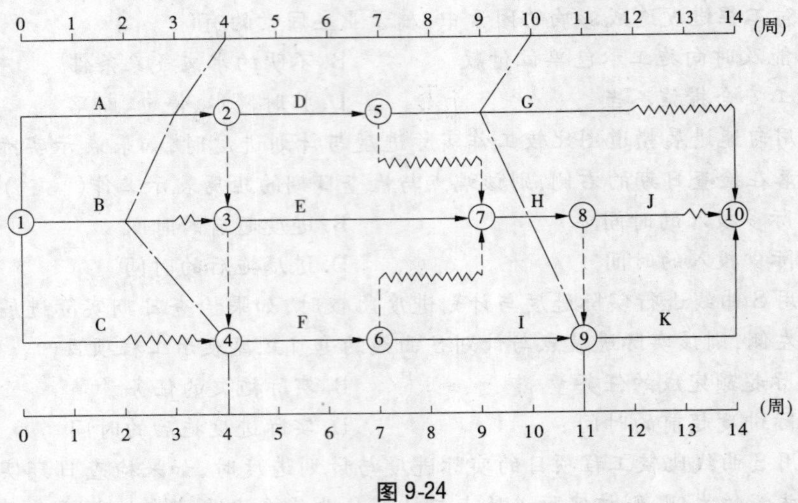

图 9-24

A. 第 4 周末检查时，工作 B 拖后 2 周，但不影响工期

B. 第 4 周末检查时，工作 A 拖后 1 周，影响工期 1 周

C. 第 10 周末检查时，工作 I 提前 1 周，可使工期提前 1 周

D. 第 5～10 周内，工作 E 和工作 F 的实际进度正常

二、简答题

1. 简述工程中实际进度与计划进度的比较方法。

2. 简述施工进度计划检查过程。

3. 工程中影响施工进度的因素有哪些？

4. 施工进度控制内容及措施有哪些？

5. 调查一个实际工程项目，了解它的实际工期及计划工期情况，做出对比分析，指出其原因。

项目 10　施工项目成本管理

【学习目标】

1. 知识目标:①了解施工项目成本的构成;②了解施工项目成本控制方法;③了解施工项目成本降低途径。

2. 技能目标:①能分析构成成本构成;②能提出成本控制方案。

3. 素质目标:①认真细致的工作态度;②严谨的工作作风;③严守纪律、法纪的优良品质。

任务 10.1　施工项目成本管理概述

10.1.1　施工项目成本的构成

水利工程施工项目成本指水利工程项目施工过程中所发生的全部生产费用的总和,包括所消耗的原材料、辅助材料、构配件等费用,周转材料的摊销费或租赁费等,施工机械的使用费或租赁费等,支付给生产工人的工资、奖金、工资性质的津贴等,以及进行施工组织与管理所发生的全部费用支出。

根据《水利工程设计概估算编制规定(工程部分)》(水总〔2014〕429 号)及水利部办公厅关于印发《水利工程营业税改征增值税计价依据调整办法》(办水总〔2016〕132 号)的通知,水利工程工程部分费用由工程费、独立费用、预备费、建设期融资利息组成。施工企业的施工成本不等同于工程费用或工程造价。工程费用或工程造价是从项目法人角度而言的,而施工企业的施工成本则与合同内容密切相关。施工企业的施工成本由直接费和间接费组成。施工企业可根据企业管理水平和《水利工程设计概估算编制规定(工程部分)》(水总〔2014〕429 号)及水利部办公厅关于印发《水利工程营业税改征增值税计价依据调整办法》(办水总〔2016〕132 号)的通知,结合市场情况调整相关费用标准后,合理确定施工成本和利润,提高竞争力。

10.1.1.1　直接费

直接费指建筑安装工程施工过程中直接消耗在工程项目上的活劳动和物化劳动,由基本直接费、其他直接费组成。

基本直接费包括人工费、材料费、施工机械使用费。

其他直接费包括冬雨季施工增加费、夜间施工增加费、特殊地区施工增加费、临时设施费、安全生产措施费和其他。

1. 人工费

人工费指直接从事建筑安装工程施工的生产工人开支的各项费用。它包括基本工资和辅助工资。基本工资包括岗位工资和生产工人年应工作天数内非作业天数的工资。辅

助工资指在基本工资之外，以其他形式支付给生产工人的工资性收入，包括根据国家有关规定属于工资性质的各种津贴，如艰苦边远地区津贴、施工津贴、夜餐津贴、节假日加班津贴等。

2. 材料费

材料费指用于建筑安装工程项目上的消耗性材料、装置性材料和周转性材料摊销费。它包括定额工作内容规定应计入的未计价材料和计价材料。

3. 施工机械使用费

施工机械使用费指消耗在建筑安装工程项目上的机械磨损、维修和动力燃料费用等。它包括折旧费、修理及替换设备费、安装装卸费、机上人工费和动力燃料费等。

4. 冬雨季施工增加费

冬雨季施工增加费指在冬雨季施工期间为保证工程质量和安全生产所需增加的费用。

5. 夜间施工增加费

夜间施工增加费指施工场地和公用施工道路的照明费用。照明线路工程费用包括在临时设施费中；施工附属企业系统、加工厂、车间的照明列入相应的产品中，均不包括在本项费用之内。

6. 特殊地区施工增加费

特殊地区施工增加费指在高海拔、原始森林、沙漠等特殊地区施工而增加的费用。

7. 临时设施费

临时设施费指施工企业为进行建筑安装工程施工所必需的，但又未被划入施工临时工程的临时建筑物、构筑物和各种临时设施的建设、维修、拆除、摊销等费用。例如，供风、供水(支线)、场内供电、夜间照明、供热系统及通信支线，土石料场，简易砂石料加工系统，小型混凝土拌和浇筑系统，木工、钢筋、机修等辅助加工厂，混凝土预制构件厂，场内施工排水，场地平整、道路养护及其他小型临时设施。

8. 安全生产措施费

安全生产措施费指为了保证施工现场安全作业环境及安全施工、文明施工需要，在工程设计已考虑的安全支护措施外发生的安全生产、文明施工相关费用。

9. 其他

其他包括施工工具用具使用费、检验试验费、工程定位复测费、工程点交费、竣工场地清理费、工程项目及设备仪表移交生产前的维护费、工程验收检测费等。其中，施工工具用具使用费指施工生产所需，但不属于固定资产的生产工具，检验、试验用具等的购置、摊销和维护费。检验试验费指对建筑材料、构件和建筑安装物进行一般鉴定、检查所发生的费用，包括自设实验室所耗用的材料和化学药品费用，以及技术革新和研究试验费，不包括新结构、新材料的试验费和建设单位要求对具有出厂合格证明的材料进行试验、对构件进行破坏性试验，以及其他特殊要求检验的费用。

10.1.1.2　间接费

1. 规费

规费指政府和有关部门规定必须缴纳的费用。它包括社会保险费(养老保险费、失业保险费、医疗保险费、工伤保险费、生育保险费)和住房公积金。

2.企业管理费

企业管理费指施工企业为组织施工生产和经营活动所发生的费用。它包括管理人员工资、差旅交通费、办公费、固定资产使用费、工具用具使用费、职工福利费、劳动保护费、工会经费、职工教育经费、保险费、财务费用、税金(房产税、管理用车辆使用税、教育费附加和地方教育附加)和其他等。

10.1.2　施工项目成本的分类

10.1.2.1　直接成本和间接成本

施工项目成本按照生产费用计入成本的方法可分为直接成本和间接成本。

(1)直接成本是指直接用于并能够直接计入施工项目的费用,比如人工工资、材料费等。

(2)间接成本是指不能够直接计入施工项目的费用,只能按照一定的计算基数和一定的比例分配计入施工项目的费用,如管理费、规费等。

10.1.2.2　固定成本和变动成本

施工项目成本按照生产费用与产量的关系可分为固定成本和变动成本。

(1)固定成本是指在一定期间和一定工程量的范围内,成本的数量不会随工程量的变动而变动,如折旧费、大修费等。

(2)变动成本是指成本的发生会随工程量的变化而变动的费用,如人工费、材料费等。

10.1.2.3　预算成本、计划成本和实际成本

按照控制的目标,从发生的时间可分为预算成本、计划成本和实际成本。

(1)预算成本是根据施工图结合国家或地区的预算定额及施工技术等条件计算出的工程费用。它是确定工程造价的依据,也是施工企业投标的依据,同时是编制计划成本和考核实际成本的依据。它反映的是一定范围内的平均水平。

(2)计划成本是施工项目经理在施工前,根据施工项目成本管理目的,结合施工项目的实际管理水平编制的计算成本。它有利于加强项目成本管理、建立健全施工项目成本责任制、控制成本消耗、提高经济效益。它反映的是企业的平均先进水平。

(3)实际成本是施工项目在报告期内通过会计核算计算出的项目的实际消耗。

10.1.3　施工项目成本管理的内容

施工项目成本管理包括成本预测和决策、成本计划编制、成本计划实施、成本核算、成本检查、成本分析以及成本考核。成本计划编制与实施是关键环节,因此在进行施工项目成本管理的过程中,必须具体研究每一项内容的有效工作方式和关键控制措施,从而取得施工项目整体的成本控制效果。

10.1.3.1　施工项目成本预测

施工项目成本预测是根据一定的成本信息,结合施工项目的具体情况,采取一定的方法对施工项目成本可能发生或发展的趋势做出的判断和推测。成本决策则是在预测的基

础上确定出降低成本的方案，并从可选的方案中选择最佳的成本方案。

施工项目成本预测的方法有定性预测法和定量预测法。

1. 定性预测法

定性预测法是指具有一定经验的人员或有关专家依据自己的经验和能力水平对成本未来发展的态势或性质做出分析和判断。该方法受人为因素影响很大，并且不能量化。定性预测法包括专家会议法、专家调查法（特尔菲法）、主管概率预测法。

2. 定量预测法

定量预测法是指根据收集的比较完备的历史数据，运用一定的方法计算分析，以此来判断成本变化的情况。此法受历史数据的影响较大，可以量化。定量预测法包括移动平均法、指数滑移法、回归预测法。

【例 10-1】 某项目部的固定成本为 150 万元，单位建筑面积的变动成本为 380 元/m^2，单位销售价格为 480 元/m^2，试预测保本承包规模和保本承包收入。

解：保本承包规模 = 固定成本 ÷（单位售价 − 单位变动成本）

= 1 500 000 ÷（480 − 380）= 15 000（m^2）

保本承包收入 = 单位售价 × 固定成本 ÷（单位售价 − 单位变动成本）

= 480 × 1 500 000 ÷（480 − 380）= 720（万元）

10.1.3.2　施工项目成本计划

计划管理是一切管理活动的首要环节，施工项目成本计划是在预测和决策的基础上对成本的实施做出计划性的安排和布置，是施工项目降低成本的指导性文件。

制订施工项目成本计划的原则如下。

1. 从实际出发

根据国家的方针政策，从企业的实际情况出发，充分挖掘企业内部潜力，使降低成本指标切实可行。

2. 与其他目标计划相结合

制订工程项目成本计划必须与其他各项计划如施工方案、生产进度、财务计划等密切结合。一方面，工程项目成本计划要根据项目的生产、技术组织措施、劳动工资、材料供应等计划来编制；另一方面，工程项目成本计划又影响着其他各种计划指标适应降低成本指标的要求。

3. 采用先进的经济技术定额的原则

根据施工的具体特点有针对性地采取切实可行的技术组织措施来保证。

4. 统一领导、分级管理

在项目经理的领导下，以财务和计划部门为中心，发动全体职工共同总结降低成本的经验，找出降低成本的正确途径。

5. 弹性原则

应留有充分的余地，保持目标成本的一定弹性，在制订期内，项目经理部内外技术经济状况和供销条件会发生一些未预料的变化，尤其是供应材料，市场价格千变万化，给目标的制订带来了一定的困难，因而在制订目标时应充分考虑这些情况，使成本计划保持一定的适应能力。

10.1.3.3　**施工项目成本控制**

施工项目成本控制包括事前控制、事中控制和事后控制。成本计划属于事前控制,此处所讲的控制是指项目在施工过程中,通过一定的方法和技术措施,加强对各种影响成本的因素进行管理,将施工中所发生的各种消耗和支出尽量控制在成本计划内,属于事中控制。

1. 工程前期的成本控制(事前控制)

成本的事前控制是通过成本的预测和决策,落实降低成本措施,编制目标成本计划而层层展开的。其中分为工程投标阶段和施工准备阶段。

2. 实施期间的成本控制(事中控制)

实施期间的成本控制的任务是建立成本管理体系;项目经理部应将各项费用指标进行分解,以确定各个部门的成本指标;加强成本的控制。事中控制要以合同造价为依据,从预算成本和实际成本两方面控制项目成本。实际成本控制应包括对主要工料的数量和单价、分包成本和各项费用等影响成本的主要因素进行控制。其中主要是加强施工任务单和限额领料单的管理;将施工任务单和限额领料单的结算资料与施工预算进行核对,计算分部分项工程成本差异,分析差异原因,采取相应的纠偏措施;做好月度成本原始资料的收集和整理核算;在月度成本核算的基础上,实行责任成本核算。经常检查对外经济合同履行情况;定期检查各责任部门和责任者的成本控制情况,检查责、权、利的落实情况。

3. 竣工验收阶段的成本控制(事后控制)

事后控制主要是重视竣工验收工作,对照合同价的变化,将实际成本与目标成本之间的差距加以分析,进一步挖掘降低成本的潜力。其中主要是安排时间,完成工程竣工扫尾工程,把时间降到最低;重视竣工验收工作,顺利交付使用;及时办理工程结算;在工程保修期间,应由项目经理指定保修工作者,并责成保修工作者提交保修计划;将实际成本与计划成本进行比较,计算成本差异,明确是节约还是浪费;分析成本节约或超支的原因和责任归属。

10.1.3.4　**施工项目成本核算**

施工项目成本核算是指对项目生产过程所发生的各种费用进行核算。它包括两个基本的环节:一是归集费用,计算成本实际发生额;二是采用一定的方法,计算施工项目的总成本和单位成本。

1. 施工项目成本核算的对象

(1)一个单位工程由几个施工单位共同施工,各单位都应以同一单位工程作为成本核算对象。

(2)规模大、工期长的单位工程可以划分为若干部位,以分部工程作为成本的核算对象。

(3)同一建设项目由同一施工单位施工,并在同一施工地点,属于同一结构类型,开、竣工时间相近的若干单位工程可以合并成一个成本核算对象。

(4)改、扩建的零星工程可以将开、竣工时间相近且属于同一个建设项目的各单位工程合并成一个成本核算对象。

(5)土方工程、打桩工程可以根据实际情况,以一个单位工程作为成本核算对象。

2. 工程项目成本核算的基本框架

工程项目成本核算的基本框架见表10-1。

表10-1 工程项目成本核算的基本框架

人工费核算	内包人工费
	外包人工费
材料费核算	编制材料消耗汇总表
周转材料费核算	实行内部租赁制
	项目经理部与出租方按月结算租赁费
	周转材料进出时,加强计量验收制度
	租用周转材料的进退场费,按照实际发生数,由调入方负担
	对U形卡、脚手架等零件,在竣工验收时进行清点,按实际情况计入成本
	实行租赁制周转材料不再分配负担周转材料差价
结构件费核算	按照单位工程使用对象编制结构耗用月报表
	结构单价以项目经理部与外加工单位签订合同为准
	结构件耗用的品种和数量应与施工产值相对应
	结构件的高进高出价差核算与材料费的高进高出价差核算一致
	如发生结构件的一般价差,可计入当月项目成本
	部位分包,如门窗、轻钢龙骨等,按原企业通常采用的类似结构件管理核算方法
	在结构件外加工和部位分包施工过程中,尽量获取转嫁压价让利风险所产生的利益
机械使用费核算	机械设备实行内部租赁制
	租赁费根据机械使用台班、停用台班和内部租赁价计算,计入项目成本
	机械进出场费,按规定由承租项目承担
	各类大、中、小型机械,其租赁费全额计入项目机械成本
	结算原始凭证由项目指定人签证开班和停班数,据以结算费用
	向外单位租赁机械,按当月租赁费用金额计入项目机械成本
其他直接费核算	材料二次搬运费
	临时设施摊销费
	生产工具用具使用费
	除上述外其他直接费均按实际发生的有效结算凭证计入项目成本

续表 10-1

施工间接费核算	要求以项目经理部为单位编制工资单和奖金单列支工作人员薪金
	劳务公司所提供的炊事人员、服务人员、警卫人员提供承包服务费计入施工间接费
	内部银行的存贷利息,计入“内部利息”
	施工间接费,先在项目“施工间接费”总账归集,再按一定分配标准计收益成本入核算对象“工程施工—间接成本”
分包工程成本核算	包清工工程,纳入“人工费—外包人工费”内核算
	部分分项分包工程,纳入结构件费内核算
	双包工程
	机械作业分包工程
	项目经理部应增设“分建成本”项目,核算双包工程、机械作业分包工程成本状况

10.1.3.5 施工项目成本分析

施工项目成本分析就是在成本核算的基础上采用一定的方法,对所发生的成本进行比较分析,检查成本发生的合理性,找出成本的变动规律,寻求降低成本的途径。施工项目成本分析主要有对比分析法、连环替代法、差额计算法和挣值法。

1. 对比分析法

对比分析法是通过实际完成成本与计划成本或承包成本进行对比,找出差异、分析原因,以便改进。这种方法简单易行,但注意比较指标的内容要保持一致。

2. 连环替代法

连环替代法可用来分析各种因素对成本形成的影响。例如,某工程的材料成本资料如表10-2所示。分析的顺序是:先绝对量指标,后相对量指标;先实物量指标,后货币量指标。材料成本影响因素分析如表10-3所示。

表10-2 材料成本资料

项目	单位	计划	实际	差异	差异率(%)
工程量	m^3	100	110	+10	+10
单位材料消耗量	kg	320	310	-10	-3.1
材料单价	元/kg	40	42	+2	+5
材料成本	元	1 280 000	1 432 200	+152 200	+11.9

表10-3 材料成本影响因素分析

计算顺序	替换因素	影响成本的变动因素			材料成本（元）	与前一次差异（元）	差异原因
		工程量（m^3）	单位材料消耗量(kg)	材料单价（元/kg）			
①替换基数		100	320	40	1 280 000		
②一次替换	工程量	110	320	40	1 408 000	128 000	工程量增加
③二次替换	单耗量	110	310	40	1 364 000	-44 000	单位材料消耗量节约
④三次替换	单价	110	310	42	1 432 200	68 200	单价提高
合计						152 200	

3. *差额计算法*

差额计算法是因素分析法的简化，仍按表10-3计算。

由于工程量增加使成本增加：

$$(110-100)\times 320\times 40=128\ 000(\text{元})$$

由于单位材料消耗量节约使成本降低：

$$(310-320)\times 110\times 40=-44\ 000(\text{元})$$

由于单价提高使成本增加：

$$(42-40)\times 110\times 310=68\ 200(\text{元})$$

4. *挣值法*

挣值法主要用来分析成本目标实施与期望之间的差异，是一种偏差分析法，其分析过程如下：

(1)明确三个关键变量：项目计划完成工作的预算成本（*BCWS*＝计划工作量×预算定额）；项目已完成工作的实际成本（*ACWP*）；项目已完成的预算成本（*BCWP*＝已完成工作量×该工作量的预算定额）。

(2)两种偏差的计算：

$$\text{项目成本偏差}\ C_V=BCWP-ACWP \tag{10-1}$$

当C_V大于0时，表明项目实施处于节支状态；当C_V小于0时，表明项目处于超支状态。

$$\text{项目进度偏差}\ S_V=BCWP-BCWS \tag{10-2}$$

当S_V大于0时，表明项目实施超过进度计划；当S_V小于0时，表明项目实施落后于计划进度。

(3)两个指数变量：

$$\text{计划完工指数}\ SCI=BCWP/BCWS \tag{10-3}$$

当*SCI*大于1时，表明项目实际完成的工作量超过计划工作量；当*SCI*小于1时，表明项目实际完成的工作量小于计划工作量。

$$\text{成本绩效指数}\ CPI=ACWP/BCWP \tag{10-4}$$

当*CPI*大于1时，表明实际成本多于计划成本，资金使用率较低；当*CPI*小于1时，表明实际成本少于计划成本，资金使用率较高。

10.1.3.6 施工项目成本考核

施工项目成本考核就是在施工项目竣工后，对项目成本的负责人，考核其成本完成情况，以做到有奖有罚，避免“吃大锅饭”，以提高职工的劳动积极性。

(1)施工项目成本考核的目的是通过衡量项目成本降低的实际成果，对成本指标完成情况进行总结和评价。

(2)施工项目成本考核应分层进行，企业对项目经理部进行成本管理考核，项目经理部对项目部内部各作业队进行成本管理考核。

(3)施工项目成本考核的内容是：既要对计划目标成本的完成情况进行考核，又要对成本管理工作业绩进行考核。

(4)施工项目成本考核的要求如下：

①企业对项目经理部考核时，以责任目标成本为依据；

②项目经理部以控制过程为考核重点；

③成本考核要与进度、质量、安全指标的完成情况相联系；

④应形成考核文件，为对责任人进行奖罚提供依据。

任务10.2 施工项目成本控制

10.2.1 施工项目成本控制的任务

施工项目成本控制是在项目成本形成的过程中，对生产经营所消耗的人力资源、物资资源和费用开支进行指导、监督、检查和调整，及时纠正将要发生和已经发生的偏差，把各项生产费用控制在计划成本的范围之内，以保证成本目标的实现。

10.2.2 施工项目成本控制的内容

10.2.2.1 施工项目成本控制的原则

(1)以收定支的原则。

(2)全面控制的原则。

(3)动态性原则。

(4)目标管理原则。

(5)例外性原则。

(6)责、权、利、效相结合的原则。

10.2.2.2 施工项目成本控制的依据

(1)工程承包合同。

(2)施工项目进度计划。

(3)施工项目成本计划。

(4)各种变更资料。

10.2.2.3 施工项目成本控制步骤

(1)比较施工项目成本计划与实际的差值,确定是节约还是超支。

(2)分析节约还是超支的原因。

(3)预测整个项目的施工成本,为决策提供依据。

(4)施工项目成本计划在执行的过程中出现偏差,采取相应的措施加以纠正。

(5)检查成本完成情况,为今后的工作积累经验。

10.2.3 施工成本控制的方法

施工成本的影响因素众多,对施工成本的控制可采用施工成本的过程控制法、费用偏差分析法等。

10.2.3.1 施工成本的过程控制法

施工成本控制是在成本发生和形成的过程中对成本进行的监督检查,成本的发生与形成是一个动态的过程,这就决定了成本的控制也是一个动态的过程,也可称为成本的过程控制。施工成本过程控制的对象与内容如下。

1.人工费的控制

人工费的控制采用"量价分离"的方法,将作业用工及零星用工按照定额工日的一定比例综合确定用工数量与单价,通过劳务合同进行控制。

加强劳动定额管理、提高劳动生产率、降低工程耗用人工工时,是控制人工费支出的主要手段。

2.材料费的控制

材料费的控制是降低施工成本的重要环节。材料费一般占建筑安装工程造价的60%左右,做好材料的管理、降低材料费用是降低施工成本最重要的途径。材料费的控制同样按照"量价分离"的原则,从材料的用量和材料价格两方面进行控制。

1)材料用量的控制

在保证符合设计规格和质量标准的前提下,合理使用材料和节约使用材料,通过定额管理、计量管理以及施工质量控制、避免返工等,有效控制材料物资的消耗。

(1)限额领料控制。对于有消耗定额的材料,项目以消耗定额为依据,实行限额领料制度。对于没有消耗定额的材料,则采用计划管理和按指标控制的办法,根据长期实际耗用,结合当月具体情况和节约要求,制定领用材料指标,据以控制发料。超过限额领用的材料,必须经过一定的审批手续后方可领用。施工班组严格实行限额领料制度,控制用料。凡超额使用的材料,由班组自负费用,节约的可以由项目部与施工班组分成,使员工充分认识到节约与自身利益相联系,在日常工作中主动掌握节约材料的方法,降低材料废品率。

(2)计量控制。为准确核算项目实际材料成本、保证材料消耗准确,在各种材料进场时,项目材料员必须准确计量,查明是否存在损耗或短缺现象,若存在,要查明原因,明确责任。发料过程中,要严格计量,防止多发或少发。

(3)以钱代物,包干控制。在材料使用过程中,对部分小型及零星材料(如铁钉、铁丝等)采用以钱代物、包干控制的办法。其具体做法是根据工程量结算出所需材料,将其折算成现金，每月结算时发给施工班组，一次包死，班组需要用料时，再从项目材料员处购买，超支部分由班组自负，节约部分归班组所有。

(4)技术措施控制。采用先进的施工工艺等可降低材料消耗，如改进材料配合比设计，合理使用化学添加剂；精心施工，控制构筑物和构件尺寸，减少材料消耗；改进装卸作业，节约装卸费用，减少材料损耗，提高运输效率；经常分析材料使用情况，核定和修订材料消耗定额，使施工定额保持平均先进水平。

2)材料价格的控制

材料价格主要由材料采购部门在采购中加以控制。由于材料价格由买价、运杂费、运输中的合理损耗等组成，因此控制材料价格，主要是通过市场信息、询价，应用竞争机制和经济合同手段等控制材料、设备、工程用品的采购价格，包括买价控制、运费控制和损耗控制等。

(1)买价控制。买价的变动主要由市场因素引起，但在内部控制方面，应事先对供应商进行考察，建立合格供应商名册。采购材料时，必须在合格供应商名册中选定供应商，实行货比三家，在保质保量的前提下，争取最低买价。同时实现项目监督，项目对材料部门采购的物资有权过问与询价，对买价过高的物资，可以根据双方签订的横向合同处理。此外，材料部门对各个项目所需的物资可以分类批量采购，以降低买价。

(2)运费控制。合理组织材料运输，就近购买材料，选用最经济的运输方法，借以降低成本。为此，材料采购部门要求供应商按规定的包装条件和指定的地点交货，供应单位如降低包装质量，则按质论价付款，因变更指定地点所增加的费用均由供应商自付。

(3)损耗控制。要求项目现场材料验收人员及时严格办理验收手续，准确计量，以防止将损耗或短缺计入材料成本。

材料管理工作是一项业务性较强、工作量较大的工作，降低材料单价和减少消耗量绝不是以次充好、偷工减料，而是在保质、保量、按期、配套地供应施工生产所需材料的基础上，监督和促进材料的合理使用，进一步达到材料成本最低的目标。

3.施工机械使用费的控制

合理选择和使用施工机械设备对施工成本控制具有十分重要的意义。施工机械一般通过租赁方式使用，因此必须合理配备施工机械，提高机械设备的利用率和完好率。施工机械使用费的控制主要从台班数量和台班单价两方面控制。施工机械使用费支出主要从以下几个方面进行有效控制：

(1)合理安排施工生产，加强设备租赁计划管理，减少因安排不当引起的设备闲置。

(2)加强机械设备的调度工作，尽量避免窝工，提高现场设备利用率。

(3)加强现场设备的维护保养，降低大修、经常性修理等各项开支，保障机械的正常工作，避免因不正确使用造成机械设备的停置。

(4)做好机上人员与辅助生产人员的协调与配合，采用超产奖励方法，加强培训，提高机上人员技能，提高施工机械台班产量。

(5)加强配件管理，建立健全配件领发料制度，严格按油料消耗定额控制油料消耗。

4.施工分包费用的控制

施工分包费用的控制是施工成本控制的重要工作之一，项目经理部在确定施工方案的初期就要确定需要分包的工程范围。对分包费用的控制，主要是要做好分包工程的询价、订立平等互利的分包合同、建立稳定的分包关系网络、加强施工验收和分包结算等工作。

10.2.3.2 施工成本的费用偏差分析法

1. 费用偏差原因分析

一般情况下，费用偏差产生的原因如表10-4所示。

表10-4 费用偏差产生的原因

费用偏差分析	物价上涨	人工涨价
		材料涨价
		设备涨价
		利率、汇率变化
	设计原因	设计错误
		设计漏项
		设计标准变化
		图纸供应不及时
		其他
	业主原因	业主增加内容
		投资规划不当
		组织不落实
		建设手续不全
		协调不佳
		未及时提供合同中施工所需
		其他
	施工原因	施工方案不当
		材料代用
		施工质量有问题
		赶进度
		工期拖延
		其他
	客观原因	自然因素
		基础处理
		法规变化
		社会原因
		其他

2. 纠偏措施

偏差分析及对应措施如表10-5所示。

表10-5 偏差分析及对应措施

图形	三参数关系	分析	措施
ACWP BCWS BCWP	$ACWP > BCWS > BCWP$ $S_V < 0, C_V < 0$	效率低、进度较慢、投入超前	用工作效率高的人员更换一批工作效率低的人员
BCWP BCWS ACWP	$BCWP > BCWS > ACWP$ $S_V > 0, C_V > 0$	效率高、进度较快、投入延后	若偏离不大,维持现状
BCWP ACWP BCWS	$BCWP > ACWP > BCWS$ $S_V > 0, C_V > 0$	效率较高、进度快、投入超前	抽出部分人员,放慢进度
ACWP BCWP BCWS	$ACWP > BCWP > BCWS$ $S_V > 0, C_V < 0$	效率较低、进度较快、投入超前	抽出部分人员,增加少量骨干人员
BCWS ACWP BCWP	$BCWS > ACWP > BCWP$ $S_V < 0, C_V < 0$	效率较低、进度慢、投入延后	增加高效人员投入
BCWS BCWP ACWP	$BCWS > BCWP > ACWP$ $S_V < 0, C_V > 0$	效率较高、进度较慢、投入延后	迅速增加人员投入

10.2.4 施工项目成本降低的途径

降低施工项目成本的途径应该是既开源又节流,只开源不节流或者只节流不开源,都不可能达到降低施工项目成本的目的。其主要是控制各种消耗和单价,另外是增加收入。

(1)加强图纸会审,减少设计浪费。

施工单位应该在满足用户的要求和保证工程质量的前提下，联系项目施工的主客观条件，对设计图纸进行认真的会审，并积极地提出修改意见，在取得用户和设计单位同意后，修改设计图纸，同时办理增减账。

(2)加强合同预算管理，增加工程预算收入。

深入研究招标文件、合同文件，正确编写施工图预算；把合同规定的“开口”项目作为增加预算收入的重要方面；根据工程变更资料及时办理增减账。因此，项目承包方应就工程变更对既定施工方法、机械设备使用、材料供应、劳动力调配和工期目标影响程度，以及实施变更内容所需要的各种资料进行合理估价，及时办理增减账手续，并通过工程结算从建设单位取得补偿。

(3)制订先进合理的施工方案，减少不必要的窝工等损失。

施工方案不同，工期就不同，所需的机械也不同，因而发生的费用不同。因此，制订施工方案要以合同工期和上级要求为依据，联系项目规模、性质、复杂程度、现场条件、装备情况、人员素质等因素综合考虑。

(4)落实技术措施，组织均衡施工，保证施工质量，加快施工进度。

①根据施工具体情况，合理规划施工现场平面布置(包括机械布置，材料、构件的堆放场地，车辆进出施工现场的运输道路，临时设施搭建数量和标准等)，为文明施工、减少浪费创造条件。

②严格执行技术规范和预防为主的方针，确保工程质量，减少零星工程的修补，消灭质量事故，不断降低质量成本。

③根据工程设计特点和要求，运用自身的技术优势，采取有效的技术组织措施，实行经济与技术相结合。

④严格执行安全施工操作规程，减少一般安全事故，确保安全生产，将事故损失降到最低。

(5)降低材料因量差和价差所产生的材料成本。

①材料采购和构件加工，要求质优、价廉，运距短的供应单位。对到场的材料、构件要正确计量、认真验收，如遇到不合格产品或用量不足要进行索赔。切实做到降低材料、构件的采购成本，减少采购加工过程中的管理损耗。

②根据施工项目的进度计划，及时组织材料、构件的供应，保证施工项目顺利进行，防止因停工造成的损失。在构件生产过程中，要按照施工顺序组织配套供应，以免因规格不齐造成施工间隙，浪费时间、浪费人力。

③在施工过程中，严格按照限额领料制度控制材料消耗，同时要做好余料回收和利用，为考核材料的实际消耗水平提供正确的数据。

④根据施工需要，合理安排材料储备，减少资金占用率，提高资金利用效率。

(6)提高机械的利用效果。

①根据工程特点和施工方案，合理选择机械的型号、规格和数量。

②根据施工需要，合理安排机械施工，充分发挥机械的效能，减少机械使用成本。

③严格执行机械维修和养护制度，加强平时的机械维修保养，保证机械完好和在施工过程中运转良好。

(7)重视人的因素,加强激励职能的利用,调动职工的积极性。

①对关键工序施工的关键班组要实行重奖。

②对材料操作损耗特别大的工序,可由生产班组直接承包。

③实行钢模零件和脚手架螺栓有偿回收。

④实行班组“落手清”承包。

能力训练

一、填空题

1. 按照生产费用计入成本的方法可分为(　　　　)和(　　　　)。

2. 按照生产费用与产量的关系可分为(　　　　)和(　　　　)。

3. 按照控制的目标,从发生的时间可分为(　　　　)、(　　　　)和(　　　　)。

4. 施工项目成本控制包括(　　　)、(　　　)和(　　　)。

二、简答题

1. 施工成本构成包括什么?

2. 施工项目成本核算的对象包括哪些?

3. 挣值法三个关键变量是什么?

4. 施工成本控制的方法有哪些?

5. 施工成本降低的途径有哪些?

三、计算题

1. 某项目部的固定成本为180万元,单位建筑面积的变动成本为400元/m^2,单位销售价格为500元/m^2,试预测保本承包规模和保本承包收入。

2. 某分项工程某月计划工程量为3 200 m^2,计划单价为15元/m^2;月底核定承包商实际完成工程量为2 800 m^2,实际单价为20元/m^2。计算项目成本偏差、项目进度偏差、计划完工指数和成本绩效指数,并分析处于何种状态。

项目 11 施工合同管理

【学习目标】

1. 知识目标:①了解施工合同的类型;②了解 FIDIC 施工合同条件;③了解水利水电土建工程施工合同条件;④了解施工索赔。

2. 技能目标:①能运用合同条款解决工程实际问题;②能依据合同提出索赔事项。

3. 素质目标:①认真细致的工作态度;②严谨的工作作风;③严守纪律、法纪的优良品质。

任务 11.1 施工合同管理概述

11.1.1 合同的谈判与签约

11.1.1.1 合同订立的程序

与其他合同的订立程序相同,建设工程合同的订立也要采用要约和承诺的方式。根据《中华人民共和国招标投标法》对招标、投标的规定,招标、投标、中标的过程实质就是要约、承诺的一种具体方式。招标人通过媒体发布招标公告,或向符合条件的投标人发出招标邀请,为要约邀请;投标人根据招标文件内容在约定的期限内向招标人提交投标文件,为要约;招标人通过评标确定中标人,发出中标通知书,为承诺;招标人和中标人按照中标通知书、招标文件和中标人的投标文件等订立书面合同时,合同成立并生效。

建设工程施工合同的订立往往要经历一个较长的过程。在明确中标人并发出中标通知书后,双方即可就建设工程施工合同的具体内容和有关条款展开谈判,直到最终签订合同。

11.1.1.2 建设工程施工合同谈判的主要内容

1. 关于工程内容和范围的确认

招标人和中标人可就招标文件中的某些具体工作内容进行讨论、修改、明确或细化,从而确定工程承包的具体内容和范围。在谈判中双方达成一致的内容,包括在谈判讨论中经双方确认的工程内容和范围方面的修改或调整,应以文字方式确定下来,并以“合同补遗”或“会议纪要”方式作为合同附件,并明确它是构成合同的一部分。

对于为监理工程而提供的建筑物、家具、车辆以及各项服务,也应逐项详细地予以明确。

2. 关于技术要求、技术规范和施工技术方案

双方尚可对技术要求、技术规范和施工技术方案等进行进一步讨论和确认,必要的情况下甚至可以变更技术要求和施工技术方案。

3. 关于合同价格条款

依据计价方式的不同,建设工程施工合同可以分为总价合同、单价合同和成本加酬金合同。一般在招标文件中就会明确规定合同将采用什么计价方式,在合同谈判阶段往往没有讨论的余地。但在可能的情况下,中标人在谈判过程中仍然可以提出降低风险的改进方案。

4. 关于价格调整条款

对于工期较长的建设工程,容易遭受货币贬值或通货膨胀等因素的影响,可能给承包人造成较大损失。价格调整条款可以比较公正地解决这一承包人无法控制的风险损失。

无论是单价合同还是总价合同,都可以确定价格调整条款,即是否调整以及如何调整。可以说,合同计价方式以及价格调整方式共同确定了工程承包合同的实际价格,直接影响着承包人的经济利益。在建设工程实践中,由于各种因素导致费用增加的概率远远大于费用减少的概率,有时最终的合同价格调整金额会很大,远远超过原定的合同总价,因此承包人在投标过程中,尤其是在合同谈判阶段务必对合同的价格调整条款予以充分的重视。

5. 关于合同款支付方式的条款

建设工程施工合同的付款分四个阶段进行,即预付款、工程进度款、最终付款和退还保留金。关于支付时间、支付方式、支付条件和支付审批程序等有很多种可能的选择,并且可能对承包人的成本、进度等产生比较大的影响,因此合同款支付方式的有关条款是谈判的重要方面。

6. 关于工期和维修期

中标人与招标人可根据招标文件中要求的工期,或者根据投标人在投标文件中承诺的工期,并考虑工程范围和工程量的变动而产生的影响来商定一个确定的工期。同时,还要明确开工日期、竣工日期等。双方可根据各自的项目准备情况、季节和施工环境因素等条件洽商适当的开工时间。

对于具有较多的单项工程的建设工程项目,可在合同中明确允许分部位或分批提交业主验收(如成批的房屋建筑工程应允许分栋验收;分多段的公路维修工程应允许分段验收;分多片的大型灌溉工程应允许分片验收等),并从该批验收时起开始计算该部分的维修期,以缩短承包人的责任期限,最大限度地保障自己的利益。

双方应通过谈判明确,由于工程变更(业主在工程实施中增减工程或改变设计等)、恶劣的气候影响,以及各种作为一个有经验的承包人无法预料的工程施工条件的变化等对工期产生不利影响时的解决办法,通常在上述情况下应该给予承包人要求合理延长工期的权利。

合同文本中应当对维修工程的范围、维修责任及维修期的开始和结束时间有明确的规定,承包人应该只承担由于材料和施工方法及操作工艺等不符合合同规定而产生的缺陷。

承包人应力争以维修保函来代替业主扣留的保留金。与保留金相比,维修保函对承包人有利,主要是因为可提前取回被扣留的现金,而且维修保函是有时效的,期满将自动作废。

同时,它对业主并无风险,真正发生维修费用时,业主可凭维修保函向银行索回款项。

因此,这一做法是比较公平的。维修期满后,承包人应及时从业主处撤回维修保函。

7. 合同条件中其他特殊条款的完善

合同条件中其他特殊条款的完善主要包括:关于合同图纸;关于违约罚金和工期提前奖金;工程量验收以及衔接工序和隐蔽工程施工的验收程序;关于施工占地;关于向承包人移交施工现场和基础资料;关于工程交付;预付款保函的自动减额条款;等等。

11.1.1.3　建设工程施工合同最后文本的确定和合同签订

1. 合同风险评估

在签订合同之前,承包人应对合同的合法性、完备性、合同双方的责任、权益以及合同风险进行评审、认定和评价。

2. 合同文件内容

建设工程施工合同文件构成:合同协议书;工程量及价格;合同条件,包括合同一般条件和合同特殊条件;投标文件;合同技术条件(含图纸);中标通知书;双方代表共同签署的《合同补遗》(有时也以合同谈判会议纪要形式);招标文件;其他双方认为应该作为合同组成部分的文件,如投标阶段业主要求投标人澄清问题的函件和承包人所做的文字答复,双方往来函件等。

对所有在招标投标及谈判前后各方发出的文件、文字说明、解释性资料进行清理。对凡是与上述合同构成内容有矛盾的文件,应宣布作废。可以在双方签署的《合同补遗》中,对此做出排除性质的声明。

3. 关于合同协议的补遗

在合同谈判阶段双方谈判的结果一般以《合同补遗》的形式,有时也可以《合同谈判纪要》的形式,形成书面文件。

同时应该注意的是,建设工程施工合同必须遵守法律。对于违反法律的条款,即使由合同双方达成协议并签了字,也不受法律保障。

4. 签订合同

双方在合同谈判结束后,应按上述内容和形式形成一个完整的合同文本草案,经双方代表认可后形成正式文件,双方核对无误后,由双方代表草签,至此合同谈判阶段即告结束。此时,承包人应及时准备和递交履约保函,准备正式签署施工承包合同。

11.1.2　合同的类型

工程承包合同是经济合同的一种,是业主与工程咨询公司、设计单位、施工单位或其他有关单位之间,以及这些单位之间,为明确在完成项目建设的各种活动中双方责、权、利等经济关系而达成的书面协议。它明确了业主与承包商之间的权利和义务。

按照工程价款的结算方式不同,可分为总价合同、单价合同、实际成本加酬金合同和混合型合同四个类型。前两种又称固定价格合同。

11.1.2.1　总价合同

总价合同是普遍采用的一种合同类型,即业主与承包人按议标和投标标价,经过谈判签订。承包人负责按合同总价完成合同规定的全部工程。其特点是承包商签订总价合同,要承担全部风险,不管实际支出,只能按总价结算工程价款,发包人也同意按合同总价付款而不管承包人遭受巨大损失或是取得异乎寻常的超额利润。

总价合同适用于工期不长,物价变幅不会太大,设计深度满足精确计算工程量要求,施工条件稳定,建设工程的形式、规模、内容都很典型的工程;或是业主为了省事,愿意以较大富裕度价格发包的工程。

11.1.2.2　单价合同

单价合同是水利、土木工程中广泛采用的一种合同类型。承包人以合同确定的施工项目的工程单价向业主承包,负责完成施工任务,然后按实际发生的工程量和合同中规定的工程单价结算工程价款。单价合同又有纯单价合同与估计工程量单价合同之分。前者无论实际工程量变化多大,其单价不变;后者是发包人按估计工程量让投标人报价,当实际工程量与估计工程量相差过大,超过规定的幅度时,允许调整单价以补偿承包人因施工力量不足或过剩所造成的损失。

单价合同适用于招标时尚无详细图纸或设计内容尚不十分明确,只是结构形式已经确定,工程量还不够准确的情况。当采用总承包合同时,可以一部分项目采用总价合同,另一部分项目采用单价合同,水利水电工程的主体施工项目一般采用单价合同。

11.1.2.3　实际成本加酬金合同

实际成本加酬金合同的基本特点是以工程实际成本加上商定的酬金来确定工程总造价。这种合同方式主要适用于开工前对工程内容尚不十分确定的情况。例如设计未全部完成就要求开工,或工程内容估计有很大变化,工程量及人工、材料用量有较大出入,质量要求高或采用新技术的施工项目等,这种合同方式,承包商不承担任何风险,因为工程费用实报实销,所以获利也最小,但有保证。在实践中有以下四种不同的具体做法:

(1)实际成本加固定百分数酬金合同。工程造价为实际成本,再加上按实际成本的百分数(一般为5%)付给承包人的酬金。

这种计价方式,酬金随工程成本水涨船高,显然不能鼓励承包人不顾一切地降低成本或缩短工期,这对业主是不利的,现在已较少采用。

(2)实际成本加固定酬金合同。工程成本实报实销,但酬金是事先按预算成本的一定百分数计算的。这种合同方式虽不能鼓励承包人降低造价,但为尽快取得酬金,承包人将会努力缩短工期。这是它的可取之处,为了鼓励承包商更好地工作,也有在固定酬金之外,再根据工程质量、工期和成本情况另外再加奖金的。在这种情况下,奖金所占比例的上限可大于固定酬金,可以起很大的激励作用。

(3)实际成本加浮动酬金合同。这种合同方式要事先商定工程预算成本和酬金的预期金额,如果实际成本恰好等于预算成本,工程造价就是实际成本加固定酬金,如果实际成本低于预算成本,则增加酬金;如果实际成本高于预算成本,即减少酬金。酬金增减部分,可以是一个百分数,也可以是固定数。

采用这种方式通常规定,当实际成本超支而减少酬金时,以原定的固定酬金为减少的最高限度。也就是在最坏的情况下,承包人将得不到任何酬金,但也不承担赔偿超支的责任。这种方式对承发包双方都没有太多风险,又能促使承包人关心降低成本和缩短工期。

(4)目标成本加奖罚合同。在仅有初步设计和工程说明书迫切要求开工的情况下,可根据粗略估算的工程量和适当的单价表编制概算,作为目标成本,另外规定一个百分数作为酬金，最后结算时，如果实际成本高于目标成本并超过事先商定的界限(如5%)，或低于目标成本(也有一个幅度)，则承包人应按商定比例承担超支或分享结余。此外，还可另加工期奖励。

这种合同方式可以促使承包人关心降低成本和缩短工期，而且目标成本是随设计工作进展而加以调整才确定下来的，所以承发包双方都不会承担太大的风险。

以上几种实际成本加酬金合同都是按实际成本报销的，所不同的是酬金的计算方式不同，为的是使承包人关心降低成本和缩短工期。所以，支付酬金的方式是多种多样的，不限于上述四种方式。保证最高成本加固定酬金合同也是常用的一种方式，这种方式先定预计成本和酬金，再定保证最高成本金额。当实际成本超过最高限额时，超过部分全部由承包人承担，不仅要用预定酬金充抵，还要用承包人自有资金充抵；当实际成本低于预定成本时，结余部分由承包人与业主按规定比例分享。

11.1.2.4　混合型合同

混合型合同有部分固定价格、部分实际成本加酬金合同和阶段转换合同两种。前者是指对重要的设计内容已具体化的项目采用固定价格合同；而对次要的，设计还未具体化的项目采用实际成本加酬金合同；后者则是指在一个项目的前阶段和后阶段采用不同的结算方式，如开始采用实际成本加酬金合同，等项目进行了一段时间，情况比较明朗时，改用固定价格合同。

任务 11.2　施工合同条件

11.2.1　FIDIC 系列施工合同条件简介

11.2.1.1　FIDIC 简介

FIDIC 是指国际咨询工程师联合会法文名称的缩写，最早是于1913年由欧洲四个国家的咨询工程师协会组成的。截至2006年，已有全球各地70多个国家和地区的成员加入FIDIC，我国在1996年正式加入。可以说，FIDIC代表了世界上大多数独立的咨询工程师，是最具权威性的咨询工程师组织，它推动了全球范围内的高质量的工程咨询服务业的发展。

FIDIC 的各专业委员会编制了许多规范性的文件，这些文件不仅被FIDIC成员国采用，世界银行、亚洲开发银行、非洲开发银行的招标样本也常常采用。其中最常用的有《施工合同条件》《生产设备和设计—施工合同条件》《设计采购施工(EPC)/交钥匙工程合同条件》《简明合同格式》，国际上分别通称为FIDIC新红皮书、新黄皮书、银皮书和绿皮书。

11.2.1.2　FIDIC 系列合同条件的特点

1.国际性、通用性和权威性

FIDIC 编制的合同条件(简称FIDIC合同条件)是在总结国际工程合同管理各方面的经验教训的基础上制定的，并且不断地吸取各方意见加以修改完善。该合同条件是在总结各个地区、国家的业主、咨询工程师和承包商各方经验的基础上编制的，是国际上一个

高水平的通用性文件，既可用于国际工程，稍加修改后又可用于国内工程，我国有关部委编制的合同条件或协议书范本都将 FIDIC 合同条件作为重要的参考文本。一些国际金融组织的贷款项目和一些国家和地区的国际工程项目也都采用了 FIDIC 合同条件。

2.公正合理、职责分明

合同条件的各项规定具体体现了业主、承包商的义务、权利和职责以及工程师的职责和权限。由于 FIDIC 大量听取了各方的意见和建议，因而其合同条件中的各项规定也体现了在业主和承包商之间风险合理分担的精神，并且在合同条件中倡导合同各方以坦诚合作的精神去完成工程。合同条件中对有关各方的职责既有明确的规定和要求，也有必要的限制，这一切对合同的实施都是非常重要的。

3.程序严谨且易于操作

合同条件中对处理各种问题的程序都有严格的规定，特别强调要及时处理和解决问题，以避免由于任一方拖拉而产生新的问题。另外，特别强调各种书面文件及证据的重要性，这些规定使各方均有章可循，并使条款中的规定易于操作和实施。

4.通用条件和专用条件的有机结合

FIDIC 合同条件一般分为两个部分：第一部分是通用条件；第二部分是特殊应用条件，也可称为专用条件。通用条件是指对某一类工程都通用，如 FIDIC《施工合同条件》对于各种类型的土木工程（如工业和民用房屋建筑、公路、桥梁、水利、港口、铁路等）均适用。

11.2.1.3 FIDIC《施工合同条件》的适用范围

FIDIC《施工合同条件》适用于各类大型或复杂工程，主要工作为施工，业主负责大部分设计工作，由工程师来监理施工和签发支付证书，按工程量表中的单价来支付完成的工程量（单价合同），风险分担均衡。

11.2.2 FIDIC《施工合同条件》

11.2.2.1 合同文件

通用条件的条款规定，构成对业主和承包商有约束力的合同文件包括以下几个方面的内容：

(1)合同协议书。

(2)中标函。

(3)投标函。

(4)合同专用条件。

(5)合同通用条件。

(6)规范。

(7)图纸。

(8)资料表以及其他构成合同部分的文件。

11.2.2.2 合同中的部分重要词语含义

1.合同履行中涉及的几个阶段的概念

1)合同工期

合同工期是指所签合同内注明的完成全部工程或分步移交工程的时间，加上合同履行过程中非承包商应负责原因导致变更和索赔事件发生后,经工程师批准顺延工期之和。

2)施工期

施工期是指从工程师按合同约定发布的“开工令”中指明的应开工之日起,至工程移交证书注明的竣工日止的日历天数。

3)缺陷责任期

缺陷责任期即国内施工文本所指的工程保修期,自工程移交证书中写明的竣工日起,至工程师颁发解除缺陷责任证书止的日历天数。从开工之日起至颁发解除缺陷责任证书日止,承包商要对工程的施工质量负责。通常,次要部位工程通常为半年;主要工程及设备大多为一年;个别重要设备也可以约定为一年半。

4)合同有效期

合同有效期指自合同签字日起至承包商提交给业主(建设单位,下同)的“结清单”生效日止,施工合同对业主和承包商均具有法律约束力。

2.合同价格

合同价格指中标通知书中写明的,按照合同规定,为了工程的实施、完成及其任何缺陷的修补应付给承包商的金额。大多数情况下,因合同类型、可调价合同、发生应由业主承担责任的事件、承包商的质量责任、承包商延误工期或提前竣工、包含在合同价格之内的暂定金额等因素的影响,承包商完成合同规定的施工义务后,累计获得的工程款也不等于原定合同价格与批准的变更和索赔补偿款之和,可能比其多,也可能比其少。

3.指定分包商

1)指定分包商的概念

通用条件规定,业主有权将部分工程项目的施工任务或涉及提供材料、设备、服务等工作内容发包给指定分包商实施。所谓指定分包商,是由业主(或工程师)指定、选定完成某项特定工作内容并与承包商签订分包合同的特殊分包商。

合同内规定有承担施工任务的指定分包商,大多因业主在招标阶段划分合同时,考虑到某部分施工的工作内容有较强的专业技术要求,一般承包单位不具备相应的技术能力,但如果以一个单独的合同对待又限于现场的施工条件,工程师无法合理地进行协调管理,则为避免各独立承包商之间的施工干扰,只能将这部分工作发包给指定分包商实施。

由于指定分包商是与承包商签订分包合同,因而在合同关系和管理关系方面与一般分包商处于同等地位,对其施工过程中的监督、协调工作纳入承包商的管理之中。指定分包工作内容可能包括部分工程的施工;供应工程所需的货物、材料、设备、设计、技术服务等。

2)指定分包商的特点

虽然指定分包商与一般分包商处于相同的合同地位,但两者并不完全一致,主要差异体现在以下几个方面:

(1)选择分包单位的权利不同。承担指定分包工作任务的单位由业主或工程师选定,而一般分包商则由承包商选择。

(2)分包合同的工作内容不同。指定分包工作属于承包商无力完成,不在合同约定应由承包商必须完成范围之内的工作。而一般分包商的工作则为承包商承包工作范围的

一部分。

(3)工程款的支付开支项目不同。为了不损害承包商的利益,给指定分包商的付款应从暂定金额内开支。而对一般分包商的付款,则从工程量清单中相应工作内容项内支付。

(4)业主对指定分包商利益的保护不同。在合同条件内列有保护指定分包商的条款。

通用条件第59.5款规定,承包商在每个月末报送工程进度款支付报表时,工程师有权要求他出示以前已按指定分包合同给指定分包商付款的证明。如果承包商没有合法理由而扣押了指定分包商上个月应得工程款的话,业主有权按工程师出具的证明从本月应得款内扣除这笔金额直接付给指定分包商。对于一般分包商则无此类规定,业主和工程师不介入一般分包合同履行的监督。

(5)承包商对分包商违约行为承担责任的范围不同。除非由于承包商向指定分包商发布了错误的指示要承担责任外,指定分包商在任何违约行为给业主或第三者造成损害而导致索赔或诉讼时,承包商不承担责任;如果一般分包商有违约行为,业主将其视为承包商的违约行为,按照总包合同的规定追究承包商的责任。

11.2.2.3 风险责任的划分

1.业主应承担的风险

合同履行过程中可能发生的某些风险是有经验的承包商在准备投标时无法合理预见的,就业主利益而言,不应要求承包商在其报价中计入这些不可合理预见风险的损害补偿费,以取得有竞争性的合理报价。合同履行过程中发生此类风险事件后,按承包商受到的实际影响给予补偿。

1)合同条件规定的业主风险

属于业主的风险包括诸如战争、暴动等特殊风险;因业主在合同规定以外,使用或占用永久工程的某一区段或某一部分而造成的损失或损害;业主提供的设计不当造成的损失;一个有经验的承包商通常无法预测和防范的任何自然力作用。因特殊风险事件发生导致合同的履行被迫终止时,业主应对承包商受到的实际损失(不包括利润损失)给予补偿。

2)其他不能合理预见的风险

(1)如果遇到了现场气候条件以外的外界条件或障碍影响了承包商按预定计划施工,经工程师确认该事件属于有经验的承包商无法合理预见的情况,则承包商实际施工成本的增加和工期损失应得到补偿。

(2)汇率变化对支付外币的影响。由于合同期内汇率的浮动变化是双方签约时无法预计的情况,不论采用何种方式业主均应承担汇率实际变化对工程总造价影响的风险,可能对其有利,也可能不利。

(3)法令、政策变化对工程成本的影响。如果投标截止日期前第28天后,由于法律、法令和政策变化引起承包商实际投入成本的增加,应由业主给予补偿。若导致施工成本的减少,也由业主获得其中的好处。

2.承包商应承担的风险

施工合同的当事人是业主和承包商,因此合同履行过程中发生的应由业主承担的风险以外的各种风险事件,均应由承包商承担。

11.2.3 《水利水电土建工程施工合同条件》简介

《水利水电土建工程施工合同条件》(GF—2000—0208)(简称《合同条件》)由通用条款、专用条款和通用条款使用说明三部分组成。

通用条款是根据《中华人民共和国合同法》《中华人民共和国建筑法》《建设工程施工合同管理办法》等法律、法规对承发包双方的权利、义务做出的规定,除双方协商一致对其中的某些条款做了修改、补充或取消外,双方都必须履行。它是将建设工程施工合同中共性的一些内容抽象出来编写的一份完整的合同文件。通用条款具有很强的通用性,基本适用于各类水利水电土建工程。

11.2.3.1 《合同条件》内容

通用条款共22部分60条。这22部分内容是:

(1)词语含义。

(2)合同条件。

(3)双方的一般义务和责任。

(4)履约担保。

(5)监理人和总监理工程师。

(6)联络。

(7)图纸。

(8)转让和分包。

(9)承包人的人员及其管理。

(10)材料和设备。

(11)交通运输。

(12)工程进度。

(13)工程质量。

(14)文明施工。

(15)计量与支付。

(16)价格调整。

(17)变更。

(18)违约和索赔。

(19)争议的解决。

(20)风险和保险。

(21)完工与保修。

(22)其他。

考虑到水利水电土建工程的内容各不相同,工期、造价也随之变动,承包人、发包人各自的能力、施工现场的环境和条件也各不相同,通用条款不能完全适用于各个具体工程。

因此,配之以专用条款对其做必要的修改和补充,使通用条款和专用条款成为双方统一意愿的体现。专用条款的条款号与通用条款相一致,但主要是空格,由当事人根据工程的具体情况予以明确或对通用条款进行修改和补充。

11.2.3.2　通用条款——各方义务和责任

1.业主

(1)遵守法律、法规和规章。发包人应在其实施本合同的全部工作中遵守与本合同有关的法律、法规和规章,并应承担由于其自身违反上述法律、法规和规章的责任。

(2)发布开工通知。发包人应委托监理人按合同规定的日期向承包人发布开工通知。

(3)安排监理人及时进点实施监理。发包人应在开工通知发布前安排监理人及时进入工地开展监理工作。

(4)提供施工用地。发包人应按专用条款规定的承包人用地范围和时限,办清施工用地范围内的征地和移民,按时向承包人提供施工用地。

(5)提供部分施工准备工程。发包人应按合同规定,完成由发包人承担的施工准备工程,并按合同规定的时限提供承包人使用。

(6)提交测量基准。发包人应按有关规定,委托监理人向承包人提交现场测量基准点、基准线和水准点及其有关资料。

(7)办理保险。发包人应按合同规定负责办理由发包人投保的保险。

(8)提供已有的水文和地质勘探资料。发包人应向承包人提供已有的与本合同工程有关的水文和地质勘探资料,但只对列入合同文件的水文和地质勘探资料负责,不对承包人使用上述资料所做的分析、推断和推论负责。

(9)及时提供图纸。发包人应委托监理人在合同规定的时限内向承包人提供应由发包人负责提供的图纸。

(10)支付合同价款。发包人应按规定支付合同价款。

(11)统一管理工程的文明施工。发包人应按国家有关规定负责统一管理本工程的文明施工,为承包人实现文明施工目标创造必要的条件。

(12)治安保卫和施工安全。发包人应按有关规定履行其治安保卫和施工安全职责。

(13)环境保护。发包人应按环境保护的法律、法规和规章的有关规定统一筹划本工程的环境保护工作,负责审查承包人按规定所采取的环境保护措施,并监督其实施。

(14)组织工程验收。发包人应按规定主持和组织工程的完工验收。

(15)其他一般义务和责任。发包人应承担专用条款中规定的其他一般义务和责任。

2.承包商

(1)遵守法律、法规和规章。承包人应在其负责的各项工作中遵守与本合同工程有关的法律、法规和规章,并保证发包人免于承担由于承包人违反上述法律、法规和规章的任何责任。

(2)提交履约担保证件。承包人应按规定向发包人提交履约担保证件。

(3)及时进点施工。承包人应在接到开工通知后及时调遣人员和调配施工设备、材料进入工地,按施工总进度要求完成施工准备工作。

(4)执行监理人指示,按时完成各项承包工作。承包人应认真执行监理人发出的与合同有关的任何指示,按合同规定的内容和时间完成全部承包工作。除合同另有规定外,承包人应提供为完成本合同工作所需的劳务、材料、施工设备、工程设备和其他物品。

(5)提交施工组织设计、施工措施计划和部分施工图纸。承包人应按合同规定的内容和时间要求,编制施工组织设计、施工措施计划和由承包人负责的施工图纸,报送监理人审批,并对现场作业和施工方法的完备和可靠负全部责任。

(6)办理保险。承包人应按合同规定负责办理由承包人投保的保险。

(7)文明施工。承包人应按国家有关规定文明施工,并应在施工组织计划中提出施工全过程的文明施工措施计划。

(8)保证工程质量。承包人应严格按施工图纸和合同技术条款中规定的质量要求完成各项工作。

(9)保证工程施工和人员的安全。承包人应按有关规定认真采取施工安全措施,确保工程和由其管辖人员、材料、设施和设备的安全,并采取有效措施防止工地附近建筑物和居民的生命和财产遭受损害。

(10)环境保护。承包人应遵守环境保护的法律、法规和规章,并应按规定采取必要措施保护工地及其附近的环境,免受因其施工引起的污染、噪声和其他因素所造成的环境破坏和人员伤害及财产损失。

(11)避免施工对公众利益的损害。承包人在进行本合同规定的各项工作时,应保障发包人和其他人的财产和利益以及使用公用道路、水源和公共设施的权利免受损害。

(12)为他人提供方便。承包人应按监理人的指示为其他人在本工地或附近实施与本工程有关的其他各项工作提供必要的条件。除合同另有规定外,有关提供条件的内容和费用应在监理人的协调下另行签订协议。若达不成协议,则由监理人做出决定,有关各方遵照执行。

(13)工程维护和保修。工程未移交发包人前,承包人应负责照管和维护;移交后承包人应承担保修期内的缺陷修复工作。若工程移交证书颁发前尚有部分未完工程需在保修期内继续完成,则承包人还应负责该未完工程的照管和维护工作,直至完工后移交给发包人。

(14)完工清场和撤退。承包人应在合同规定的期限内完成工地清理并按期撤退人员、施工设备和剩余材料。

(15)其他一般义务和责任。承包人应承担专用条款中的其他一般义务和责任。

3.监理工程师

(1)监理工程师应履行本合同规定的职责。

(2)监理工程师可以行使合同规定和合同中隐含的权利,但若发包人要求监理工程师在行使某权利之前必须得到发包人批准,则应在专用条款中予以规定,否则监理工程师行使这种权利应视为已得到发包人的事先批准。

(3)除合同中另有规定外,监理工程师无权免除合同中规定的承包人或发包人的义务、责任和权利。

11.2.3.3　通用条款——违约责任

1.承包商

1)违约情况

在履行合同过程中,承包方发生下述行为之一者属承包方违约:

(1)承包方无正当理由未按开工通知的要求及时进点组织施工和未按签署协议书时商定的进度计划有效地开展施工准备,造成工期延误。

(2)承包方违反规定私自将合同或合同的任何部分或任何权利转让给其他人,或私自将工程或工程的一部分分包出去。

(3)未经监理单位批准,承包方私自将已按合同规定进入工地的工程设备、施工设备、临时工程设施或材料撤离工地。

(4)承包方违反规定使用不合格的材料和工程设备,或拒绝按规定处理不合格的工程、材料和工程设备。

(5)由于承包方因素未按合同进度计划及时完成合同规定的工程或部分工程,而又未按规定采取有效措施赶上进度,造成工期延误。

(6)承包方在保修期内未按规定和工程移交证书中所列的缺陷清单内容进行修复,或经监理单位检验认为修复质量不合格而承包方拒绝再进行修补。

(7)承包方否认合同有效或拒绝履行合同规定的承包方义务,或由于法律、财务等导致承包方无法继续履行或实质上已停止履行本合同的义务。

2)业主对策

(1)对承包方违约发出警告。承包方发生违约行为时,监理单位应及时向承包方发出书面警告,限令其在收到书面警告后的28 d内予以改正。承包方应立即采取有效措施认真改正,并尽可能挽回由于违约造成的延误和损失。由于承包方采取改正措施所增加的费用应由承包方承担,由于承包方违约引起的工期延误应由承包方按规定支付逾期完工违约金。

(2)责令承包方停工整顿。承包方在收到书面警告后的28 d内仍不采取有效措施改正其违约行为,继续延误工期或严重影响工程质量、危及工程安全,监理单位可暂停支付工程价款,并按规定暂停其工程或部分工程施工,责令其停工整顿,并限令承包方在14 d内提交整改报告报送监理单位。

(3)解除合同。监理单位发出停工整顿通知14 d后,承包方继续无视监理单位的指示,仍不提交整改报告,亦不采取整改措施,发包方可通知承包单位解除合同并抄送监理单位,并在发出通知14 d后派员进驻工地直接监管工程,使用承包方设备、临时工程和材料,另行组织人员或委托其他承包方施工,但发包方的这一行动并不免除承包方按合同规定应负的责任。

(4)解除合同后的估价。因承包方违约解除合同后,监理单位应尽快通过调查取证并与发包方和承包方协商后确定,并证明在解除合同时,承包方根据合同实际完成的工作已经得到或应得到的金额,未用或已经部分使用的材料、承包方设备和临时工程等的估算金额。

(5)解除合同后的付款。

①若因承包方违约解除合同，则发包方应暂停对承包方的一切付款，并应在解除合同后发包方在认为合适的时间委托监理单位查清以下付款金额，并出具付款证书报送发包方审批后支付：承包方按合同规定已完成的各项工作应得的金额和其他应得的金额；承包方已获得发包方的各项付款金额；承包方按合同规定应支付的逾期完工违约金和其他应付金额；由于解除合同承包方应合理赔偿发包方损失的金额。

②监理单位出具上述付款证书前，发包方可不再向承包方支付合同规定的任何金额。此后，承包方有权得到按本款①中第一项减去后三项的余额，若上述后三项相加的金额超过第一项的金额，则承包方应将超出部分付还给发包方。

2.业主

1)违约情况

发包方发生下述行为之一者属发包方违约：

(1)发包方未能按合同规定的内容和时间提供施工用地、测量基准和应由发包方负责的部分准备工程等承包方施工所需的条件。

(2)发包方未能按合同规定的时限向承包方提供应由发包方负责的施工图纸。

(3)发包方未能按合同规定的时间支付各项预付款或合同价款，或阻挠、拒绝批准任何支付凭证，导致付款延误。

(4)由于法律、财务等导致发包方已无法继续履行或实质上已停止履行本合同的义务。

2)承包商对策

(1)暂停施工。

当发生上述业主违约第(1)、(2)项时，承包方应及时向发包方和监理单位发出通知，要求发包方采取有效措施限期提供上述条件和图纸，并有权要求延长工期和补偿额外费用。监理单位收到承包方通知后，应立即与发包方和承包方共同协商补救办法，由此增加的费用和工期延误责任由发包方承担。若发包方收到承包方通知后的28 d内仍未采取措施改正上述违约行为，则承包方有权暂停施工，并通知发包方和监理单位，由此增加的费用和工期责任由发包方承担。

当发生上述业主违约第(3)项时，发包方应按规定加逾期付款违约金，若逾期28 d仍不支付，则承包方有权暂停施工，并通知发包方和监理单位，由此增加的费用和工期延误责任由发包方承担。

(2)发包方违约解除合同。

当发生上述业主违约第(3)、(4)项时，承包方已按规定发出通知，并采取了暂停施工的行动后，发包方仍不采取有效措施纠正其违约行为，承包方有权向发包方提出解除合同的要求，并抄送监理单位。若发包方在收到承包方书面要求后的28 d内仍不答复承包方，则承包方可立即采取行动解除合同并撤走其人员和设备。

(3)解除合同后的付款。

若因发包方违约解除合同，则发包方应在解除合同后28 d内向承包方支付合同解除日以前所完成工程的价款和以下费用(应减去已支付给承包方的金额)：

①即将交付承包方的，或承包方依法应予接收的为该工程合理订购的材料、工程设备

和其他物品的费用,发包方一经支付此项费用,该材料、工程设备和其他物品即成为发包方的财产。

②已合理开支的、确属承包方为完成工程所发生的而发包方未支付过的费用。

③承包方设备运回规定地点的合理费用。

④承包方雇用的所有从事工程施工或与工程有关的职员和工人在合同解除后的遣返费和其他合理费用。

⑤由于解除合同应合理补偿承包方损失的费用和利润。

⑥在合同解除日前按合同规定应支付给承包方的其他费用。

发包方除应按本款规定支付上述费用外,亦有权要求承包方偿还未扣完的全部预付款、余额以及按合同规定应由发包方向承包方收回的其他金额。本款规定的任何应付金额应由监理单位与发包方和承包方协商后确定,监理单位应将确定的结果通知承包方,并抄送发包方。

【例11-1】 某水闸施工项目,建设单位与施工单位经公开招标后签订了工程施工承包合同,施工承包合同规定:水闸的启闭机设备由建设单位采购,其他建筑材料由施工单位采购。同时,建设单位与监理单位签订了施工阶段监理合同。

建设单位为了确保水闸施工质量,经与设计单位商定,在设计文件中标明了水泥的规格、型号等技术指标,并指定了生产厂家。施工单位在工程中标后,与生产厂家签订了购货合同。

为了在汛期来临之前完成水闸的基础工程施工,施工单位采购的水泥进场时,未经监理机构许可就擅自投入施工使用。监理机构在对浇筑而成的第一块闸底板检查时,发现水泥的指标达不到要求,监理机构就通知施工单位该批水泥不得使用。施工单位要求水泥厂家将不合格的水泥退换,水泥厂家认为水泥质量没有问题,若要退货,施工单位应支付退货运费,施工单位不同意支付,水泥厂家要求建设单位在施工单位的应付工程款中扣除上述费用。

问题:(1)建设单位能否指定水泥的规格和型号?

(2)施工单位采购的水泥进场,未经监理机构许可就擅自投入使用,此做法是否正确?为什么?

(3)施工单位要求退换该批水泥是否合理?为什么?

(4)水泥生产厂家要求施工单位支付退货费用,建设单位代扣退货运费款是否合理?水泥退货的经济损失应由谁负担?为什么?

解:(1)建设单位指定水泥的规格、型号是合理的。因为《建设工程质量管理条例》明确规定应当指定建筑材料的规格、型号。

(2)施工单位采购的水泥进场,未经监理机构许可就擅自投入使用,此做法不正确。正确的做法是:施工单位运进水泥前,应向监理机构提交"工程材料报审表",并附有材料合格证、技术说明书、按规定要求进行送检的检查报告,经监理机构审查并确认合格后,方可进场使用。

(3)施工单位要求退换该批水泥是合理的。因为供货厂家提供的水泥质量不符合合同要求。

(4)水泥生产厂家要求施工单位支付退货费用是不合理的,因为退货是生产厂家违约引起的,应由生产厂家承担退货费用。建设单位代扣退货运费款也不合理,因为水泥购货合同是施工单位与水泥生产厂家签订的,与建设单位无关。应由水泥生产厂家负担退货的经济损失。

11.2.3.4 通用条款——索赔

1.施工索赔的含义

所谓施工索赔,是指施工合同当事人在合同实施过程中,根据法律、合同规定及惯例,对并非由于自己的过错,而是由于应当由合同对方承担责任的情况造成的实际损失向对方提出给予补偿的要求,可以是费用补偿或时间延长。

2.索赔的处理程序

(1)承包人提出索赔申请。索赔事件发生 28 d 内,向工程师发出索赔意向通知。逾期申报时,工程师有权拒绝承包人的索赔要求。

(2)发出索赔意向通知后 28 d 内,向工程师提交正式的索赔报告。索赔报告应包括事件的详细原因、对其权益影响的证据资料、索赔的依据。

(3)工程师审核承包人的索赔申请。工程师收到承包人递交的索赔报告和有关资料后,于 28 d 内给予答复,或要求承包人进一步补充索赔理由和证据。28 d 内未予答复或未对承包人做进一步要求的,视为该项索赔已经认可。

(4)当该索赔事件持续进行时,承包人应当阶段性地向工程师发出索赔意向,在索赔事件终了后 28 d 内,向工程师提供索赔的有关资料和最终索赔报告。

3.索赔的期限

(1)承包方按规定提交了完工付款申请单后,应认为已无权再提出在本合同工程移交证书颁发前所发生的任何索赔。

(2)承包方按规定提交的最终付款申请单中,只限于提出本合同工程移交证书颁发后发生的新的索赔。提交最终付款申请单的时间是终止提出索赔的期限。

【例 11-2】 某引水渠工程,渠道断面为梯形开敞式,用浆砌石衬砌,全长 10 km。业主与承包商签订了单价合同,合同条件采用《水利水电土建工程施工合同条件》(GF—2000—0208)。合同开工日期为 2011 年 3 月 1 日。合同工程量清单中土方开挖工程量为 10 万 m^3,单价为 10 元/m^3。合同规定工程量清单中项目的工程量增减变化超过 20%时,属于变更。在合同实施过程中发生下列事项:

(1)项目法人采用专家建议并通过专题会议论证,拟采用现浇混凝土板衬砌方案。承包人通过其他渠道得到消息后,在未得到监理人指示的情况下对现浇混凝土板衬砌方案进行了一定的准备工作,并对原有工作(如石料采购、运输、工人招聘等)进行了一定的调整。但是,由于其他因素导致现浇混凝土板衬砌方案最终未予正式实施。承包人在分析了由此造成的费用损失和工期延误的基础上,向监理人提交了索赔报告。

(2)合同签订后,承包人按规定时间向监理人提交了施工总进度计划并得到监理人的批准。但是,由于 6~9 月为当地雨季,降雨造成了必要的停工、工效降低等,实际施工进度比原施工进度计划缓慢。为保证工程按照合同工期完工,承包人增加了挖掘、运输设备和衬砌工人。由此,承包人向监理人提交了索赔报告。

(3)渠线某段长500 m为深槽明挖段。实际施工中发现,地下水位比招标资料提供的地下水位高3.10 m(属于发包人提供资料不准),需要采取降水措施才能正常施工。据此,承包人提出了降低地下水位措施并按规定程序得到监理人的批准。同时,承包人提出了费用补偿要求,但未得到发包人的同意。发包人拒绝补偿的理由是地下水位变化属于正常现象,属于承包人应承担的风险。在此情况下,承包人采取了暂停施工的做法。

(4)在合同实施中,承包人实际完成并经监理人签认的土方开挖工程量为12万m^3,经合同双方协商,对超过合同规定百分比的工程量按照调整单价9元/m^3结算。工程量的变化未发生《合同条件》第39.6款规定的施工组织和进度计划调整引起的价格调整。

问题:

(1)所述情况,监理人是否应同意承包人的索赔?

(2)所述情况,监理人是否应拒绝承包人的索赔?

(3)所述情况,承包人是否有权得到费用补偿?承包人的行为是否符合合同约定?

(4)所述情况,承包人是否有权延长工期?承包人有权得到土方开挖多少价款?

解:(1)监理人不应同意承包人的索赔。《合同条件》规定,未经监理人指示,承包人不得进行任何变更。承包人自行安排造成工期延误和费用增加应由承包人承担。

(2)监理人应拒绝承包人提出的索赔。《合同条件》规定,非异常气候引起的工期延误风险属于承包人应承担的风险。一个有经验的承包商应能预计到当地雨季对工程的影响。

(3)属于发包人提供资料不准确造成的损失,承包人有权得到费用补偿。但是,承包人的行为不符合合同约定。依据合同原则,承包人不得因索赔处理未果而不履行合同义务。

(4)土方实际完成工程量12万m^3,虽然比工程量清单中的估计工程量10万m^3多,但未超过$10\times(1+20\%)=12$(万m^3),不构成变更。因此,承包人无权延长工期。承包人有权得到土方开挖价款为:$10\times12=120$(万元)。

11.2.3.5　通用条款——计量与支付

1.计量

1)工程量

本合同工程量清单中开列的工程量是招标时的估算工程量,不是承包方为履行合同应当完成的和用于结算的实际工程量。结算的工程量应为承包方实际完成的并按本合同有关计量规定计量的工程量。

2)完成工程量的计量

(1)承包方应按合同规定的计量办法,按月对已完成的质量合格的工程进行准确计量,并在每月末随同月付款申请单,按工程量清单的项目分项向监理单位提交完成工程量月报表和有关计量资料。

(2)监理单位对承包方提交的工程量月报表有疑问时,可以要求承包方派员与监理单位共同复核,并可要求承包方按规定进行抽样复测。此时,承包方应积极配合和指派代表协助监理单位进行复核并按监理单位的要求提供补充的计量资料。

(3)若承包方未按监理单位的要求派代表参加复核,则监理单位复核修正的工程量应被视为该部分工程的准确工程量。

3)计量单位

除合同另有规定外,均应采用国家法定的计量单位。

4)总价承包项目的分解

承包方应将工程量清单中的总价承包项目进行分解,并在签署协议书后的28 d内将该项目的分解表提交监理单位审批。分解表应标明其所属子项或分阶段的工程量和需支付的金额。

2.预付款

1)工程预付款

(1)工程预付款的总金额为合同价格的10%~20%,分两次支付给承包方。第一次预付的金额应不低于工程预付款的50%。工程预付款总金额的额度和分次付款比例应根据工程的具体情况由发包方通过编制本合同资金流计划予以测定,并在专用合同条款中规定。工程预付款专用于本合同工程。

(2)第一次预付款应在协议书签署后21 d内,并在承包方向发包方提交了经发包方认可的预付款保函后支付。发包方应在支付前将上述预付款保函复印件送监理单位,由监理单位出具付款证书交发包方作为支付凭证。预付款保函在预付款被发包方扣回前一直有效,保函金额为本次预付款金额,但可根据以后预付款扣回的金额相应递减。

(3)第二次预付款需待承包方主要设备进入工地后,其估算价值已达到本次预付款金额时,由承包方提出书面申请,经监理单位核实后出具付款证书提交给发包方,发包方收到监理单位出具的付款证书后的14 d内支付给承包方。

(4)工程预付款由发包方从月进度付款中扣回。在合同累计完成金额达到专用条款规定的数额时开始扣款,直至合同累计完成金额达到专用条款规定的数额时全部扣清。在每次进度付款时,累计扣回的金额按下式计算:

$$R = \frac{A(C - F_1 S)}{(F_2 - F_1)S} \tag{11-1}$$

式中 R——每次进度付款中累计扣回的金额;

A——工程预付款总金额;

S——合同价格;

C——合同累计完成金额;

F_1——按专用条款规定开始扣款时合同累计完成金额达到合同价格的比例;

F_2——按专用条款规定全部扣清时合同累计完成金额达到合同价格的比例。

2)永久工程的材料预付款

(1)专用条款中规定的形成本合同永久工程的主要材料到达工地并满足以下条件后,承包方可向监理单位提交材料预付款支付申请单,要求给予材料预付款:

①材料应符合技术条款的要求;

②材料已到达工地,并经承包方和监理单位共同验点入库;

③承包方应按监理单位的要求提交材料的订货单、收据或价格证明文件;

④到达工地的材料应由承包方保管,若发生损坏、遗失或变质,应由承包方负责。

(2)预付款金额为经监理单位审核后的实际材料价的90%,在月进度付款中支付。

(3)预付款从付款月后的6个月内在月进度付款中每月按该预付款金额的1/6平均扣还。

3.工程进度款

1)月进度款申请

承包方应于每月末按监理单位规定的格式提交月进度付款申请单(一式4份),并附有《合同条件》第31.2款规定的完成工程量月报表。该申请单应包括以下内容:

(1)已完成的工程量清单中永久工程及其他项目的应付金额。

(2)经监理单位签认的当月计日工支付凭证标明的应付金额。

(3)永久工程材料预付款金额。

(4)价格调整金额。

(5)根据合同规定承包方应有权得到的其他金额。

(6)扣除按规定应由发包方扣还的工程预付款和永久工程材料预付款金额。

(7)扣除按规定应由发包方扣留的保留金金额。

(8)扣除按合同规定由承包方应付给发包方的其他金额。

2)月进度付款证书

监理单位在收到月进度付款申请单后的14 d内进行核查,并向发包方出具月进度付款证书,提出他认为应当到期支付给承包方的金额。

3)工程进度付款的修正和更改

监理单位有权通过对以往历次已签证的月进度付款证书的汇总和复核中发现的错、漏或重复进行修正或更改;承包方亦有权提出此类修正或更改,经双方复核同意的此类修正或更改应列入月进度付款证书中予以支付或扣除。

4)支付时间

发包方收到监理单位签证的月进度付款证书并审批后支付给承包方,支付时间不应超过监理单位收到月进度付款申请单后28 d。若不按期支付,则应从逾期第一天起按专用条款中规定的逾期付款违约金加付给承包方。

5)总价承包项目的支付

工程量清单中的总价承包项目应按《合同条件》第31.5款规定的总价承包项目分解表统计实际完成情况,确定分项应付金额列入《合同条件》第33.1款第(1)项内进行支付。

4.保留金

(1)监理单位应从第一个月开始在给承包方的月进度付款中扣留按专用条款规定百分比的金额作为保留金(其计算额度不包括预付款和价格调整金额),直至扣留的保留金额达到专用条款规定的数额。

(2)在签发本合同工程移交证书后14 d内由监理单位出具保留金付款证书,发包方将保留金总额的一半支付给承包方。在签发单位工程或部分工程的临时移交证书后将其相应的保留金总额的一半在月进度付款中支付给承包方。

(3)监理单位在本合同全部工程的保修期满时出具为支付剩余保留金的付款证书,

发包方应在收到上述付款证书后 14 d 内将剩余的保留金支付给承包方。若保修期满时尚需承包方完成剩余工作,则监理单位有权在付款证书中扣留与剩余工作所需金额相应的保留金余额。

5.完工结算

1)完工付款申请单

在本合同工程移交证书颁发后的 28 d 内,承包方应按监理单位批准的格式提交一份完工付款申请单(一式 4 份),并附有上述内容的详细证明文件:

(1)至移交证书注明的完工日期,根据合同所累计完成的全部工程价款金额。

(2)承包方认为根据合同应支付给他的追加金额和其他金额。

2)完工付款证书及支付时间

监理单位应在收到承包方提交的完工付款申请单后的 28 d 内完成复核,并与承包方协商修改后在完工付款申请单上签字和出具完工付款证书报送发包方审批。发包方应在收到上述完工付款证书后的 42 d 内审批后支付给承包方。若发包方不按期支付,则应按相关规定将逾期付款违约金支付给承包方。

6.最终结清

1)最终付款申请单

(1)承包方在收到按规定颁发的保修责任终止证书后的 28 d 内,按监理单位批准的格式向监理单位提交一份最终付款申请单(一式 4 份),该申请单应包括以下内容,并附有关的证明文件:①按合同规定已经完成的全部工程价款金额;②按合同规定应付给承包方的追加金额;③承包方认为应付给他的其他金额。

(2)若监理单位对最终付款申请单中的某些内容有异议,则有权要求承包方进行修改和提供补充资料,直至向监理单位正式提交经监理单位同意的最终付款申请单。

2)结清单

承包方向监理单位提交最终付款申请单的同时,应向发包方提交一份结清单,并将结清单的副本提交监理单位。该结清单应证实最终付款申请单的总金额是根据合同规定应付给承包方的全部款项的最终结算金额。但结清单只在承包方收到退还履约担保证件和发包方已付清监理单位出具的最终付款证书中应付的金额后才生效。

3)最终付款证书和支付时间

监理单位收到最终付款申请单和结清单副本后的 14 d 内,向发包方出具一份最终付款证书提交发包方审批。最终付款证书应说明:

(1)按合同规定和其他情况应最终支付给承包方的合同总金额。

(2)发包方已支付的所有金额以及发包方有权得到的全部金额。

发包方审查监理单位提交的最终付款证书后,若确认还应向承包方付款,则应在收到该证书后的 42 d 内支付给承包方。若确认承包方应向发包方付款,则发包方应通知承包方,承包方应在收到通知后的 42 d 内付还发包方。不论是发包方或承包方,若不按期支付,均应按《合同条件》第 33.4 款规定的相同办法将逾期付款违约金加付给对方。

若承包方和监理单位未能就最终付款的内容和额度取得一致意见,监理单位应对双方已同意的部分内容和额度出具临时付款证书报送发包方审批后支付。但承包方有权将尚未取得一致的付款内容按规定提交争议评审组评审。争议评审组有权要求承包方进行修改和提供补充资料，直至向监理单位正式提交经监理单位同意的最终付款申请单。

【例 11-3】　根据《水利水电土建工程施工合同条件》(GF—2000—0208)，发包人与承包人签订了混凝土重力坝浇筑工程施工合同。合同中有如下约定：

(1)合同中混凝土工程量为 20 万 m^3，单价为 300 元/m^3，合同工期为 10 个月。

(2)工程开工前，按合同价的 10%支付预付款，自开工后第一个月起按当月工程进度款的 20%逐月扣回，扣完为止。

(3)保留金自开工第一个月起按当月工程款的 5%逐月扣留。

(4)当实际完成工程量超过合同工程量 15%时，对超过部分进行调价，调价系数为 0.9。

施工期混凝土各月计划工程量和实际完成工程量见表 11-1。

表 11-1　施工期混凝土各月计划工程量和实际完成工程量

时间(月)	1	2	3	4	5	6	7	8	9	10
计划工程量(万 m^3)	1.5	1.5	2.0	2.0	2.0	3.0	3.0	2.0	2.0	1.0
实际完成工程量(万 m^3)	1.5	1.5	2.5	2.5	3.0	3.5	3.5	3.0	2.0	1.0

问题：(1)计算第 5 个月的工程进度款、预付款扣回额、保留金扣留额、发包人当月应支付的工程款。(单位：万元。有小数点的，保留小数点后两位，下同。)

(2)计算第 10 个月的工程进度款、预付款扣回额、保留金扣留额、发包人当月应支付的工程款。

(3)在第 11 个月进行完工结算时，计算承包人应得的工程款总额以及发包人应支付的工程款总额。

解：本工程合同价：20×300＝6 000(万元)

预付款总额：6 000×10% ＝600(万元)

预付款全部扣回时工程进度款：600÷20%＝3 000(万元)

此时完成的工程量：3 000÷300＝10(万 m^3)

(1)第 5 个月进度款：3×300＝900(万元)

前 4 个月累计完成工程量为 8 万 m^3；前 5 个月累计完成工程量为 11 万 m^3，超过全部扣回时对应的工程量。

前 4 个月预付款扣回额：8×300×20%＝480(万元)

第 5 个月预付款扣回额：600−480＝120(万元)

第 5 个月保留金扣留额：900×5%＝45(万元)

发包人当月应支付的工程款：900−120−45＝735(万元)

(2)第 10 个月工程进度款：1.0×300＝300(万元)

预付款已于第 5 个月扣回完毕，所以本月无预付款扣回额。

保留金扣留额：300×5% ＝15(万元)

第 10 个月应支付工程款：300−15＝285(万元)

(3)第 11 个月完工结算时，因累计实际完成工程量 24 万 m^3＞20×(1+15%)＝23

(万 m^3),对超过部分要进行调价,按 300×0.9=270(元/m^3)计算。

承包人应得的工程款总额:23×300+1×270= 7 170(万元)

扣除预付款:600 万元

扣除保留金:7 170×5%=358.5(万元)

发包人应支付的工程款总额:7 170−600−358.5=6 211.5(万元)

任务 11.3 施工合同的变更与索赔

11.3.1 施工合同的变更

变更与索赔是合同管理中的重要内容。从业主角度讲,应尽量减少变更,以控制施工阶段的工程造价;从承包商角度讲,应尽量利用变更和索赔的机会,以弥补低价中标可能带来的亏损。

施工合同变更是指合同成立后,在尚未履行或尚未完全履行时,当事人双方经过协商或按照合同约定、法律法规规定,对合同内容进行的修订。合同当事人可通过合同变更,对原合同的部分条款进行修改、补充或增加新的条款,以适应客观事物的变化。合同变更是合同内容的变更,即合同当事人权利和义务的变更。

合同变更是水利水电工程施工合同实施中十分普遍的管理工作,应纳入正常的合同管理范畴。在签订合同以前,尽管已对工程进行了大量的规划、勘测、设计工作,但不可能绝对到对工程情况的全面、准确了解和完美无缺的设计,很难预计到未来合同执行期间情况的变化,特别是对那些规模大、工期长、地质条件复杂的工程建设项目,以后发生设计改变、材料替换、施工条件变化、恶劣自然条件干扰等情况是完全可能的。

11.3.1.1 引起工程变更的原因

引起工程变更的原因很多,一般来说主要有下列几方面:

(1)施工现场条件的变化。在水利水电工程施工中,施工现场条件变化是经常发生的。其主要原因是:

①从客观上讲,大型土建工程规模大,工期长,地形、地貌、地质等条件的变化对工程影响较大。例如,在进行地下施工时,由于开挖深度和范围很大,极可能遇到特殊的不利条件。

②从主观上讲,可能由于项目前期工作对施工区域的勘测工作深度不够,在招标文件中没有准确反映实际条件,尤其是不利的地质条件。

(2)设计变更。工程开工后,发包人根据施工现场条件的改变、工程使用意图的改变或者政府部门对工程建设要求的改变,有可能提出设计变更;监理人、设计单位可根据现场情况、原设计不合理之处提出设计变更;承包人可根据现场施工条件提出设计变更请求,有时在合同中设有所谓“价值工程”的条款,鼓励承包人提出设计变更合理化建议。

(3)工程范围发生变化(新增项目)。因工程范围发生变化,出现了合同范围以外的工作项目,称为新增项目,这使施工项目的合同管理工作增加了新的内容。

(4)进度协调引起监理人发出变更指令。监理人考虑承包人之间的进度协调或发包人工程设备供应、资金供应、图纸供应、场地提供等要求，对某承包人的施工进度做出的调整，也属于工程变更。

11.3.1.2　**变更的类型**

在履行合同过程中，监理人可根据工程的需要和合同的授权，指示承包人进行以下各种类型的变更。没有监理人的指示，承包人不得擅自变更，《合同条件》第 39.1 款规定的工程变更类型为：

(1)增加或减少合同中任何一项工作内容。

(2)增加或减少合同中关键项目的工程量超过专用条款规定的百分比(一般为±20%~±25%)。

(3)取消合同中任何一项工作(但被取消的工作不能转由发包人或其他承包人实施)。

(4)改变合同中任何一项工作的标准或性质。

(5)改变工程建筑物的形式、基线、标高、位置或尺寸。

(6)改变合同中任何一项工程的完工日期或改变已批准的施工顺序。

(7)追加为完成工程所需的任何额外工作。

11.3.1.3　**变更的费用处理原则**

(1)变更需要延长工期时，应按合同有关规定办理；当变更使合同工作量减少，监理人认为应予提前变更项目的工期时，由监理人和承包人协商确定。

(2)变更需要调整合同价格时，按以下原则确定其单价或合价：

①工程量清单中有适用于变更工作的项目时，应采用该项目单价或合价。

②工程量清单中无适用于变更工作的项目时，可在合理的范围内参考类似项目的单价或合价作为变更估价的基础，由监理人与承包人协商确定变更后的单价或合价。

③工程量清单中无类似项目的单价或合价可供参考时，应由监理人与发包人和承包人协商确定新的单价或合价。

(3)当变更引起本合同工程或部分工程的施工组织和进度计划发生实质性变动，以致影响本项目和其他项目的单价或合价时，发包人和承包人均有权要求调整本项目和其他项目的单价或合价，监理人应与发包人和承包人协商确定。

(4)当合同规定的项目变更情形未引起工程施工组织和进度计划发生实质性变动和不影响其原定的价格时，不予调整该项目单价和合价，也不发变更指示。

11.3.1.4　**变更指示**

监理人在发包人的授权范围内，对确定的变更项目，可按下列程序发布变更指示：

(1)监理人应在发包人授权范围内，并按合同规定及时向承包人发出变更指示。变更指示的内容应包括变更项目的详细变更内容、变更工程量和有关文件图纸以及监理人按合同规定指明变更处理原则。

(2)监理人在向承包人发出任何图纸和文件前，应仔细检查其中是否存在合同规定的变更情形。若存在变更，监理人应按合同规定授权，发出变更指示。

(3)承包人收到监理人发出的图纸和文件后，经检查认为其中存在第(1)条所述的变更而监理人未发出变更指示，则应在收到上述图纸和文件后 14 d 内或在开始执行前(以日期早者为准)通知监理人,并提供必要的依据。监理人应在收到承包人通知后 14 d 内答复承包人。若同意作为变更,应补发变更指示;若不同意作为变更,亦应在上述时限内答复承包人。若监理人未在 14 d 内答复承包人,则视为监理人已同意承包人提出的作为变更的要求。

11.3.1.5　变更的费用调整程序

(1)承包人收到监理人发出的变更指示后 28 d 内,应向监理人提交一份变更报价书,并抄送发包人。变更报价书的内容应包括承包人确认的变更处理原则和变更工程量及其变更项目的报价单。监理人认为必要时,可要求承包人提交重大变更项目的施工措施、进度计划和单价分析等。

(2)承包人对监理人提出的变更处理原则持有异议时,可在收到变更指示后 7 d 内通知监理人,监理人则应在收到通知后 7 d 内答复承包人。

(3)监理人应在收到承包人变更报价书后 28 d 内对变更报价书进行审核后做出变更决定,并通知承包人,抄送发包人。

(4)发包人和承包人未能就监理人的决定取得一致意见,则监理人可暂定他认为合适的价格和需要调整的工期,并应将其暂定的变更处理意见通知承包人,抄送发包人,此时承包人应遵照执行。对已实施的变更,监理人可将其暂定的变更费用列入合同规定的月进度付款中。但发包人和承包人均有权在收到监理人变更决定后的 28 d 内要求按合同规定提请争议评审组评审,若在此时限内双方均未提出上述要求,则监理人的变更决定即为最终决定。

11.3.2　施工合同的索赔

11.3.2.1　索赔的种类

索赔的分类方法很多。最重要的分类是按索赔的目的不同进行分类,可以分为工期索赔和费用索赔两种。

工期索赔是指承包人对一个事件的索赔要求是延长完工时间,费用索赔则是要求经济赔偿。

11.3.2.2　引起索赔的原因

工程实践中常见的索赔,其原因大致可以从以下几方面进行分析。

1.合同文件引起的索赔

1)合同文件的组成问题引起的索赔

有些合同文件是在投标后通过讨论修改拟定的,如果在修改时已将投标前后承包人与发包人的往来函件澄清后写入《合同补遗》文件中并签字,则应说明正式合同签字以前的各种来往文件均已不再有效。有时发包人因疏忽,未宣布其来往的信件是否有效,此时,如果信件内容与合同内容发生矛盾,就容易引起双方争执并导致索赔;有时发包人发出的中标函写明"接受承包人的投标书和标价",但又未注意到投标书中某处附有的说明性条款,这些说明就有可能被视为索赔的依据。

2)合同缺陷引起的索赔

合同缺陷是指合同文件的规定不严谨甚至前后有矛盾、合同中的遗漏或错误。它不仅包括合同条款中的缺陷,也包括技术规程和图纸中的缺陷。监理人有权对此做出解释,但如果承包人执行监理人的解释后引起成本增加或工期延误,则有权提出索赔。

2.因不可抗力引起的索赔

不可抗力是指不能预见、不能避免并不能克服的客观情况,包括自然灾害、社会和政治事件等,如地震、台风、海啸、战争、暴乱、罢工等。《水利水电土建工程施工合同条件》(GF—2000—2008)规定:由于发包人和承包人均不能预见、不能避免并不能克服的自然灾害以及战争、动乱等社会因素等造成的工程(包括材料和工程设备)损失和损坏,属于发包人应承担的风险。

1)不利自然条件引起的索赔

不利自然条件是指即使是有经验的承包人在招标阶段根据标书中提供的资料和现场勘察,都无法合理预见到的施工条件,如地下水、地质断层、溶洞、沉陷等,但其中不包括气候条件(异常恶劣天气条件除外)。遇到不利自然条件,承包人受到损失或增加额外支出,经过监理人确认,承包人可获得经济补偿和批准工期顺延的天数。但如监理人认为承包人在提交标书前已根据介绍的现场情况、地质勘探资料确认了现场的形式和性质,承包人不应误解或误释这些资料,出现的意外情况承包人在作标时理应予以考虑,因此不同意索赔时,这就可能导致双方因持不同看法而产生争议。

2)施工中遇到地下文物或构筑物引起的索赔

在挖方工程中,如发现图纸中未注明的文物(不管是否有考古价值)或人工障碍(如公共设施、隧道、旧建筑物等),承包人应立即报告监理人到现场检查,共同讨论处理方案。如果新施工方案导致工程费用增加,如原计划的机械开挖改为人工开挖等,承包人都有权提出费用索赔和工期索赔。

3.设计图纸或工程量表中的错误引起的索赔

交付给承包人的标书中图纸或工程量清单难免会出现错误。对于明显的错误,承包人应在投标时向发包人提出,取得发包人的解释。如果由于施工中改正这些错误而使施工费用增加或工期延长,承包人有权提出索赔。

1)设计图纸与工程量表不符引起的索赔

例如,设计图纸上某段混凝土的强度等级为C25,而工程量表上则为C20混凝土。如果在投标阶段没有澄清,承包人按工程量表计算了工程价格,且在标书中予以注明。如果按图纸施工就会导致成本增加,承包人在施工中应对这一问题及时请示监理人。若监理人书面指示按图纸强度等级施工,则承包人随后即应列出清单,计算出两种强度等级计算单价的差异并提出索赔。

2)设计图纸不适合现场条件引起的索赔

例如,在地下水位较高的沙基上进行大面积基础开挖,设计边坡为1:0.75,实际施工时由于这一边坡不能稳定而不得不放缓开挖边坡,因而使工程量增大很多。

4.发包人违约引起的索赔

项目实施过程中,有时会出现发包人违约或推定某些事件的发生发包人也应承担部分责任时,会招致承包人提出索赔要求。

1)拖延提供施工场地及通道引起的索赔

因自然灾害影响或施工现场的搬迁工作进展不顺利等,发包人没能如期向承包人移交合格的、可以直接进行施工的现场,会导致承包人提出误工的费用索赔和工期索赔。

2)拖延支付工程款引起的索赔

合同中均有支付工程款的时间限制,如果发包人不能按时支付工程款,承包人可按合同规定向发包人索付利息。严重拖欠工程款而使得承包人资金周转困难时,承包人除向发包人提出索赔要求外,还有权放慢施工进度,甚至有可能解除合同。

3)指定分包商违约引起的索赔

指定分包商违约常常表现为未能按分包合同规定完成应承担的工作而影响了总包商的施工。从理论上讲,总包商应该对包括指定分包商在内的分包商的行为向发包人负责。但是实际情况往往并不那么简单,因为指定分包商是承包人应发包人或监理人的要求而接受归他统一协调管理的分包商,特别是发包人把承包人接受某一指定分包商作为授予合同的前提条件之一时,发包人不可能对指定分包商的不当行为不负任何责任。例如,地下电厂的通风竖井由指定分包商负责施工,因其管理不善而拖延了工程进度影响到总包商的施工。总包商除根据与指定分包商签订的合同索赔窝工损失外,还有权向发包人提出延长工期的索赔要求。

4)发包人提前占有部分永久工程引起的索赔

工程实践中,往往会出现发包人从经济效益方面考虑使部分单项工程提前投入使用,或从其他方面考虑提前占有部分单项工程。如果不是按照合同规定提前占用了部分工程,提前使用永久工程的单项工程或分部工程所造成的损坏,责任应由发包人承担。另外,提前占用工程影响了承包人的后续工程施工,影响了承包人的施工组织计划,增加了施工困难,则承包人有权提出索赔。

5)发包人要求赶工引起的索赔

一项工程遇到不属于承包人责任的各种情况,或发包人改变了部分工程的施工内容而必须延长工期。但是发包人又坚持要按原工期完工,这就迫使承包人赶工,并投入更多的机械、人力来完成工程,从而导致成本增加。承包人可以要求赔偿赶工措施费用,如加班工资、新增设备租赁费和使用费、增加的管理费用、分包的额外成本等。

5.监理人工作过失引起的索赔

1)延误发给图纸或拖延审批图纸引起的索赔

对于分批发给施工详图的工程,或承包人提供详图交监理人审批后施工的工程,如果因延误而影响到施工进度,承包人不仅可以进行工期索赔,还可对延误导致的窝工损失,以及后来监理人下令追赶工程进度的赶工费进行索赔。

2)其他承包人的干扰引起的索赔

大型水利水电工程往往会有多个承包人同时在现场施工。由于各承包人之间没有合同关系,他们只是各自与发包人存在合同关系,监理人有责任组织协调好各承包人之间的工作,否则就会给整个工程和各承包人的工作带来严重影响,引起承包人索赔。例如,某承包人不能按期完成他的那份工作,其他承包人的相应工作也会因此而推迟。在这种情况下,被迫延迟的承包人就有权提出索赔。在其他方面,如场地使用、现场交通等,各承包

人之间都有可能发生相互间的干扰问题。

3)各种额外的试验和检查引起的索赔

监理人为了对工程的施工质量进行严格控制，除要进行合同中规定的检查试验外，还有权要求进行合同规定之外的试验和检查，例如对承包人的材料进行多次抽样试验，或对已施工的工程进行部分拆卸或挖开检查，以及监理人要求的在现场之外或在被试验材料和设备的制造厂、加工、制备地之外的地方进行的试验等。如果这些检查或试验表明其质量未达到技术规范所要求的标准，则试验费用应由承包人承担；如果检查或试验后证明确实符合合同要求，则承包人除可向发包人提出偿付这些检查费用和修复费用外，还可以对由此引起的其他损失，如工期延误、工人窝工等要求赔偿。

4)工程质量要求过高引起的索赔

合同中的技术规范对工程质量，包括材料质量、设备性能和工艺要求等，均做了明确规定。但在施工过程中，现场监理人有时可能不认可某种材料，而迫使承包人使用比合同文件规定的标准更高的材料，或者提出更高的工艺要求，则承包人可就此要求对其损失进行补偿或重新核定单价。

5)对承包人的施工进行不合理干预引起的索赔

合同条款规定，承包人有权采用任何可以满足合同规定的进度和质量要求下最为经济的施工顺序和方法。如果监理人不是采用建议的方式，而是对承包人的施工顺序及施工方法进行不合理的干预，甚至正式下达指令要承包人执行，则承包人可以就这种干预所引起的费用增加提出索赔。

6)暂停施工引起的索赔

项目实施过程中，监理人有权根据承包人违约或破坏合同的情况，或者因现场气候条件不利于施工，以及为了工程的合理进行(如某分项工程或工程任何部位的安全)而有必要停工时，下达暂停施工的指令。如果该暂停施工的指令是因承包人的责任而引起的，发包人将要求承包人赔偿其损失。如果这种暂停施工的命令并非因承包人的责任所引起的，则承包人有权要求工期赔偿，同时可以就其停工损失获得合理的额外费用补偿。

7)提供的数据或基准有差错引起的索赔

由提供的数据或基准有差错而引起的损失或费用增加，承包人可要求索赔。如果数据无误，而是承包人在解释和运用上所引起的损失，则应由承包人自己承担责任。

6.价格调整引起的索赔

对于有调价条款的合同，在物资劳务价格上涨时，发包人应对承包人利益所受到的损失给予补偿。它的计算不仅涉及价格变动的依据，还存在着对不同时期已购买材料的数量和涨价后所购材料数量的核算，以及未及早订购材料的责任等问题的处理。在签订这类调价合同条款时，应由双方商定一个简便可行的计算方法，以降低这类索赔的难度。

7.法规变化引起的索赔

合同规定，如果在投标截止日期前 28 d 内，国家的法律、行政法规或国务院有关部门的规章和工程所在地的省、自治区、直辖市的地方法规和规章发生更改或增删，由此引起了承包人施工费用的额外增加，例如车辆养路费的提高、水电费涨价、工作日的减少(6 天工作制改为 5 天工作制)、国家税率增加或提高等，承包人有权提出索赔，监理人应与发包人协商后，将增加的费用加到合同价格中，或在月支付时给予补偿，并通知承包人和发包人。

11.3.2.3　索赔报告的编写

1.索赔报告的内容

索赔报告的具体内容随该索赔事件的性质和特点有所不同。但从索赔报告的必要内容与文字结构方面而论，一个完整的索赔报告应包括以下四个部分。

1)总论部分

总论部分一般包括以下内容：①序言；②索赔事项概述；③具体索赔要求；④索赔报告编写及审核人员名单。索赔报告中首先应概要地论述索赔事件的发生日期与过程；承包人为该索赔事件所付出的努力和附加开支；承包人的具体索赔要求。

2)根据部分

本部分主要是说明自己具有的索赔权利，这是索赔能否成立的关键。根据部分的内容主要来自该施工项目的合同文件，并参照施工项目发包人所在国家的法律规定。该部分中承包人应引用合同中的具体条款，说明自己理应获得经济补偿或工期延长。

根据部分的篇幅可能很大，其具体内容随各个索赔事件的特点而不同。一般来说，根据部分应包括以下内容：①索赔事件的发生情况；②已递交索赔意向书的情况；③索赔事件的处理过程；④索赔要求的合同根据；⑤所附的证据资料。

在结构上，按照索赔事件发生、发展、处理和最终解决的过程编写，并明确全文引用有关的合同条款，使发包人和监理人能历史地、逻辑地了解索赔事件的始末，并充分认识该项索赔的合理性和合法性。

3)计算部分

索赔计算的目的是以具体的计算方法和计算过程，说明自己应得到的经济补偿的款额或延长时间。如果说根据部分的任务是解决索赔能否成立，则计算部分就是决定应得到多少索赔款额和工期。前者是定性的，后者是定量的。

承包人应注意采用合适的计价方法。至于采用哪一种计价法，应根据索赔事件的特点及自己所掌握的证据资料等因素来确定。另外，应注意每项开支款的合理性，并指出相应的证据资料的名称及编号。切忌采用笼统的计价方法和不实的开支款额。

4)证据部分

证据部分包括该索赔事件所涉及的一切证据资料，以及对这些证据的说明。证据是索赔报告的重要组成部分，没有翔实可靠的证据，索赔是不能成功的。

索赔证据资料的范围很广，具体可进行如下分类：

(1)工程所在国政治经济资料。包括：重大新闻报道记录，如罢工、动乱、地震以及其他重大灾害等；重要经济政策文件，如税收决定、海关规定、外币汇率变化、工资调整等；政府官员和工程主管部门领导视察工地时的讲话记录；权威机构发布的天气预报，尤其是异常天气的报告等。

(2)施工现场记录报表及来往函件。包括：监理人的指令；与发包人或监理人的来往函件和电话记录；现场施工日志；每日出勤的工人和设备报表；完工验收记录；施工事故详细记录；施工会议记录；施工材料使用记录；施工质量检查记录；施工进度实况记录；施工图纸收发记录;工地风、雨、温度、湿度记录;索赔事件的详细记录或摄像;施工效率降低的记录等。

(3)施工项目财务报表。包括:施工进度款月报表及收款记录;索赔款月报表及收款记录;工人劳动计时卡及工资表;材料、设备及配件采购单;付款收据;收款单据;工程款及索赔款迟付记录;迟付款利息报表;向分包商付款记录;现金流动计划报表;会计日报表;会计总账;财务报告;会计来往信件及文件;通用货币汇率变化表等。

2.编写索赔报告的一般要求

索赔报告是具有法律效力的正规的书面文件,对重大的索赔,最好在律师或索赔专家的指导下进行。编写索赔报告的一般要求有以下几方面:

(1)索赔事件应该真实。索赔报告中所提出的干扰事件,必须有可靠的证据来证明。对索赔事件的叙述必须明确、肯定,不包含任何估计和猜测。

(2)责任分析应清楚、准确、有根据。索赔报告应仔细分析事件的责任,明确指出索赔所依据的合同条款或法律条文,且说明承包人的索赔是完全按照合同规定程序进行的。

(3)充分论证事件造成承包人的实际损失。索赔的原则是赔偿由事件引起的承包人所遭受的实际损失,所以索赔报告中应强调由于事件影响,使承包人在实施工程中所受到干扰的严重程度,以致工期拖延、费用增加;并充分论证事件影响与实际损失之间的直接因果关系。报告中还应说明承包人为了避免和减轻事件影响和损失已尽了最大的努力,采取了所能采取的措施及其成果。

(4)索赔计算必须合理、正确。要采用合理的计算方法和数据,正确地计算出应取得的经济补偿款额或工期延长。计算中应力求避免漏项或重复,不出现计算上的错误。

(5)文字要精练,条理要清楚,语气要中肯。索赔报告必须简洁明了、条理清楚、结论明确、有逻辑性。索赔证据和索赔值的计算应详细和清晰,没有差错而又不显烦琐。语气措辞应中肯,在论述事件的责任及索赔根据时,所用词语要肯定,忌用“大概”“一定程度”“可能”等词汇;在提出索赔要求时,语气要恳切,忌用强硬或命令式的口气。

11.3.2.4 索赔计算

1.费用索赔

1)费用索赔的概念

从理论上讲,确定承包人可以索赔什么费用及索赔多少,有以下两条主要原则:

(1)所发生的费用应该是承包人履行合同所必需的,即如果没有该费用支出,就无法合理履行合同,无法使工程达到合同要求。

(2)给予补偿后,应该使承包人处于与假定未发生索赔事项情况下的同等有利或不利地位(承包人自己在投标中所确立的地位),即承包人不因索赔事项的发生而额外受益或额外受损。

索赔仅仅是承包人要求对实际损失或额外费用给予补偿。承包人究竟可以就哪些损失提出索赔,这取决于合同规定和有关适用法律。无论损失的金额有多大,也无论是什么原因引起的,合同规定都是决定这种损失是否可以得到补偿的最重要的依据。

2)常见的索赔项目

无论对承包人还是监理人(发包人),根据合同和有关法律规定,事先列出一个将来可能索赔的损失项目的清单,这是索赔管理中的一种良好做法,可以防止遗漏或多列某些损失项目。下面列举了常见的损失项目。

(1)人工费。在工程费用中所占的比例较大,人工费的索赔是施工索赔中数额最多者之一,一般包括:①额外劳动力雇用;②劳动效率降低;③人员闲置;④加班工作;⑤人员人身保险和各种社会保险支出。

(2)材料费。其索赔关键在于确定由于发包人方面修改工程内容,而使工程材料增加的数量,这个增加的数量,一般可通过原来材料的数量与实际使用的材料数量的比较来确定。材料费一般包括:①额外材料使用;②材料破损估价;③材料涨价;④运输费用。

(3)设备费。是除人工费外的又一大项索赔内容,通常包括:①额外设备使用;②设备使用时间延长;③设备闲置;④设备折旧和修理费分摊;⑤设备租赁实际费用;⑥设备保险。

(4)低值易耗品。一般包括:①额外低值易耗品使用;②小型工具;③仓库保管成本。

(5)现场管理费。一般包括:①工期延长期的现场管理费;②办公设施;③办公用品;④临时供热、供水及照明;⑤保险;⑥额外管理人员雇用;⑦管理人员工作时间延长;⑧工资和有关福利待遇的提高。

(6)总部管理费。一般包括:①合同期间的总部管理费超支;②延长期中的总部管理费。

(7)融资成本。一般包括:①贷款利息;②自有资金利息。

(8)额外担保费用。

(9)利润损失。

3)不可索赔的费用

一般情况下,下列费用是不允许索赔的:

(1)承包人的索赔准备费用。毫无疑问,对每一项索赔,从预测索赔机会、保持原始记录、提交索赔意向通知、提交索赔账单、进行成本和时间分析,到提交正式索赔报告、进行索赔谈判,直至达成索赔处理协议,承包人都需要花费大量的精力进行认真细致的准备工作。有时,这个索赔的准备和处理过程还会比较长,而且发包人也可能提出多种多样的问题,承包人可能需要聘请专门的索赔专家来进行索赔的咨询工作。所以,索赔准备费用可能是承包人的一项不小的开支。但是,除非合同另有规定,通常都不允许承包人对这种费用进行索赔。从理论上说,索赔准备费用是作为现场管理费的一个组成部分得到补偿的。

(2)工程保险费用。由于工程保险费用是按照工程(合同)的最终价值计算和收取的,如果合同变更和索赔的金额较大,就会造成承包人保险费用的增加。与索赔准备费用一样,这种保险费用也是作为现场管理费的一个组成部分得到补偿的,不允许单独索赔。当然,也有的合同会把工作保险费用作为一个单独的工作项目在工程量表中列出。在这种情况下,它就不包括在现场管理费中,可以单独索赔。

(3)因合同变更或索赔事项引起的工程计划调整、分包合同修改等费用。这类费用也是包括在现场管理费中得到补偿的,不允许单独索赔。

(4)因承包人的不适当行为而扩大的损失。如果发生了有关索赔事项,承包人应及时采取适当措施防止损失的扩大,如果没有及时采取措施而导致损失扩大的,承包人无权就扩大的损失要求赔偿。承包人负有采取措施减少损失的义务,这是一般的法律要求。这种措施可能包括保护未完工程,合理及时地重新采购器材,及时取消订货单,重新分配施工力量(人员和材料、设备),等等。

(5)索赔金额在索赔处理期间的利息。索赔的处理总是有一个过程的,有时甚至是一个比较长的过程。一般合同中对索赔的处理时间没有严格的限制,但监理人作为真正的合同实施监督者,应该在合理的时间内做出处理,不得有意拖延。

4)索赔的计算方法

索赔款额的计算方法很多,每个施工项目的索赔款计价方法也往往视具体情况而有所不同。

(1)总费用法。

总费用法即总成本法。它是在发生多次索赔事件以后,重新计算该工程的实际总费用,实际总费用减去投标报价时的估算总费用,即为索赔金额:

索赔金额=实际总费用-投标报价估算费用　(11-2)

对这种计价原则,不少人持批评态度,因为实际发生的总费用中,可能包括了由于承包商的因素(如组织不善、工效太低或材料浪费等)而增加的费用,同时投标报价时的估算费用因为中标而过低。因此,按照总费用法计算索赔款往往遇到较多困难。

(2)修正总费用法。

修正总费用法是对总费用法进行了相应的修改和调整,使其更合理。其修正事项主要是:

①计算索赔款的时段仅局限于受到外界影响的时期,而不是整个施工工期。

②只计算受影响时段内某项工作所受影响的损失,而不是计算该时段内所有施工工作所受的损失。

③在所影响时段内的受影响的某项施工中,使用的人工、设备、材料等资源均有可靠的记录资料,如监理人的监理日志、承包人的施工日志等现场施工记录。

④与该项工作无关的费用,不列入总费用中。

⑤对投标后报价时估算费用重新进行核算;按受影响时段期间该项工作的实际单价进行计算,乘以实际完成的该项工作的工程量,得出调整后的报价费用。

根据上述调整、修正后的总费用,基本上准确地反映出实际增加的费用,作为给承包人补偿的款额。据此,按修正后的总费用法支付索赔款的公式是:

索赔金额=某项工作调整后的实际总费用-该项工作调整后报价费用　(11-3)

(3)实际费用法。

实际费用法亦称实际成本法。它是以承包人为某项索赔工作所支付的实际开支为根据,分别分析计算索赔值的方法,故亦称分项法。

实际费用法是承包人以索赔事项的施工引起的附加开支为基础,加上应付的间接费和利润,向发包人提出索赔款的数额。其特点是:

①它比总费用法复杂,处理起来困难。

②它反映实际情况,比较合理、科学。

③它为索赔报告的进一步分析评价、审核,双方责任的划分,双方谈判和最终解决提供方便。

④应用面广,人们在逻辑上容易接受。

2.工期索赔

1)工期索赔的概念

形成工程拖延的原因往往是多方面的,有时甚至是十分复杂的。工程量改变、设计改变、新增施工项目、发包人和监理人迟发指示、不利的自然因素、发包人不应有的干扰、承包人管理不善等,都最终反映在工期拖延上。在招标承包实践中,根据具体情况,将工期拖延分为可原谅的拖期和不可原谅的拖期两大类。

(1)可原谅的拖期。

凡不是由于承包人一方而引起的工程拖期,都属于可原谅的拖期。因此,发包人及监理人应该给承包人延长施工时间,即满足其工期索赔的要求。

造成可原谅的拖期的原因很多,如异常的天气、罢工、人力不可抗拒的天灾、发包人改变设计、发包人未及时提供施工进场道路、地质条件恶劣、施工顺序改变等。

确定某项拖期是否属于可原谅的拖期,还有一个条件,就是该项工作是否在施工进度的关键线路上。因为只有处于关键线路上的关键施工项目的拖期,才能直接导致原定的竣工日期拖后。如果拖后的工作项目不在关键线路上,则不会影响完工日期,即不给予工期索赔。

作为是否应给承包人延长工期的前提,进一步将可原谅的拖期分成以下两种:

①可原谅并应给予补偿的拖期。这种拖期的原因纯属发包人造成。如发包人没有按时提供进场道路、场地、测量网点,或应由发包人提供的设备和材料到货拖延等。在这些情况下,发包人不仅应满足承包人的工期索赔要求,并应支付承包人合理的经济索赔要求。

②可原谅但不给予补偿的拖期。这种拖期的原因,责任不在承包合同的任何一方,而纯属自然灾难,如人力不可抗拒的天灾、流行性传染病等。一般规定,对这种拖期,发包人只给承包人延长工期,一般不予经济赔偿。但在一些合同中,将这类拖期原因命名为“特别风险”,并规定这种风险造成的损失,其费用由发包人和承包人双方分别承担。

(2)不可原谅的拖期。

这是指由于承包人的因素而引起的工期延误,如施工组织协调不好、人力不足、设备晚进场(指规定由承包人提供的设备)、劳动生产率低、工程质量不符合施工规程的要求而造成返工等。

出现不可原谅的拖期时,承包人非但没有工期索赔和经济索赔的权利,反而要向发包人赔偿“违约罚款”(有时称拖期罚款,即因竣工日期拖后的罚款)。

2)工期索赔计算

(1)网络分析法。是进行工期分析的首选方法,它适用于各种干扰事件的工期索赔,并可以利用计算机软件进行网络分析和计算。

(2)比例分析法。对于新增工作计算索赔的工期,可以按新增工作占原合同价的比例,等比例计算索赔的工期,公式为

$$总工期索赔=\frac{新增工程合同价}{原合同价}\times原合同总工期 \tag{11-4}$$

能力训练

一、填空题

1.与其他合同的订立程序相同,建设工程合同的订立也要采用(　　　　)和(　　　　)方式。

2.按照工程价款的结算方式不同,可分为(　　　　)、(　　　　)、(　　　　)和(　　　　)四个类型。

3.FIDIC《施工合同条件》主要适用于(　　　　)。

4.索赔的分类方法很多。最重要的分类是按索赔的目的不同进行分类,可以分为(　　　　)和(　　　　)两种。

5.在招标承包实践中,根据具体情况,将工期拖延分为(　　　　)和(　　　　)两大类。

二、简答题

1.建设工程施工合同谈判的主要内容包括哪些?

2.合同履行中涉及哪几个阶段?

3.引起工程变更的原因主要有哪些方面?

4.变更的类型包括哪些?

5.从理论上讲,确定承包人可以索赔什么费用及索赔多少,有两条主要原则是什么?

6.工程实践中常见的索赔,其原因大致可以从哪几方面进行分析?

三、判断题

1.如果工程师在工程管理中失误,其必须承担赔偿责任。(　　)

2.只有工程圆满地通过了试运转考验,工程师颁发了工程接收证书才是对施工质量的最终确认。(　　)

3.施工中遇到地下文物,造成工期延误和费用增加,承包人有权提出工期索赔和经济索赔。(　　)

4.承包商应执行工程师或托付助手对合同有关的任何事物发出的指示。(　　)

5.工程进度款的支付凭证属于临时支付凭证,工程师有权对以前签发过的证书进行修改。(　　)

6.承包商须对分包的部分工程承担一切责任。(　　)

7.合同专用条款的法律地位高于合同通用条款。(　　)

项目12　施工安全与环境管理

【学习目标】

1.知识目标:①了解施工安全管理体系;②了解施工环境管理体系;③了解施工安全管理措施;④了解施工环境管理措施。

2.技能目标:①能掌握水利工程安全管理人员职责;②能制订安全生产措施;③能判断安全事故类别;④能对施工现场进行环境管理。

3.素质目标:①认真细致的工作态度;②严谨的工作作风;③严守纪律、法纪的优良品质。

任务12.1　施工安全管理

12.1.1　施工安全管理概述

安全是指人类与环境和谐相处,没有危险或危害的一种状态,而工程建设则是人类通过修建一些建筑产品来满足不同需求的一项经济活动,其特点表现为场地狭小、人员众多、各工种交叉作业、机械施工与手工操作并进、高处作业频繁、露天作业、环境复杂、劳动条件差等。这些因素对参与建设的人、物及周边环境都造成了潜在的安全威胁,都使人类与环境处在一种不安全的状态。因此,在工程建设过程中,保证安全成为了重中之重的任务,安全管理也与质量管理、进度管理、成本管理并驾齐驱。

施工安全管理是指施工项目在施工过程中,对可能存在的固有的或潜在的危险进行识别,并为消除这些危险所采用的各种方法、手段和行动的总称。通过安全管理,消除或减少不利因素,以达到减少一般事故、杜绝伤亡事故的目的,从而保证安全管理目标的实现。

12.1.1.1　施工安全管理任务

(1)贯彻落实国家安全生产法律、法规,根据工程特点,有针对性地制定安全生产规章、制度、规程。

(2)采取安全技术措施,尽可能地降低各种事故发生的概率,保障劳动者安全地施工,同时防止职业病和职业中毒的发生,保障劳动者的身体健康。

(3)通过开展群众性的安全教育活动和安全检查活动,提高职工安全意识和自我保护能力,不断消除事故隐患。

(4)改善劳动条件,完善防护设施,减轻劳动强度,提供个体防护用品,逐步实现安全、文明生产。

(5)进行伤亡事故的调查、分析、统计、报告和处理,开展伤亡事故规律性的研究及事故的预测、预防。

(6)积累有效的安全管理经验,并在后续工程中推广。

12.1.1.2　施工安全管理基本原则

(1)管生产同时管安全。安全管理是生产管理的重要组成部分。一切与生产有关的部门、人员,都必须参与安全管理并承担相应的安全责任。国务院在《关于加强企业生产中安全工作的几项规定》中也明确指出:各级领导人员在管理生产的同时,必须负责管理安全工作。

(2)坚持安全管理的目的性。安全管理的目的是对参与生产的人、物及环境的状态进行管理。只有针对性地控制人的不安全行为和物的不安全状态、消除或避免事故,才能达到保护劳动者安全与健康的目的。

(3)必须贯彻预防为主的方针。贯彻预防为主,就是要针对施工生产中可能出现的危险因素,采取有效的预防措施,消除或降低其发生的可能性,从而达到安全管理的目的。

(4)坚持"四全"动态管理。安全管理涉及从开工到竣工交付的全部生产过程,涉及全部的生产时间,涉及一切变化着的生产因素。因此,在生产过程中,要坚持全员、全过程、全方位、全天候的动态安全管理。

(5)安全管理重在控制。施工过程中对人的不安全行为和物的不安全状态进行控制,严格贯彻"安全第一、预防为主"的方针政策,是动态安全管理的重点。

(6)在管理中发展、提高。安全管理是一种动态管理,处在不断变化当中,只有不断地摸索新的规律,总结管理、控制的办法与经验,才能使安全管理适应新的需求。

12.1.1.3　施工安全管理步骤

(1)确定安全目标。根据项目特点,细化安全目标,从项目经理至一线职工,明确安全责任,做到全员参与安全控制。

(2)编制、实施安全措施计划。根据安全目标,编制相应的安全措施计划,并将计划落实到每一个具体的分项工程的施工过程中,尤其是对于一些编制了专项施工方案的重大的分项工程,如深基础工程、高大模板工程等,安全措施计划更是要全面、细致,认真执行。

(3)跟踪、反馈安全措施实施效果。通过安全措施计划落实过程中出现的各种安全问题,及时对安全措施进行调整,使安全计划与工程施工实施情况紧密相连,以求达到最好的安全效果。

(4)总结安全管理经验,指导后续工程安全施工。

12.1.1.4　施工安全管理的方针

安全生产的方针是"安全第一、预防为主"。安全第一是从保护生产力的角度和高度,表明在生产范围内安全与生产的关系,肯定安全在生产活动中的位置和重要性。进行安全管理不是处理事故,而是在生产活动中,针对生产的特点,对生产因素采取管理措施,有效地控制不安全因素的发展与扩大,把可能发生的事故消灭在萌芽状态,以保证生产生活中人的安全与健康。

12.1.1.5　不安全因素分析

安全事故潜在的不安全因素是造成人的伤害、物的损失事故的先决条件,各种人身伤害事故均离不开人与物这两个因素。人的不安全行为和物的不安全状态,是造成绝大部

分事故的潜在的不安全因素,通常也可称作事故隐患。在人与物两个因素中,人的因素是最根本的,因为物的不安全状态的背后,实质上还是隐含着人的因素。人身伤害事故就是人与物之间产生的一种意外现象。单纯由于不安全状态或者单纯由于不安全行为导致的事故情况并不多,事故几乎都由多种原因交织而形成,是由人的不安全行为和物的不安全状态结合而成的。

1.人的不安全行为

人的不安全行为是人表现出来的与人的个性心理特征相违背的非正常行为。主要表现在身体缺陷、错误行为和违纪违章三个方面。

(1)身体缺陷指疾病、职业病、精神失常、智商过低、紧张、烦躁、疲劳、易冲动、易兴奋、运动迟钝、对自然条件和其他环境过敏、不适应复杂和快速工作、应变能力差。

(2)错误行为指嗜酒、吸毒、吸烟、赌博、玩耍、嬉闹、追逐、误视、误听、误嗅、误动作、误判断、意外碰撞和受阻、误入险区等。

(3)违纪违章指粗心大意、漫不经心、注意力不集中、不履行安全措施、安全检查不认真、不按工艺规程或标准操作、不按规定使用防护用品、玩忽职守、有意违章等。

2.物的不安全状态

在生产过程中发挥作用的机械、物料、生产对象以及其他生产要素统称为物。物都具有不同形式、性质的能量,有出现意外释放能量、引发事故的可能性。这就是物的不安全状态。物的不安全状态表现为三方面,即设备和装置的缺陷、作业场所的缺陷、危险源。

(1)设备和装置的缺陷指机械设备和装置的技术性能降低、强度不够、结构不良、老化、失灵、腐蚀、物理和化学性能达不到要求等。

(2)作业场所的缺陷指施工场地狭窄、立体交叉作业组织不当、多工种交叉作业道路狭窄、机械拥挤、多单位同时施工等。

(3)危险源有化学方面的、机械方面的、电气方面的、环境方面的等。

在工程施工过程中应采取各种安全技术措施,尽可能地消除人的不安全行为和物的不安全状态,才能保障施工人员的人身安全和健康。

12.1.2　施工安全管理体系

12.1.2.1　建立施工安全管理体系

由于项目施工多为露天作业,现场环境复杂,手工操作、高空作业和交叉施工多,劳动条件差,不安全和不卫生的因素多,极易出现安全事故,因此建立安全生产的组织保证体系(图 12-1 为某施工项目安全生产责任保证体系)是安全管理的重要环节。一般应建立以项目经理为负责人的安全生产领导班子,并建立相应的安全生产责任制和安全生产奖惩制,设立专职安全管理人员,从组织体系上保证安全生产。

12.1.2.2　施工安全检查的内容

1.查思想、查管理、查制度、查隐患、查事故处理

(1)施工项目的安全检查以自检形式为主,是对项目经理及操作人员、生产全过程、各个方位的全面安全状态的检查。检查的重点以劳动条件、生产设备、现场管理、安全设施及生产人员的行为为主。发现危及人的安全因素时,必须果断消除。

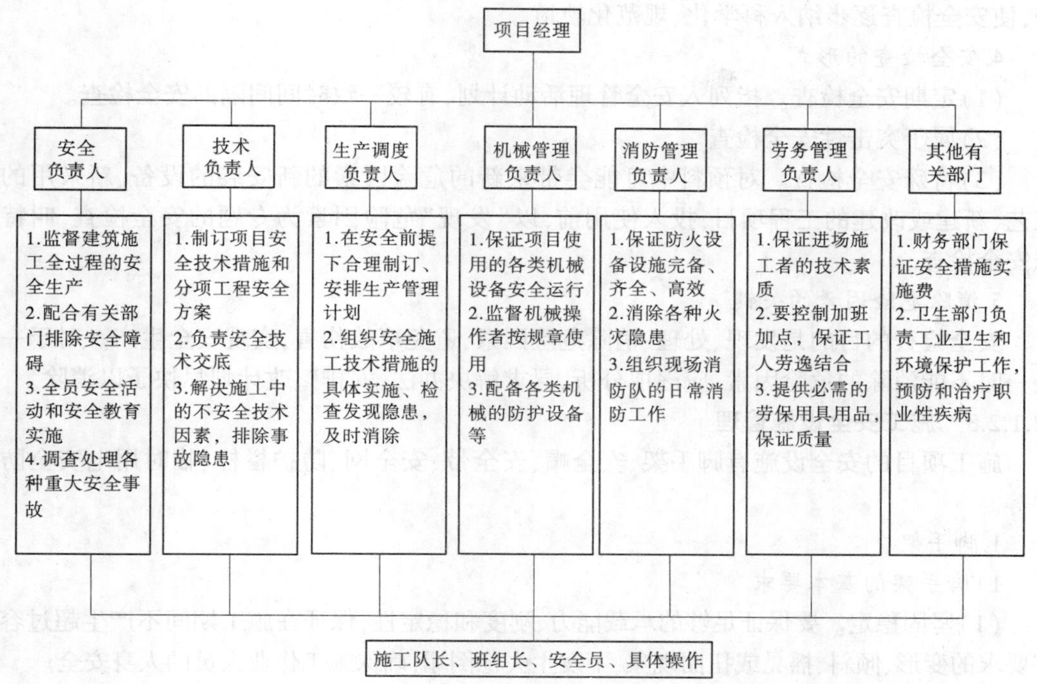

图12-1　某施工项目安全生产责任保证体系

(2)各级生产组织者，应在全面安全检查中，透过作业环境状态和隐患，对照安全生产方针、政策，检查对安全生产认识的差距。

(3)安全管理的检查内容主要有：

①安全生产是否提到议事日程上。

②业务职能部门、全体人员是否在各自业务范围内，落实安全生产责任。专职安全人员是否在位、在岗。

③安全教育是否落实，教育是否到位。

④工程技术、安全技术是否结合为统一体。

⑤安全控制措施是否有力，控制是否到位，有哪些消除管理差距的措施。

2.安全检查的组织

(1)制定安全检查制度，按制度要求的规模、时间、原则、处理方式等全面落实。

(2)成立由第一责任人为首，业务部门、全体人员参加的安全检查组织。

(3)安全检查必须做到有计划、有目的、有准备、有整改、有总结、有处理。

3.安全检查的准备

(1)思想准备。发动全员开展自检，自检与制度检查结合，形成自检自改、边检边改的局面。使全员在发现危险因素方面得到提高，在消除危险因素中受到教育，从安全检查中受到锻炼。

(2)业务准备。确定安全检查的目的、步骤、方法。成立检查组，安全检查日程。分析事故资料，确定检查重点，把精力侧重于事故多发部位和工种的检查。规范检查记录用表,使安全检查逐步纳入科学化、规范化轨道。

4.安全检查的形式

(1)定期安全检查。指列入安全管理活动计划,有较一致时间间隔的安全检查。

(2)属于突击性安全检查。

(3)特殊安全检查。对预料中可能会带来新的危险因素的新安装的设备、新采用的工艺、新建或改建的工程项目,投入使用前,以“发现”危险因素为专题的安全检查,叫特殊安全检查。

5.消除危险因素的关键

安全检查的目的是发现、处理、消除危险因素,避免事故伤害,实现安全生产。对于一些一时不能消除的危险因素,应逐项分析,寻求解决办法,安排整改计划尽快予以消除。

12.1.2.3 施工安全设施管理

施工项目的安全设施有脚手架、安全帽、安全带、安全网、防护栏杆、临时用电安全防护等。

1.脚手架

1)脚手架的基本要求

(1)坚固稳定。要保证足够的承载能力、刚度和稳定性,保证在施工期间不产生超过容许要求的变形、倾斜、摇晃或扭曲现象,不发生失稳倒塌,确保施工作业人员的人身安全。

(2)装拆简便、能多次周转使用。

(3)其宽度应满足施工作业人员操作、材料堆置和运输要求。

2)脚手架材质要求

(1)木杆常用剥皮杉杆或落叶樵,不准使用杨木、柳木、桦木、油松、腐朽和有刀伤的木料。

(2)竹杆一般使用三年以上楠竹,不准使用青嫩、枯脆、虫蛀和有大裂缝的竹料。

(3)钢管材质一般使用直径 48 mm、壁厚 3.8 mm 的 A3 焊接钢管,也可采用同样规格的无缝钢管或其他钢管。钢管应涂防锈漆。脚手架钢管要求无严重锈蚀、弯曲、压扁或裂纹。

(4)绑扎辅料不准使用草绳、麻绳、塑料绳、腐蚀铁丝等。

3)脚手架设计要求

脚手架及搭设方案须经设计计算,并经技术负责人审批后方可搭设。由于脚手架的问题,特别在高层建筑施工中,导致安全事故较多。因此,脚手架的设计不但要满足使用要求,而且首先要考虑安全问题。设置可靠的安全防护措施,如防护栏、挡脚板、安全网、通道扶梯、斜道防滑、多层立体作业的防护,悬吊架的安全销和雨季防电、避雷设施等。

2.安全帽

安全帽必须经有关部门检验合格后方能使用,并正确使用安全帽、扣好帽带,不准抛、扔或坐、垫安全帽,不准使用缺衬、缺带及破损的安全帽。

3.安全带

(1)安全带须经有关部门检验合格后方能使用。

(2)安全带使用 2 年后,必须按规定抽验一次,对抽验不合格的,必须更换安全绳后才能使用。

(3)安全带应储存在干燥、通风的仓库内,不准接触高温、明火、强酸碱或尖锐的坚硬物体。

(4)安全带应高挂低用,不准将绳打结使用。

(5)安全带上下的各种部件不得任意拆除。更换新绳时要注意加绳套。

4.安全网

(1)从二层楼面开始设安全网,往上每隔 10 m 设置一道,同时必须设一道随施工高度可提升的安全网。

(2)网绳不破损并生根牢固、绷紧、圈牢,拼接严密。

(3)立网随施工层提升,网高出施工层 1 m 以上。同下口与墙生根牢靠,离墙不大于 15 cm,网之间拼接严密,空隙不大于 10 cm。

5.防护栏杆

地面基坑周边,无外脚手架的楼面及屋面周边,分层的楼梯口与楼短边,尚未安装阳台栏板的阳台,料台周边,井架、施工用电梯,外脚手架通向建筑物通道的两侧边,均应该设置防护栏杆;顶层的楼梯口,应随工程结构的进度安装正式栏杆或立挂安全网封闭。

6.临时用电安全防护

(1)临时用电应按有关规定编好施工组织设计,并建立对现场线路、设施定期检查制度。

(2)配电线路必须按有关规定架设整齐,架空线应采用绝缘导线,不得采用塑胶软线,不得成束架空敷设或沿地明敷设。

(3)室内、外线路均应与施工机具、车辆及行人保持最小安全距离,否则应采取可靠的防护措施。

(4)配电系统必须采取分线配电,各类配电箱、开关箱的安装和内部设置必须符合有关规定,开关电器应标明用途。

(5)一般场所采用 220 V 电压作为现场照明用,照明导线用绝缘子固定,照明灯具的金属外壳必须接地或接零。特殊场所必须按国家有关规定使用安全电压照明。

(6)手持电动工具必须单独安装漏电保护装置,具有良好的绝缘性,金属外壳接地良好。所有手持电动工具必须装有可靠的防护罩(盖),橡皮电线不得破损。

(7)电焊机应有良好的接地或接零保护,并有可靠的防雨、防潮、防砸保护措施。焊把线应双线到位,绝缘良好。

12.1.3　施工项目安全技术措施

施工项目安全技术措施是在施工过程中,为使参与施工任务的技术人员、各班组明确所担负的工程任务特点、安全技术要求、安全生产责任、安全技术规范而制订的各项措施,它是施工组织设计的重要组成部分,是具体安排和指导项目工程安全施工的安全管理与技术文件之一。针对每项工程,在实施过程中可能发生的安全事故和潜在的安全隐患进行预测和评价,从技术层面和管理制度上采取措施,积极地消除和控制施工过程中的不安全因素,从本质上防范事故发生。对大型工程,除在施工项目管理规划中编制施工安全技术总措施外,还应编制单位工程或分部分项工程安全技术措施,详细地制订出有关安全方面的防护要求和措施，具体包括施工安全保证措施、施工现场安全措施等。

12.1.3.1　施工安全技术措施编制

1.编制依据

(1)国家、地区颁布的安全生产的规章制度，企业制定的安全生产管理制度。

(2)现行国家、地区的行业施工技术标准。

(3)工程背景资料。

(4)其他。

2.编制要求

(1)施工安全技术措施必须在工程开工前编制完成，并经过监理单位审批。用于该工程的各种安全设施要有较充分的时间做准备，要保证各种安全设施的落实。对于在施工过程中发生的各种工程变更，施工安全技术措施也必须及时做相应的补充完善。

(2)要有针对性。编制施工安全技术措施的技术人员必须掌握工程概况、施工方法、场地环境等第一手资料，并熟悉安全法规、标准等才能编写有针对性的施工安全技术措施。

(3)要考虑全面、具体。施工安全技术措施均应贯彻于全部施工工序之中，力求细致、全面、具体。如施工平面布置不当、暂设工程多次迁移、建筑材料多次转运，不仅影响施工进度、造成浪费，有的还留下隐患；再如易爆易燃临时仓库及明火作业区、工地宿舍、厨房等定位及间距不当，可能酿成事故。只有把多种因素和各种不利条件考虑周全，有对策措施，才能真正做到预防事故。

(4)对于大型工程或一些面积大、结构复杂的重点工程，除必须在施工组织总设计中编制施工安全技术措施外，还应编制单位工程或分部分项工程的施工安全技术措施，详细地制订出有关安全方面的防护要求和措施，如基坑支护与降水工程、土方和石方开挖工程、模板工程、起重吊装工程、脚手架工程、拆除爆破工程、围堰工程、其他危险性较大的工程。此外，还应编制季节性施工安全技术措施。

总之，应该根据某工程施工的具体情况进行系统的分析，选择最佳施工安全方案，编制有针对性的施工安全技术措施。

3.编制内容

(1)土方工程根据基坑、基槽、地下室等土方开挖深度和土质的种类选择开挖方法，确定边坡的坡度或采用哪种护坡支撑和护壁桩，以防土方坍塌。

(2)脚手架等选用及设计搭设方案和安全防护措施。

(3)高处作业人员及独立悬空作业的安全防护。

(4)安全网(平网、立网)的架设要求、范围(保护区域)、层次、段落。

(5)垂直运输工具：施工电梯、塔吊、井字架(龙门架)等主要运输机具，位置及搭设要求，安全装置等要求和措施。

(6)施工洞口及临边的防护方法和立体交叉施工作业区的隔离措施。

(7)场内运输道路及人行通道的布局；施工临时用电的组织设计和绘制临时用电图纸，在建工程中(包括脚手架)的外侧边缘与外电架空线路没有达到最小安全距离时采取的防护措施。

(8)中型机具的安全使用。

(9)模板的安装与拆除安全。

(10)施工人员在施工过程中个人的安全防护措施。

(11)防火、防毒、防爆、防雷等安全措施。

(12)在建工程与周围人行通道及民房的防护隔离设置。

(13)季节性安全施工措施:

①夏季施工安全措施:夏季天气炎热,高温时间持续较长,主要是做好防暑降温工作。

②雨季施工安全措施:雨季进行作业,主要做好防触电、防雷、防脚手架和井字架(龙门架)倒塌以及防槽、坑、沟边坡坍塌工作。

③冬季施工安全措施:冬季进行作业,主要应做好防风、防滑、防煤气和亚硝酸钠中毒工作,现场防火措施;斜道、通行道、爬梯作业面的防滑措施;脚手架、龙门架(井字架)、模板临建、塔吊等的防倒塌措施;施工现场取暖锅炉安全运行措施,防煤炉燃气中毒等措施以及防误食亚硝酸钠等防冻剂中毒措施。

12.1.3.2 施工安全技术措施及方案的审批、变更管理

1.审批管理

(1)施工分包单位施工安全技术措施的审批程序及审批人名单须报项目部备案。工程项目的安全施工措施须报业主或监理审查。

(2)原则上根据项目《重大危险源清单和控制措施》中涉及作业项目,其施工安全技术措施要经过项目部审批。

(3)重要临时设施、重要施工工序、特殊作业、季节性施工、多工种交叉等施工项目的施工安全技术措施须经项目部施工技术专工、安全专工审查,总工程师、项目经理批准。

(4)重大起重、运输作业,特殊高处作业及带电作业等危险作业项目的施工安全技术措施及方案,必须办理《安全施工作业票》。

(5)监理单位、业主提出需要监督、审查的安全技术措施计划、作业指导书、施工安全技术措施及施工项目,应按照监理、业主提出的监督检查方式、程序,取得监理单位、业主的批准后方可实施。

2.变更管理

工程变更指的是在工程项目实施过程中,按照合同约定的程序对部分或全部工程在材料、工艺、功能、构造、尺寸、技术指标、工程数量及施工方法等方面做出的改变,而工程变更管理制度是消除或减少由于变更而引起的潜在安全事故隐患,避免由于变更失控而引发各类安全事故的发生。

发生工程变更,与之对应的施工安全技术措施就不再适应新的情况,也需要做相应的调整,所以及时根据变更情况改变现有的施工安全技术措施是消除隐患、避免事故的重要步骤。同时,对施工安全技术措施变更进行积极、系统的管理,也可以为后续工程施工提供安全方面的借鉴。

12.1.3.3 安全技术交底

1.安全技术交底的含义及内容

安全技术交底是指在建设工程施工前，项目部的技术人员向施工班组和作业人员进行有关工程安全施工的详细说明，并由双方签字确认的过程。其目的是使施工人员对工程特点、技术质量要求、施工方法与措施和安全等方面有一个较详细的了解，以便科学地组织施工，避免技术质量等事故的发生。

安全技术交底主要包括两个方面的内容：一是在施工方案的基础上按照施工的要求，对施工方案进行细化和补充；二是要将操作者的安全注意事项讲清楚，保证作业人员的人身安全。安全技术交底工作完毕后，所有参加交底的人员必须履行签字手续，班组、交底人、安全员三方各留一份，并记录存档。

2.安全技术交底的基本要求

安全技术交底是施工工序的重要环节，是过程控制的重要手段，必须坚决执行，未经安全技术交底不得施工。

(1)安全技术交底时，安全技术措施的编制人员、施工人员必须参加。

(2)进行各级安全技术交底时，都应组织参加交底的全部人员认真讨论，使大家充分发表意见、弄清交底内容。必要时，对交底内容进行补充修改，使其更加完善。

(3)交底后，交底人填写《安全技术交底记录》，参加交底的全部人员要在《安全技术交底记录》上签名。

(4)施工人员必须按交底要求进行施工，不得擅自变更施工方法，当确实需要更改时，必须更改交底记录内容，并经交底人的签字认可。

(5)各级安全、技术负责人对下级安全技术交底执行情况进行监督检查，对无安全施工措施或未经交底即施工，以及不认真执行措施或擅自更改措施的行为，一经检查发现，应对责任人进行严肃查处。

3.安全技术交底的内容

安全技术交底一般包括开工前的安全交底、重大作业和特种作业前的技术交底、分部分项工程安全技术交底 、分包单位安全技术交底、班组技术交底等，不同的技术交底包含了不同的内容。所谓班组技术交底，是指在施工项目作业前，由班组长或班组技术员根据施工图纸、设备说明书、已批准的施工组织专业设计和作业指导书及上级交底相关内容等资料拟定技术交底提纲，并对班组施工人员进行交底。交底一般包括以下内容：

(1)施工项目的内容和工程量。

(2)施工图纸解释(包括设计变更和设备材料代用情况及要求)。

(3)施工步骤、操作方法和采用新技术的操作要领。

(4)安全文明施工保证措施、职业健康和环境保护的要求保证措施。

(5)施工工期的要求和实现工期的措施。

(6)个人安全用具的佩戴要求。

(7)施工中其他安全技术及环境保护注意事项。

任务 12.2　施工环境管理

12.2.1　施工环境管理的意义

环境保护是指人类为解决现实或潜在的环境问题,协调人类与环境的关系,保障经济社会的可持续发展而采取的各种行动的总称。其方法和手段包含工程技术的、行政管理的,也有法律的、经济的和宣传教育的等方面内容。

环境保护的核心内容主要有:①保护和改善环境。通过人类有意识地保护和合理利用自然资源,防止自然环境受到破坏,减免生态灾难。②防治污染和其他公害。其主要意义是保障公众健康,推进生态文明建设。环境保护的内容涉及范围广、综合性强,包含自然科学和社会科学的许多领域。《中华人民共和国环境保护法》第五条规定:环境保护坚持保护优先、预防为主、综合治理、公众参与、损害担责的原则;第六条规定:企业事业单位和其他生产经营者应当防止、减少环境污染和生态破坏,对所造成的损害依法承担责任。

建筑工程施工造成环境污染和危害是比较普遍的现象。它不仅影响施工现场及周围人们的生活、工作、学习和身体健康,而且影响施工的顺序进行。但通过加强施工现场环境管理,采取有效措施进行控制,完全能够消除或减轻施工现场对环境的污染和危害。

12.2.2　施工环境管理体系

随着全球经济的发展,人类赖以生存的环境不断恶化,20 世纪 80 年代,联合国组建了世界环境和发展委员会,提出了可持续发展的观点。国际标准化制定的 ISO14000 体系标准,被我国等同采用,即《环境管理体系　要求及使用指南》(GB/T 24001—2016/ISO 14001:2015);《环境管理体系原则、体系和支持技术通用指南》(GB/T 24004—2004)。

根据《环境管理体系　要求及使用指南》(GB/T 24001—2016/ISO14001:2015),环境是指"组织运行活动的外部存在,包括空气、水、土地、自然资源、植物、动物、人,以及它们之间的相互关系"。这个定义是以组织运行活动为主体,其外部存在主要是指人类认识到的、直接或间接影响人类生存的各种自然因素及它们之间的相互关系。从这一意义上,外部存在从组织内延伸到全球系统。

12.2.3　施工环境管理要求

12.2.3.1　建设工程项目决策阶段的施工环境管理要求

建设单位应按照有关建设工程法律法规的规定和强制性标准的要求,办理各种有关安全与环境保护方面的审批手续。对需要进行环境影响评价或安全预评价的建设工程项目,应组织或委托有相应资质的单位进行建设工程项目环境影响评价和安全预评价。

12.2.3.2　工程设计阶段的施工环境管理要求

设计单位应按照有关建设工程法律法规的规定和强制性标准的要求,进行环境保护设施和安全设施的设计,防止因设计考虑不周而导致生产安全事故的发生或对环境造成不良影响。

在进行工程设计时，设计单位应当考虑施工安全和防护需要，对涉及施工安全的重点部分和环节在设计文件中应进行注明，并对防范生产安全事故提出指导意见。

对于采用新结构、新材料、新工艺的建设和特殊结构的建设工程，设计单位应在设计中提出保障施工作业人员安全和预防生产安全事故的措施建议。

在工程总概算中，应明确工程安全环保设施费用、安全施工和环境保护措施等。

设计单位和注册建筑师等职业人员应当对其设计负责。

12.2.3.3 工程施工阶段的施工环境管理要求

建设单位在申请领取施工许可证时，应当提供建设工程有关安全施工措施的资料。

对于依法批准开工报告的建设工程，建设单位应当自开工报告批准之日起 15 日内，将保证安全施工的措施报送建设工程所在地的县级以上人民政府建设行政主管部门或者其他有关部门备案。

对于应当拆除的工程，建设单位应当在拆除工程施工 15 日前，将拆除设施单位资质等级证明，拟拆除建筑物、构筑物及可能涉及毗邻建筑的说明，拆除施工组织方案，堆放、清除废弃物的措施的资料报送建设工程所在地的县级以上地方人民政府主管部门或者其他有关部门备案。

施工企业在其经营生产的活动中必须对本企业的安全生产全面负责。企业的代表人是安全生产的第一负责人，项目经理是施工项目生产的主要负责人。施工企业应当具备安全生产的资质条件，取得安全生产许可证的施工企业应设立安全机构，配备合格的安全人员，提供必要的资源；要建立健全职业健康安全体系以及有关的安全生产责任制和各向安全生产规章制度。对项目要编制切合实际的安全生产计划，制订职业健康安全保障措施；实施安全教育培训制度，不断提高员工的安全意识和安全生产素质。

建设工程实行总承包的，由总承包单位对施工现场的安全生产负总责并自行完成工程主体结构的施工。分包单位应当接受总承包单位的安全生产管理，分包合同中应当明确各自的安全生产方面的权利、义务。分包单位不服从管理导致生产安全事故的，由分包单位承担主要责任，总承包单位和分包单位对分包工程的安全生产承担连带责任。

12.2.3.4 项目验收试运行阶段的施工环境管理要求

项目竣工后，建设单位应向审批建设工程项目环境影响报告书、环境影响报告或者环境影响登记表的环境保护行政主管部门申请，对环保设施进行竣工验收。环境保护行政主管部门应在收到申请环保设施竣工验收之日起 30 日内完成验收。验收合格后，才能投入生产和使用。

对于需要试生产的建设工程项目，建设单位应当在项目投入试生产之日起 3 个月内向环境保护行政部门申请对其项目配套的环境保护设施进行竣工验收。

12.2.4 施工环境管理措施

工程建设过程中的污染主要包括对施工场界内的污染和对周围环境的污染。对施工场界内的污染防治属于职业健康安全问题，而对周围环境的污染防治是环境保护的问题。

建设工程环境保护措施主要包括大气污染的防治、水污染的防治、噪声污染的防治、固体废物的处理以及文明施工措施等。

12.2.4.1 **大气污染的防治**

1.大气污染物的分类

大气污染物的种类有数千种,已发现有危害作用的有100多种,其中大部分是有机物。大气污染物通常以气体状态和粒子状态存在于空气中。

2.施工现场空气污染的防治措施

(1)施工现场垃圾渣土要及时清理出现场。

(2)高大建筑物清理施工垃圾时,要使用封闭式的容器或者采取其他措施处理高空废弃物,严禁凌空随意抛撒。

(3)施工现场道路应指定专人定期洒水清扫,形成制度防止道路扬尘。

(4)对于细颗粒散体材料(如水泥、粉煤灰、白灰等)的运输、储存要注意遮盖密封,防止和减少飞扬。

(5)车辆开出工地要做到不带泥沙,基本不撒土、不扬尘,减少对周围环境的污染。

(6)除设有符合规定的装置外,禁止在施工工地现场焚烧油毡、橡胶、塑料、皮革、树叶、枯草、各类包装物等废弃物品以及其他会产生有毒、有害烟尘和恶臭气体的物质。

(7)机动车都要安装减少尾气排放的装置,确保符合国家标准。

(8)工地茶炉应采用电热水器。若只能使用烧煤茶炉和锅炉,则应选用消烟除尘型茶炉和锅炉,大灶应选用消烟节能回风炉灶,使烟尘降至允许排放范围。

(9)大城市市区的建设工程已不允许搅拌混凝土。在容许设置搅拌站的工地,应将搅拌站封闭严密,并在进料仓上方安装除尘装置,采取可靠措施控制工地粉尘污染。

(10)拆除旧建筑物时,应适当洒水,防止扬尘。

12.2.4.2 **水污染的防治**

1.水污染的主要来源

(1)工业污染源:各种工业废水向自然水体排放。

(2)生活污染源:主要有食物废渣、食油、粪便、合成洗涤剂、杀虫剂、病原微生物等。

(3)农业污染源:主要有化肥、农药等。

施工现场废水和固体废物随水流入水体部分,包括泥浆、水泥、油漆、各种油类、混凝土添加剂、重金属、酸碱盐、非金属无机毒物等。

2.施工方过程水污染的防治措施

(1)禁止将有毒有害废弃物做土方回填。

(2)施工现场搅拌站的废水、现制水磨石的污水、电石(碳化钙)的污水必须经沉淀池沉淀合格后再排放,最好将沉淀水用于工地洒水降尘或采取措施回收利用。

(3)现场存放油料,必须对库房地面进行防渗处理,如采取防渗混凝土地面、铺油毡等措施。使用时,要采取防止油料跑、冒、滴、漏的措施,以免污染水体。

(4)施工现场100人以上的临时食堂,污水排放时可设置简易有效的隔油池,定期清理,防止污染。

(5)工地临时厕所、化粪池应采取防渗漏措施。中心城市施工现场的临时厕所可采用水冲式厕所,并有防蝇灭蛆措施,防止污染水体和环境。

(6)化学用品、外加剂等要妥善保管,库内存放,防止污染环境。

12.2.4.3　噪声污染的防治

1.噪声的分类与危害

按噪声来源可分为交通噪声(如汽车、火车、飞机等)、工业噪声(如鼓风机、汽轮机、冲压设备等)、建筑施工噪声(如打桩机、推土机、混凝土搅拌机等发出的声音)、社会生活噪声(如高音喇叭、收音机等)。为防止噪声扰民,应控制人为强噪声。

根据国家标准《建筑施工场界环境噪声排放标准》(GB 12523—2011)的要求,不同施工作业的噪声限值见表12-1。在工程施工中,要特别注意不得超过国家标准限制,尤其是夜间禁止打桩作业。

表12-1　建筑施工场界噪声限值

施工阶段	主要噪声源	噪声限值(dB(A))	
		昼间	夜间
土石方	推土机、挖掘机、装载机等	75	55
打桩	各种打桩机械等	85	禁止施工
结构	混凝土搅拌机、振动棒、电锯等	70	55
装修	吊车、升降机等	65	55

2.施工现场噪声的控制措施

噪声控制技术可从声源、传播途径、接收者的防护等方面来考虑。

1)声源的控制

声源上降低噪声,这是防止噪声污染最根本的措施。

(1)尽量采用低噪声设备和加工工艺代替高噪声设备与加工工艺,如低噪声振捣器、风机、电动空压器、电锯等。

(2)在声源处安装消声器消声,即在通风机、鼓风机、压缩机、燃气机、内燃机及各类排气放空装置等进出风管的适当位置设置消声器。

2)传播途径的控制

(1)吸声:利用吸声材料(大多由多孔材料制成)或由吸声结构形成的共振结构(金属或木质薄板钻孔制成的空腔体)吸收声能,降低噪声。

(2)隔声:应用隔声结构,阻碍噪声向空气传播,将接收者与噪声声源分隔。隔声结构包括隔声室、隔声罩、隔声屏障、隔声墙等。

(3)消声:利用消声器阻止传播,是允许气流通过的消声降噪。消声器是防止空气动力性噪声(如空气压缩机、内燃机产生的噪声等)的主要装置。

(4)减振降噪:对来自振动引起的噪声,通过降低机械振动减少噪声,如将阻尼材料涂在振动源上,或改变振动源与其他刚性结构的连接方式等。

3)接收者的防护

让处于噪声环境下的人员使用耳塞、耳罩等防护用品,减少相关人员在噪声环境中的暴露时间,以减轻噪声对人体的危害。

12.2.4.4 固体废物的处理

1.建设工程施工工地上常见的固体废物

(1)建筑渣土。包括砖瓦、碎石、渣土、混凝土碎块、废钢铁、碎玻璃、废屑、废弃装饰材料等。

(2)废弃的散装大宗建筑材料。包括水泥、石灰等。

(3)生活垃圾。包括炊厨废物、丢弃食品、废纸、生活用具、玻璃、陶瓷碎片、废电池、非日用品、废塑料制品、煤灰渣、废弃交通工具等。

(4)设备、材料等的包装材料。

(5)粪便。

2.固体废物的处理和处置

固体废物处理的基本思想是:采用资源化、减量化和无害化的处理,对固体废物产生的全过程进行控制。固体废物的主要处理方法如下:

(1)回收利用。是对固体废物进行资源化、减量化的重要手段之一。例如,粉煤灰在建设工程领域的广泛应用就是对固体废物进行资源化利用的典型范例;又如,发达国家炼钢原料中有70%是利用回收的废钢铁,所以钢材可以看成是可再生利用的建筑材料。

(2)减量化处理。是对已经产生的固体废物进行分选、破碎、压实浓缩、脱水等减少其中最终处理量,降低处理成本,减少对环境的污染。在减量化处理的过程中,也包括和其他处理技术相关的工艺方法,如焚烧、热解、堆肥等。

(3)焚烧。用于不适合再利用且不宜直接予以填埋处理的废物,除有符合规定的装置外,不得在施工现场熔化沥青和焚烧油毡、油漆,亦不得焚烧其他可产生有毒有害和恶臭气体的废弃物。垃圾焚烧处理应使用符合环境要求的处理装置,避免对大气的二次污染。

(4)稳定和固化。利用水泥、沥青等胶结材料,将松散的废物胶结包裹起来,减少有害物质从废物中向外迁移、扩散,使得废物对环境的污染减少。

(5)填埋。是固体废物进行过无害化、减量化处理的废物残渣集中到填埋场进行处理。禁止将有毒有害废弃物现场填埋,填埋场应利用天然或人工屏障。尽量使需处置的废物与环境隔离,并注意废物的稳定性和长期安全性。

能力训练

简答题

1.简述施工安全管理的任务及基本方针。

2.施工现场空气污染的防治措施有哪些?

3.施工现场水污染的防治、噪声的控制措施、固体废物的主要处理方法分别有哪些?

4.环境管理体系有哪些要素,其运行安全模式是什么?

项目 13 施工项目信息管理

【学习目标】

1.知识目标:①了解施工项目信息管理系统;②了解施工项目报告系统;③了解施工文件档案管理。

2.技能目标:①能查阅施工信息;②能整理施工项目报告;③能对施工文件进行归档管理。

3.素质目标:①认真细致的工作态度;②严谨的工作作风;③严守工作纪律的优良品质。

任务 13.1 施工项目信息管理概述

13.1.1 施工项目信息管理的概念和任务

13.1.1.1 施工项目信息管理的基本概念

1.信息

1)信息的概念

信息是数据的解释,经过加工处理,用以反映事物(事件)的客观规律,并为使用者提供决策和管理所需要的依据。

信息首先是对数据的解释,数据通过某种处理,并经过人的进一步解释后得到信息。信息来源于数据,但又不同于数据。原因是不同的人对客观规律的认识有差距,数据经过不同人的解释后有不同的结论,进而会得到不同的信息。因此,要得到真实的信息、要掌握事物的客观规律,需要提高对数据进行处理的人的素质。

使用信息是为决策和管理服务。信息是决策和管理的基础,决策和管理依赖于信息,正确的信息才能保证决策的正确,不正确的信息则会造成决策的失误,管理则更离不开信息的支持。

2)信息的特征

(1)真实性。真实是信息的基本特点,也是信息的价值所在。信息的来源必须是事实,毫无依据的信息不仅不能给决策者提供正确的决策依据,反而会使决策者做出错误的决定。

(2)可识别性。信息可以通过人的感觉器官直接识别,也可以通过各种辅助仪器间接识别,经过识别后的信息可以用文字、数字图表,代码等表示出来。信息如果不能被识别,那它就毫无意义。

(3)可处理性。对信息可以进行加工、压缩、精练、概括、综合,以适用于不同目的。信息可以通过报纸、杂志、书、信件、报告、电视广播等各种手段进行传递,使信息为更多的人所共有。同时,信息可以通过计算机存储起来,根据需要随时进行加工和处理。信息的可处理特征是人们利用信息的基本条件。

(4)时效性。从时间上考虑,信息有强烈的时效性,而且信息是有寿命的,它可以随事实的变化不断扩大,也会以很快的速度衰减和失效。由于信息在工程实际中是不断变化、不断产生的,因此要求我们及时处理数据,及时得到信息,才能做好决策和管理工作,避免事故的发生。

(5)系统性。信息本身就需要全面地掌握各方面的数据后才能得到,信息也是系统的组成部分之一,以系统的观点来对待各种信息,才能避免工作的片面性。管理工作中要求我们全面掌握投资、进度、质量、合同各个角度的信息,才能做好工作。

(6)不完全性。由于使用数据的人对客观事物认识的局限性,信息的不完全性是难免的。我们应该认识到这一点,以提高对客观规律的认识,避免不完全性。

(7)层次性。不同的对象、不同的管理需要不同的信息,因此针对不同的信息需求,必须分类提供相应的信息。

2.施工项目信息管理的概念

施工项目信息管理是指项目经理部以项目管理为目标,以施工项目信息为管理对象,所进行的有计划的收集、处理、储存、传递、应用各类各专业信息等一系列工作的总和。

项目经理部为实现项目管理的需要、提高管理水平,应建立项目信息管理系统,优化信息结构,通过动态的、高速度、高质量地处理大量项目施工及相关信息,以及有组织的信息流通,实现项目管理信息化,为做出最优决策、取得良好经济效果和预测未来提供科学依据。

13.1.1.2　施工项目信息管理的任务

建设工程项目管理班子中各个部门的管理工作都与信息处理有关,而信息管理部门的主要工作任务包括:

(1)组织项目基本情况信息的收集与系统化,负责编制信息管理手册,在项目实施过程中进行信息管理手册的必要修改和补充,并检查和督促其执行。

(2)负责协调和组织项目管理班子中各个工作部门的信息处理工作。

(3)负责信息处理工作平台的建立和维护。按照项目实施、项目组织、项目管理工作过程建立项目信息管理系统流程,在实际工作中保证这个系统正常运行,并控制信息流。

(4)与其他工作部门协同组织收集信息、处理信息及形成各种反映项目进展和项目目标控制的报表与报告。

(5)文件档案管理工作。

在国际上,许多建设工程项目都专门设立信息管理部门,以确保信息管理工作的顺利进行。信息管理影响组织和整个项目管理系统的运行效率,是人们沟通的桥梁。

13.1.2　施工项目信息管理工作的原则

施工项目产生的信息数量大、种类繁多。为了便于信息的收集、整理、处理、储存、传递和运用,在进行施工项目信息管理实践中逐步形成了以下基本原则:

(1)标准化原则。要求在建设工程项目的实施过程中,对有关信息的分类进行统一,对信息流程进行规范,产生的控制报表力求做到格式化和标准化,通过建立健全的信息管理制度,从组织上保证信息生产过程的效率。

(2)有效性原则。针对不同层次管理者的要求,对建设工程项目信息进行适当加工,提供相应要求和浓缩程度的信息。例如,对于项目的高层管理者而言,提供的决策信息应力求精练、直观,尽量采用形象的图表来表达,以满足其战略决策的信息需要。有效性原则是为了保证信息产品对决策支持的有效性。

(3)定量化原则。建设工程项目产生的信息不应是数据的简单记录,应该是经过信息处理人员的比较与分析的数据。采用定量工具对有关数据进行分析和比较是十分必要的。

(4)时效性原则。考虑工程项目决策过程的时效性,建设工程项目的成果也应具有相应的时效性。项目的信息都有一定的生产周期,如月报表、季度报表、年度报表等,都是为了保证信息能够及时服务于决策。

(5)高效处理原则。通过采用高性能的信息处理工具(建设工程信息管理系统),尽量缩短信息在处理过程中的延迟。

(6)可预见原则。建设工程项目产生的信息作为项目实施的历史数据,可以用于预测未来的情况,因此应采用先进的方法和工具为决策者制定未来目标与行动规划提供必要的信息。例如,通过对以往投资执行情况的分析,对未来可能发生的投资进行预测,作为事前控制的依据,这在工程项目管理中也是十分重要的。

13.1.3 施工项目信息管理的主要分类及目录结构

13.1.3.1 施工项目信息管理的主要分类

施工项目信息管理的主要分类见表 13-1。

表 13-1 施工项目信息管理的主要分类

依据	信息分类	主要内容
管理目标	成本控制信息	与成本控制直接有关的信息:施工项目成本计划、施工任务单、限额领料单、施工定额、成本统计报表、对外分包经济合同、原材料价格、机械设备台班费、人工费、运杂费等
	质量控制信息	与质量控制直接有关的信息:国家或地方政府部门颁布的有关质量政策、法令、法规和标准等,质量目标的分解图表、质量控制的工作流程和工作制度、质量管理体系构成、质量抽样检查数据、各种材料和设备的合格证、质量证明书、检测报告等
	进度控制信息	与进度控制直接有关的信息:施工项目进度计划、施工定额、进度目标分解图表、进度控制工作流程和工作制度、材料和设备到货计划、各分部分项工程进度计划、进度记录等
	安全控制信息	与安全控制直接有关的信息:施工项目安全目标、安全控制体系、安全控制组织和技术措施、安全教育制度、安全检查制度、伤亡事故统计、伤亡事故调查与分析处理等

续表 13-1

依据	信息分类	主要内容
生产要素	劳动力管理信息	劳动力需要量计划、劳动力流动、调配等
	材料管理信息	材料供应计划、材料库存、储备与消耗、材料定额、材料领发及回收台账等
	机械设备管理信息	机械设备需要量计划、机械设备合理使用情况、保养与维修记录等
	技术管理信息	各项技术管理组织体系、制度和技术交底、技术复核、已完工程的检查验收记录等
	资金管理信息	资金收入与支出金额及其对比分析、资金来源渠道和筹措方式等
管理工作流程	计划信息	各项计划指标、工程施工预测指标等
	执行信息	项目施工过程中下达的各项计划、指示、命令等
	检查信息	工程的实际进度、成本、质量的实施状况等
	反馈信息	各项调整措施、意见、改进的办法和方案等
信息来源	内部信息	来自施工项目的信息:如工程概况、施工项目的成本目标、质量目标、进度目标、施工方案、施工进度、完成的各项技术经济指标、项目经理部组织、管理制度等
	外部信息	来自外部环境的信息:如监理通知、设计变更、国家有关的政策及法规、国内外市场的有关价格信息、竞争对手信息等
信息稳定程度	固定信息	在较长时期内,相对稳定,变化不大,可以查询到的信息,各种定额、规范、标准、条例、制度等,如施工定额、材料消耗定额、施工质量验收统一标准、施工质量验收规范、生产作业计划标准、施工现场管理制度、政府部门颁布的技术标准、不变价格等
	流动信息	是指随施工生产和管理活动不断变化的信息,如施工项目的质量、成本、进度的统计信息、计划完成情况、原材料消耗量、库存量、人工工日数、机械台班数等
信息性质	生产信息	有关施工生产的信息,如施工进度计划、材料消耗等
	技术信息	技术部门提供的信息,如技术规范、施工方案、技术交底等
	经济信息	如施工项目成本计划、成本统计报表、资金耗用等
	资源信息	如资金来源、劳动力供应、材料供应等
信息层次	战略信息	提供给上级领导的重大决策性信息
	策略信息	提供给中层领导部门的管理信息
	业务信息	基层部门例行性工作产生或需用的日常信息

13.1.3.2　施工项目信息管理的结构及内容

施工项目信息管理的结构及内容见图 13-1。

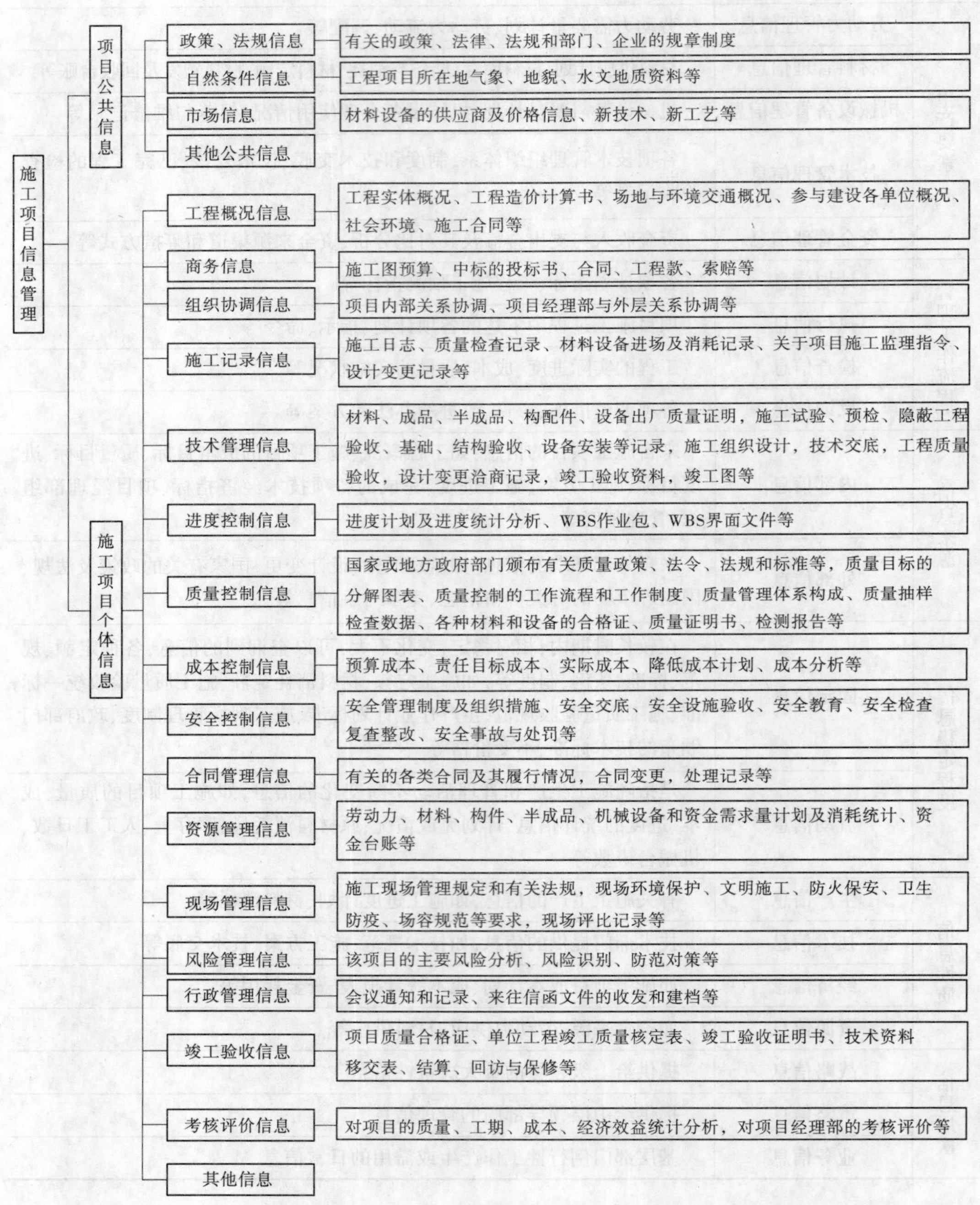

图 13-1 施工项目信息管理的结构及内容

任务 13.2 施工项目信息管理系统

13.2.1 施工项目信息管理系统的概念和内容

13.2.1.1 施工项目信息管理系统的概念

施工项目信息管理是通过对各个系统、各项工作和各种数据的管理,使项目的信息能方便和有效地获取、存储、存档、处理和交流。施工项目信息管理的目的旨在通过有效的项目信息传输的组织和控制为项目建设的增值服务。

施工项目信息管理是指项目经理部以项目管理为目标,以施工项目信息为管理对象,所进行的有计划的收集、处理、储存、传递、应用各类各专业信息等一系列工作的总和。

施工项目信息管理系统是基于计算机的项目管理的信息系统,主要用于项目的目标控制。

施工项目信息管理系统有两种类型:人工管理信息系统和计算机管理信息系统。施工项目信息管理系统的主要内容有:①项目信息收集;②项目信息加工;③项目信息传递。

施工项目信息管理系统的结构可参照图 13-2。

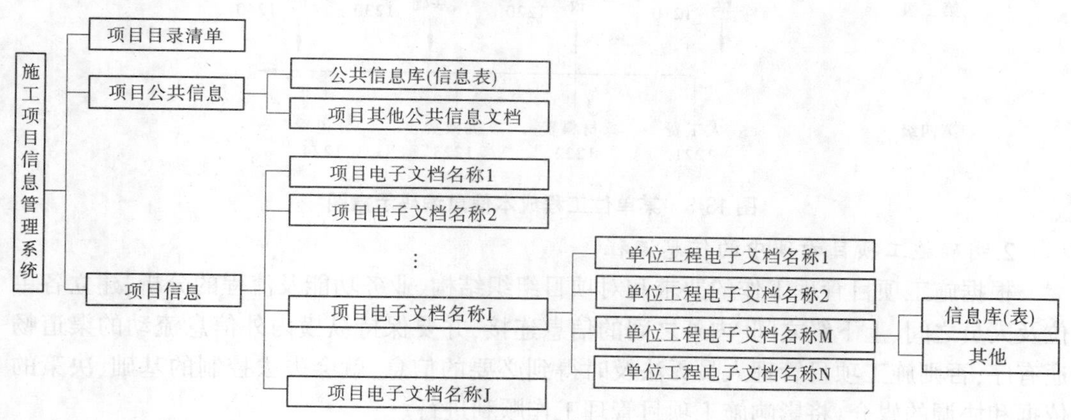

图 13-2 施工项目信息管理系统的结构

图 13-2 中,“公共信息库(信息表)”中应包括的“信息表”有:法规和部门规章表、材料价格表、材料供应商表、机械设备供应商表、机械设备价格表、新技术表、自然条件表等。

“项目其他公共信息文档”是指除“公共信息库(信息表)”中文档外的项目公共文档。

“项目电子文档名称 I”一般以具有指代意义的项目名称作为项目的电子文档名称(目录名称)。

“单位工程电子文档名称 N”一般以具有指代意义的单位工程名称作为单位工程的电子文档名称(目录名称)。

“单位工程电子文档名称 M”的信息库应包括工程概况信息、施工记录信息、施工技术资料信息、工程协调信息、工程进度及资源计划信息、成本信息、资源需要量计划信息、商务信息、安全文明施工及行政管理信息、竣工验收信息等。这些信息所包含的表即为

“单位工程电子文档名称 M”的信息库中的表；除以上数据库文档外的反映单位工程信息的文档归为“其他”。

13.2.1.2　施工项目信息管理系统的内容

1.建立信息代码系统

将各类信息按信息管理的要求分门别类，并赋予能反映其主要特征的代码，一般有顺序码、数字码、字符码和混合码等，用以表征信息的实体或属性；代码应符合唯一化、规范化、系统化、标准化的要求，以便利用计算机进行管理；代码体系应科学合理、结构清晰、层次分明，具有足够的容量、弹性和可兼容性，能满足施工项目管理需要。

图 13-3 是某单位工程成本信息编码示意图。

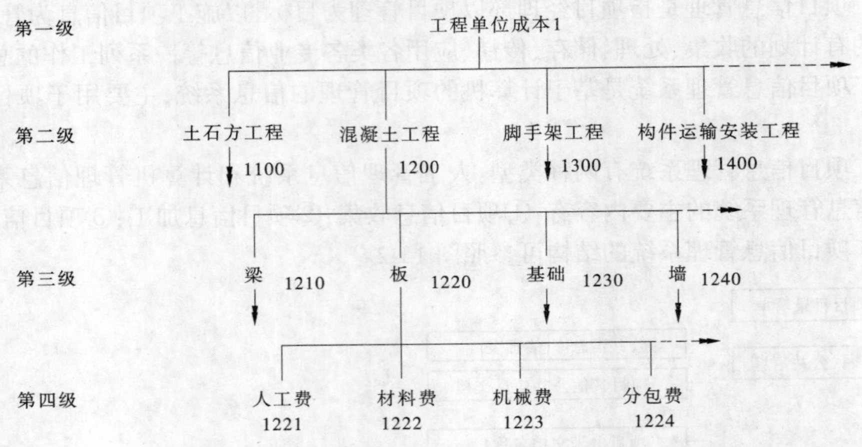

图 13-3　某单位工程成本信息编码示意图

2.明确施工项目管理中的信息流程

根据施工项目管理工作的要求和对项目组织结构、业务功能及流程的分析，建立各单位及人员之间、上下级之间、内外之间的信息连接，并要保持纵横内外信息流动的渠道畅通有序，否则施工项目管理人员无法及时得到必要的信息，就会失去控制的基础、决策的依据和协调的媒介，将影响施工项目管理工作顺利进行。

13.2.2　施工项目信息管理系统的功能

项目信息管理系统的主要功能有投资控制（业主方）、成本控制、进度控制（施工方）、合同管理、质量管理和一些办公自动化的功能。

13.2.2.1　投资控制的功能

（1）进行项目的估算、概算、预算、标底、合同价、投资使用计划和实际投资的数据计算机分析。

（2）进行项目的估算、概算、预算、标底、合同价、投资使用计划和实际投资的动态比较（如概算和预算的比较、概算和标底价的比较、预算和合同的比较等），并形成各种比较表。

（3）对资金投入的计划值和实际值比较分析。

（4）根据工程的进展对投资进行预测等。

13.2.2.2　**成本控制的功能**

(1)投标价的数据计算和分析。

(2)计划施工成本。

(3)计算实际成本。

(4)计划施工成本与计算实际成本的比较分析。

(5)根据工程的进展进行施工成本的比较分析。

13.2.2.3　**进度控制的功能**

(1)绘制进度计划(网络图或横道图)。

(2)计算工程网络计划的时间参数,并确定关键工作和关键线路。

(3)编制资源需要量计划。

(4)进行工程进度检查分析。

(5)根据工程的进展进行工程进度预测。

13.2.2.4　**合同管理的功能**

(1)合同的基本数据查询。

(2)合同执行情况的查询和统计分析。

(3)标准合同文本查询和合同辅助起草等。

13.2.2.5　**质量管理的功能**

(1)项目建设的质量要求和标准的数据处理。

(2)原材料、构配件、设备的验收记录和查询。

(3)工程质量验收记录。

(4)质量事故处理记录。

(5)质量统计、分析与评定。

(6)质量报表。

13.2.3　施工项目信息收集及处理

13.2.3.1　建立施工项目信息管理中的信息收集制度

对施工项目的各种原始信息来源、要收集的信息内容、标准、时间要求、传递途径、反馈的范围、责任人员的工作职责、工作程序等有关问题做出具体规定,形成制度,认真执行,以保证原始资料的全面性、及时性、准确性和可靠性。为了便于信息的查询使用,一般是将收集的信息填写在项目目录清单上,再输入计算机,其格式如表 13-2 所示。

表 13-2　项目目录清单

序号	项目名称	项目电子文档名称	内存/盘号	单位工程名称	单位工程电子文档名称	负责单位	负责人	日期	附注
1									
2									
3									
⋮									
N									

13.2.3.2 建立施工项目信息管理中的信息处理

信息处理主要包括信息的收集、加工、传输、存储、检索和输出等工作，其内容见表13-3。

表13-3 信息处理的工作内容

工作	内容
收集	收集原始资料，要求资料全面、及时、准确和可靠
加工	对所收集的资料进行筛选、校核、分组、排序、汇总、计算平均数等整理工作，建立索引或目录文件。 (1)将基础数据综合成决策信息； (2)运用网络计划技术模型、线性规划模型、存储模型等，对数据进行统计分析和预测
传输	借助纸张、图片、胶片、磁带、软盘、光盘、计算机网络等载体传递信息
存储	将各类信息存储、建立档案，妥善保管，以备随时查询使用
检索	建立一套科学、迅速的检索方法，便于查找各类信息
输出	将处理好的信息按各管理层次的不同要求编制打印成各种报表和文件或以电子邮件、Web网页等形式发布

任务13.3 施工项目档案管理

13.3.1 施工文件档案管理的内容

施工文件档案管理的内容主要包括工程施工技术管理资料、工程质量控制资料、工程施工质量验收资料、竣工图四大部分。

13.3.1.1 工程施工技术管理资料

工程施工技术管理资料是建设工程施工全过程中的真实记录，是施工各阶段客观产生的施工技术文件，主要内容如下。

1.图纸会审记录文件

图纸会审记录文件是对已正式签署的设计文件进行交底、审查和会审，对提出的问题予以记录的文件。项目经理部收到工程图纸后，应组织有关人员进行审查，将设计疑问及图纸存在的问题，按专业整理、汇总后报建设单位，由建设单位提交设计单位，进行图纸会审和设计交底准备。图纸会审由建设单位组织设计、监理、施工单位负责人及有关人员参加。设计单位对设计疑问及图纸存在的问题进行交底，施工单位负责将设计交底内容按专业汇总、整理，形成图纸会审记录。由建设、设计、监理、施工单位的项目相关负责人签认并加盖各参加单位的公章，形成正式图纸会审记录。图纸会审记录属于正式设计文件，不得擅自在图纸会审记录上涂改或变更其内容。

2.工程开工报告相关资料(开工报审表、开工报告)

工程开工报告是建设单位与施工单位共同履行基本建设程序的证明文件,是施工单位承建单位工程施工工期的证明文件。

3.技术、安全交底记录文件

编制技术、安全交底记录文件是施工单位负责人把设计要求的施工措施、安全生产贯彻到基层乃至每个工人的一项技术管理方法。交底主要项目有图纸交底、施工组织设计交底、设计变更和洽商交底、分项工程技术交底、安全交底。技术、安全交底只有在签字齐全后方可生效,并发至施工班组。

4.施工组织设计(项目管理规划)文件

施工组织设计(项目管理规划)文件是承包单位在开工前为工程所做的施工组织、施工工艺、施工计划等方面的设计,用来指导拟建工程全过程中各项活动的技术、经济和组织的综合性文件。参与编制的人员应在会签表上签字,交项目监理签署意见并在会签表上签字,经报审同意后执行并进行下发交底。

5.施工日志记录文件

施工日志记录文件是项目经理部的有关人员对工程项目施工过程中的有关技术管理和质量管理活动以及效果进行逐日连续完整的记录;是对工程从开工到竣工的整个施工阶段进行全面记录,要求内容完整,并能全面地反映工程相关情况。

6.设计变更文件

设计变更文件是在施工过程中,由于设计图纸本身差错,设计图纸与实际情况不符,施工条件变化,建设各方提出合理化建议,原材料的规格、品种、质量不符合设计要求等,需要对设计图纸部分内容进行修改而办理的设计变更文件。设计变更是施工图的补充和修改的记载,要及时办理,内容要求明确具体,必要时附图。不得任意涂改和事后补办。按签发的日期先后顺序编号,要求责任明确,签章齐全。

7.工程洽商记录文件

工程洽商记录文件是施工过程中一种协调业主与施工单位、施工单位与设计单位洽商行为的记录。工程洽商分为技术洽商和经济洽商两种,通常情况下由施工单位提出。

(1)在组织施工过程中,当发现设计图纸存在问题,或因施工条件发生变化,不能满足设计要求,或某种材料需要代换时,应向设计单位提出书面工程洽商。

(2)工程洽商记录应分专业及时办理,内容翔实,必要时应附图,并逐条注明所修改图纸的图号。工程洽商记录应由设计专业负责人以及建设、监理和施工单位的相关负责人签认后生效,不允许先施工后办理洽商。

(3)设计单位如委托建设(监理)单位办理签认,应办理书面委托签认手续。

(4)分包工程的工程洽商记录应通过总包审查后办理。

8.工程测量记录文件

工程测量记录文件是在施工过程中形成的确保建设工程定位、尺寸、标高、位置和沉降量等满足设计要求和规范规定的资料统称。

(1)工程定位测量记录文件。在工程开工前,施工单位根据建设单位提供的测绘部门的放线成果、红线桩、标准水准点、场地控制网(或建筑物控制网)、设计总平面图,对工程进行准确的测量定位。检查意见及复验意见应分别由施工单位、监理单位相关负责人填写,并签认盖章。工程定位测量完成后,应由建设单位报请规划管理部门下属具有相应资质的测绘部门进行验线。

(2)施工测量放线报验表。施工单位应在完成施工测量方案、红线桩校核成果、水准点引测成果及施工过程的各种测量记录后,填写施工测量放线报验表报请监理单位审核。

(3)基槽及各层测量放线记录文件。建设工程根据施工图纸给定的位置、轴线、标高进行测量与复测,以保证工程的位置、轴线、标高正确。检查意见及复验意见应分别由施工单位、监理单位相关负责人填写,并签认盖章。

(4)沉降观测记录文件。沉降观测是检查建筑物地基变形是否满足国家规范要求,对建筑物沉降观测点进行沉降的测量工作,以保证工程的正常使用。一般建设工程项目由施工单位进行施工过程及竣工后保修期内的沉降观测工作。观测单位按设计要求和规范规定或监理单位批准的观测方案,设置沉降观测点,绘制沉降观测点布置图,定期进行沉降观测记录,并应附沉降观测点的沉降量与时间—荷载关系曲线图和沉降观测技术报告。观测单位的测量员、质检员、技术负责人均应签字,监理工程师应审核签字,测量单位应加盖公章。

9.施工记录文件

施工记录文件是在施工过程中形成的,确保工程质量和安全的各种检查、记录的统称。它主要包括工程定位测量检查记录、预检记录、施工检查记录、冬季混凝土搅拌称量及养护测温记录、交接检查记录、工程竣工测量记录等。

10.工程质量事故记录文件

工程质量事故记录文件包括工程质量事故报告和工程质量事故处理记录。

(1)工程质量事故报告。发生质量事故应书写报告,对质量事故进行分析,按规定程序报告。

(2)工程质量事故处理记录。做好事故处理鉴定记录,建立质量事故档案,主要包括质量事故报告、处理方案、实施记录和验收记录。

11.工程竣工文件

工程竣工文件包括竣工报告、竣工验收证明书和工程质量保修书。

(1)竣工报告是指工程项目具备竣工条件后,施工单位向建设单位报告,提请建设单位组织竣工验收的文件。提交竣工报告的条件是施工单位在合同规定的承包项目内容全部完工,自行组织有关人员进行检查验收,全部符合设计要求和质量标准。由施工单位生产部门填写竣工报告,经施工单位工程管理部门组织有关人员复查,确认具备竣工条件后,法人代表签字,法人单位盖章,报请监理、建设单位审批。

(2)竣工验收证明书是指工程项目按设计和施工合同规定的内容全部完工,达到验收规范及合同要求,满足生产、使用并通过竣工验收的证明文件。建设单位接到竣工报告后,由建设单位项目负责人组织设计单位、监理单位、勘察单位、施工总包和分包单位及有关部门,以国家颁发的施工质量验收规范为依据,按设计和施工合同的内容对工程进行全面检查和验收。通过后办理竣工验收证明书。由施工单位填写,报建设、监理、设计等单位负责人签认。

(3)工程质量保修书。建设工程实行质量保修制度,工程承包单位在向建设单位提交工程竣工验收报告时,应当向建设单位出具质量保修书。质量保修书应当明确建设工程的保修范围、保修期限和保修责任等。

13.3.1.2　工程质量控制资料

工程质量控制资料是建设工程施工全过程全面反映工程质量控制和保证的依据性证明资料。它包括原材料、构配件、器具及设备等的质量证明、合格证明、进场材料试验报告,施工试验记录,隐蔽工程检查记录等。

(1)工程项目原材料、构配件、成品、半成品和设备的出厂合格证及进场检(试)验报告合格证、试验报告的整理按工程进度为序进行,品种规格应满足设计要求,否则为合格证、试验报告不全。材料检查报告是为了保证工程质量,对用于工程的材料进行有关指标测试,由试验单位出具试验证明文件,报告责任人签章必须齐全,有见证取样试验要求的必须进行见证取样试验。

(2)施工试验记录和见证检测报告。施工试验记录是根据设计要求和规范规定进行试验,记录原始数据和计算结果,并得出试验结论的资料统称。按照设计要求和规范规定应做施工试验。无专项施工试验表格的,可填写施工试验记录(通用);采用新技术、新工艺及特殊工艺时,对施工试验方法和试验数据进行记录,应填写施工试验记录(通用)。见证检测报告是指在建设单位或工程监理单位人员的见证下,由施工单位的现场试验人员对工程中涉及结构安全的试块、试件和材料在现场取样,并送至经过省级以上建设行政主管部门对其资质认可和质量技术监督部门对其计量认证的质量检测单位进行检测,并由检测单位出具的检测报告。

(3)隐蔽工程验收记录文件。隐蔽工程验收记录是指为下道工序所隐蔽的工程项目,关系到结构性能和使用功能的重要部位或项目的隐蔽检查记录。隐蔽工程检查是保证工程质量与安全的重要过程控制检查记录,应分专业、分系统(机电工程)、分区段、分部位、分工序、分层进行。隐蔽工程未经检查或验收未通过,不允许进行下一道工序的施工。隐蔽工程验收记录为通用施工记录,适用于各专业。

隐蔽工程验收记录资料要求如下:①验收时,施工单位必须附有关分项工程质量验收及测试资料,包括原材料试(化)验单、质量验收记录、出厂合格证等,以备查验。②需要进行处理的,处理后必须进行复验,并且办理复验手续,填写复验记录,并做出复验结论。③工程具备隐检条件后,由施工员填写隐蔽工程验收记录,由质检员提前一天报请监理单位,验收时由专业技术负责人组织施工员、质量检查员共同参加,验收后由监理单位专业监理工程师签署验收意见及验收结论,并签字签章。

(4)交接检查记录。不同工程或施工单位之间工程交接,当前一专业工程施工质量对后续专业工程施工质量产生直接影响时,应进行交接检查,填写《交接检查记录》。移交单位、接收单位和见证单位共同对移交工程进行验收,并对质量情况、遗留问题、工序要求、注意事项、成品保护等进行记录。交接检查记录中"见证单位"的规定:当在总包管理范围内的分包单位之间移交时,见证单位为总包单位;当在总包单位和其他专业分包单位之间移交时,见证单位应为建设(监理)单位。

13.3.1.3　工程施工质量验收资料

工程施工质量验收资料是建设工程施工全过程中按照国家现行工程质量检验标准，对施工项目进行单位工程、分部工程、单元工程的划分，再由单元工程、分部工程、单位工程逐级对工程质量做出综合评定的工程质量验收资料。但是，由于各行业、各部门的专业特点不同，各类工程的检验评定均有相应的技术标准，工程质量验收资料的建立均应按相关的技术标准办理。其具体内容如下。

1.施工现场质量管理检查记录

为督促工程项目做好施工前准备工作，建设工程应按一个标段或一个单位（子单位）工程检查填报施工现场质量管理记录。专业分包工程也应在正式施工前由专业施工单位填报施工现场质量管理检查记录。施工单位项目经理部应建立质量责任制度、现场管理制度及检验制度，健全质量管理体系，配备施工技术标准，审查资质证书、施工图、地质勘察资料和施工技术文件等。按规定，在开工前由施工单位现场负责人填写施工现场质量管理检查记录，报项目总监理工程师（或建设单位项目负责人）检查，并做出检查结论。

2.单位（子单位）工程质量竣工验收记录

在单位（子单位）工程完成后，施工单位自行组织人员进行检查验收。质量等级达到合格标准，并经项目监理机构复查认定质量等级合格后，向建设单位提交竣工验收报告及相关资料，由建设单位组织单位工程验收的记录。单位（子单位）工程质量控制资料核查记录、单位（子单位）工程安全和功能检验资料核查及主要功能抽查记录、单位（子单位）工程观感质量检查记录相关内容应齐全并均符合规范规定的要求。

3.分部（子分部）工程质量验收记录文件

分部（子分部）工程完成，且施工单位自检合格后，应填报______分部（子分部）工程质量验收记录表，由总监理工程师（建设单位项目负责人）组织有关设计单位及施工单位项目负责人（项目经理）和技术、质量负责人等到场共同验收并签认。分部（子分部）工程按部位和专业性质确定。

4.单元工程质量验收记录文件

单元工程完成，且施工单位自检合格后，应填报______单元工程质量验收记录表，由监理工程师（建设单位项目专业技术负责人）组织项目专业技术负责人进行验收并签认。单元工程按主要工种、材料、施工工艺、设备类别等划分。

13.3.1.4　竣工图

竣工图是指工程竣工验收后，真实反映建设工程项目施工结果的图样。它是真实、准确、完整反映和记录各种地下和地上建筑物、构筑物等详细情况的技术文件，是工程竣工验收、投产或交付使用后进行维修、扩建、改建的依据，是生产（使用）单位必须长期妥善保存和进行备案的重要工程档案资料。竣工图的编制整理、审核盖章、交接验收按国家对竣工图的要求办理。承包人应根据施工合同约定，提交合格的竣工图。竣工图编制要求如下：

（1）各项新建、扩建、改建、技术改造、技术引进项目，在项目竣工时要编制竣工图。项目竣工图应由施工单位负责编制。若行业主管部门规定设计单位编制或施工单位委托设计单位编制竣工图，则应明确规定施工单位和监理单位的审核和签认责任。

(2)竣工图应完整、准确、清晰、规范、修改到位,真实反映项目竣工验收时的实际情况。

(3)如果按施工图施工没有变动的,由竣工图编制单位在施工图上加盖并签署竣工图章。

(4)一般性图纸变更及符合杠改或划改要求的变更,可在原图上更改,加盖并签署竣工图章。

(5)涉及结构形式、工艺、平面布置、项目等重大改变及图面变更面积超过35%的,应重新绘制竣工图。重绘图按原图编号,末尾加注"竣"字,或在新图图标内注明"竣工阶段"并签署竣工图章。

(6)同一建筑物、构筑物重复的标准图、通用图可不编入竣工图中,但应在图纸目录中列出图号,指明该图所在位置并在编制说明中注明;不同建筑物、构筑物应分别编制。

(7)竣工图图幅应按《技术制图复制图的折叠方法》(GB/T 10609.3—2009)的要求统一折叠。

(8)编制竣工图总说明及各专业的编制说明,叙述竣工图编制原则、各专业目录及编制情况。

13.3.2 施工文件立卷归档

13.3.2.1 施工文件的立卷

立卷是指按照一定的原则和方法,将有保存价值的文件分门别类整理成案卷,亦称组卷。案卷是指由相互有联系的若干文件组成的档案保管单位。

1.立卷的基本原则

(1)施工文件的立卷应遵循工程文件的自然形成规律,保存卷内工程前期文件、施工技术文件和竣工图之间的有机联系,便于档案的保管和利用。

(2)一个建设工程由多个单位工程组成时,工程文件按单位工程立卷。

(3)施工文件资料应根据工程资料的分类和"专业工程分类编码参考表"进行立卷。

(4)卷内资料排列顺序要依据卷内的资料构成而定,一般顺序为封面、目录、文件、备考表、封底。组成的案卷力求美观、整齐。

(5)当卷内资料有多种时,同类资料按日期顺序排列,不同资料之间的排列顺序应按资料的编号顺序排列。

2.立卷的具体要求

(1)施工文件可按单位工程、分部工程、专业、阶段等组卷,竣工验收文件按单位工程、专业组卷。

(2)竣工图可按单位工程、专业组卷,每一专业根据图纸多少组成一卷或多卷。

(3)立卷过程中宜遵循下列要求:案卷不宜过厚,一般不超过40 mm;案卷内不应有重份文件,不同载体的文件一般应分别组卷。

3.卷内文件的排列

(1)文件材料按事项、专业顺序排列。同一事项的请示与批复、同一文件的印本与定稿、主件与附件不能分开,并按批复在前、请示在后;印本在前、定稿在后;主件在前、附件在后;译文在前、原文在后的顺序排列。

(2)图纸按专业排列,同专业图纸按图号顺序排列(卷内有图纸目录的,按图纸目录顺序排列)。

(3)既有文字资料又有图纸的案卷,文字材料排前、图纸排后。

(4)同一厂家、同一产品质量合格证与检测报告应组合在一起,按合格证在前、检测报告在后的顺序排列。

4.案卷的编目

(1)编制页号。

(2)编制目录。

(3)编制卷内备考表。

(4)编制案卷封面。

13.3.2.2　施工文件的归档

归档指文件形成单位完成其工作任务后,将形成的文件整理立卷后,按规定移交相关管理机构。

1.施工文件的归档范围

对于工程建设有关的重要活动、记载工程建设主要过程与现状、具有保存价值的各种载体文件,均应收集齐全,整理立卷后归档。

2.归档文件的质量要求

(1)归档的文件应为原件。

(2)工程文件的内容及其深度必须符合国家有关工程勘察、设计、施工、监理等方面的技术规范、标准和规程。

(3)工程文件的内容必须真实、准确,与工程实际相符合。

(4)工程文件应采用耐久性强的书写材料,如碳素墨水、蓝黑墨水等。

(5)工程文件应字迹清晰、图样清晰、图标整洁、签字盖章手续完备。

(6)工程文件应采用能够长期保存的韧力大、耐久性强的纸张,幅面尺寸宜为A4幅面,图纸采用蓝晒图,竣工图应是新蓝图。

(7)所有竣工图均应加盖竣工图章。

(8)利用施工图改绘竣工图,必须标明变更修改依据,凡施工图结构、工艺、平面布置等有重大改变,或变更部分超过图面1/3的,应当重新绘制竣工图。

3.施工文件归档的时间和相关要求

(1)根据建设程序和工程特点,归档可以分阶段分期进行,也可以在单位或分部工程通过竣工验收后进行。

(2)施工单位应当在工程竣工验收前,将形成的有关工程档案建设单位归档。

(3)施工单位在收齐工程文件整理立卷后,建设单位、监理单位应根据城建档案管理机构的要求对档案文件完整、准确、系统等情况和案卷质量进行审查。审查后向建设单位移交。

(4)工程档案一般不少于两套,一套由建设单位保管,一套(原件)移交当地城建档案馆(室)。

(5)施工单位向建设单位移交档案时,应编制移交清单,双方签字、盖章后方可交接。

能力训练

简答题

1.简述施工项目信息管理系统的概念。

2.简述施工项目信息管理系统的功能。

3.简述施工文件档案管理的内容。

4.简述施工文件立卷的含义。

5.简述施工文件归档的含义。

参考文献

[1] 刘能胜,钟汉华,冷涛,等. 水利水电工程施工组织与管理[M].3 版. 北京:中国水利水电出版社,2015.

[2] 钟汉华,郑玲,孙荣鸿,等.水利水电工程施工组织与管理[M]. 北京:高等教育出版社,2007.

[3] 张玉福,薛建荣. 水利工程施工组织与管理[M]. 2 版. 郑州:黄河水利出版社,2012.

[4] 聂俊琴,张强.水利水电工程施工组织与管理[M]. 北京:中国水利水电出版社,2014.

[5] 刘宏丽,张松,余周武,等.水利工程施工现场管理[M].武汉:华中科技大学出版社,2014.

[6] 钟汉华,薛建荣.水利水电工程施工组织与管理[M].北京:中国水利水电出版社,2005.

[7] 吴伟民,郑睿,等.建筑工程施工组织与管理[M].郑州:黄河水利出版社,2010.

[8] 吴伟民,刘在今,等.建筑工程施工组织与管理[M].北京:中国水利水电出版社,2007.

[9] 刘瑾瑜,吴洁,等.建设工程项目施工组织及进度控制[M]. 武汉:武汉理工大学出版社,2005.

[10] 潘炳玉,赵长歌.建设工程项目管理[M].北京:化学工业出版社,2015.

[11] 齐宝库.工程项目管理[M].北京:化学工业出版社,2016.

[12] 齐宝库.工程项目管理[M].4 版.大连:大连理工大学出版社,2012.

[13] 危道军,刘志强.工程项目管理[M].武汉:武汉理工大学出版社,2009.

[14] 全国一级建造师执业资格考试用书编写委员会.建设工程项目管理[M].北京:中国建筑工业出版社,2016.